ジュネーブ近郊のCERNで1990年代に稼働していた大型電子陽電子衝突型加速器(LEP)で撮影された写真。この衝突によって出現する粒子のジェットは、クォーク1個、反クォーク1個、グルーオン1個に対して理論的に予測された流れのパターンに一致している。ジェットは、通常の意味では粒子として観察できないこれらの実体に、実際に活動している存在としての意味を与える。(**口絵図1**)

ジェット2本のプロセス。クォークと反クォークが現れたと解釈できる。(**口絵図2**)

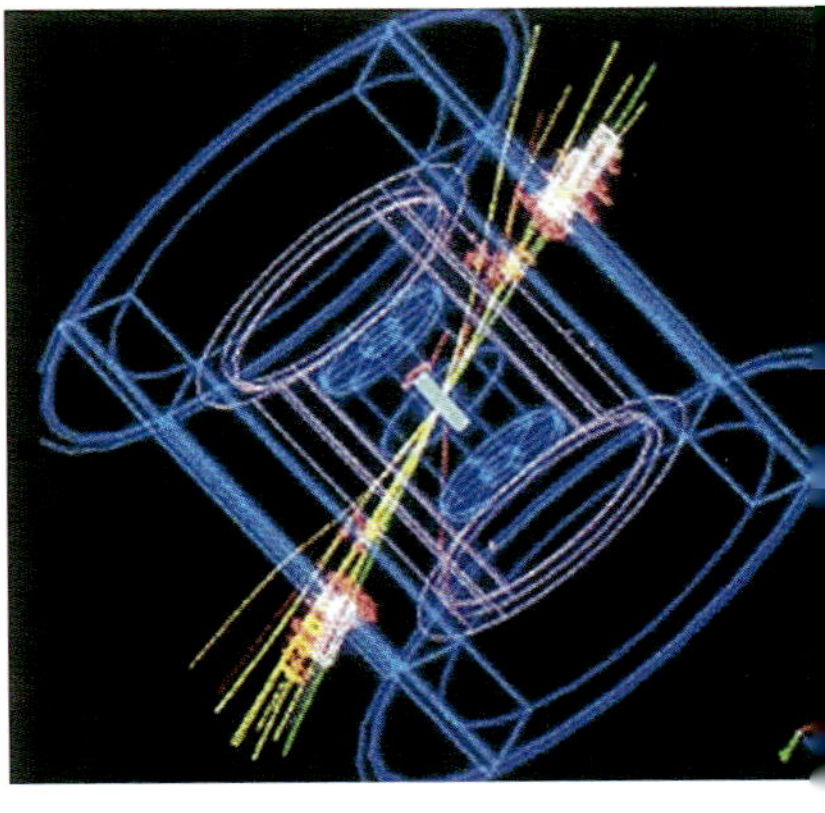

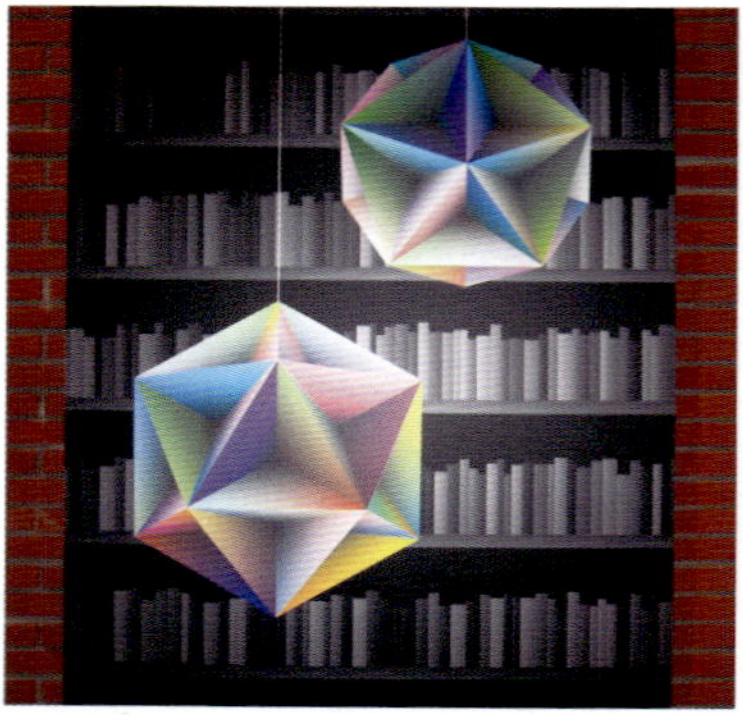

(a)

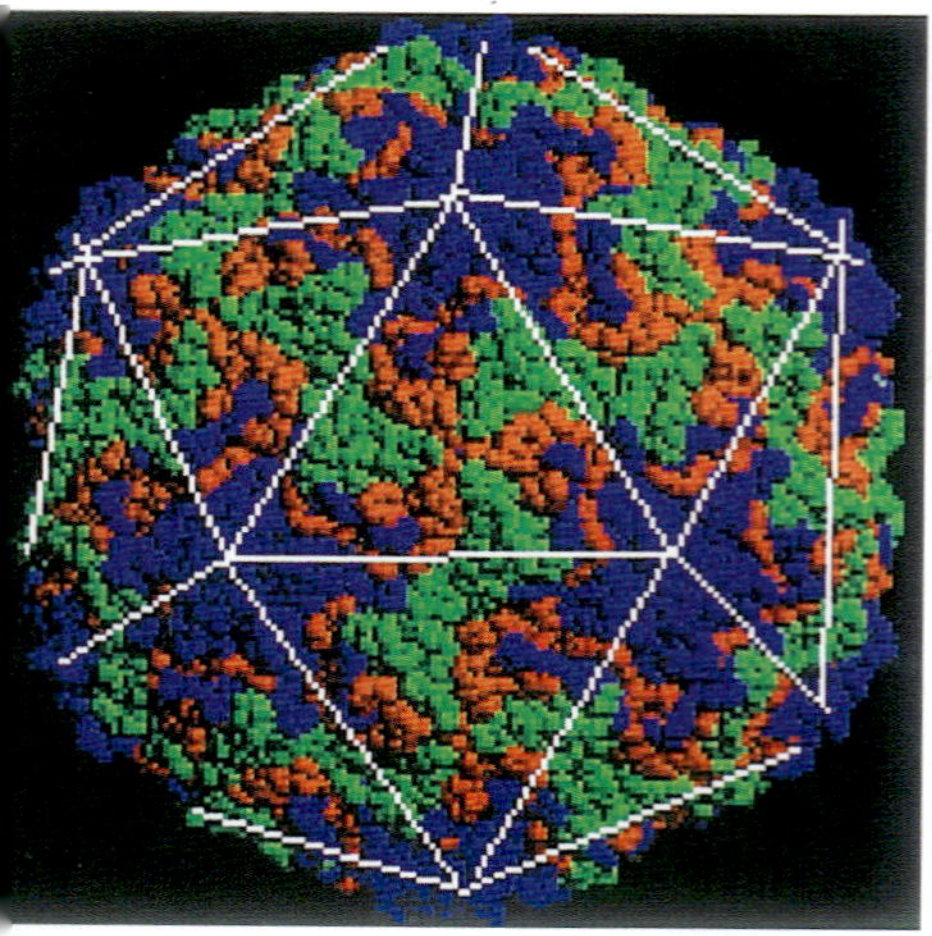

(b)

科学、芸術、現実における対称性を正二〇面体で表現したもの。(a) 正二〇面体は、同じ正三角形の面 20 枚でできている。正二〇面体は 59 種類の対称性操作を持つ。つまり、正二〇面体を自分に重なるように回転させる方法が 59 通りある。正三角形では対称性操作は２種類しかなかったことと比較されたい。喩えて言うと、QCD の対称性と QED の対称性の関係は、正二〇面体の対称性と正三角形の対称性の関係に相当する。(b) 豊富な対称性を利用すれば、単純な構成要素を使って複雑な構造を作り上げることができる。ウイルス DNA もこれを利用している。ここに示されているのは普通の風邪のウイルスである。(a) の図とそっくりなことに注目されたい。(**口絵図 3〔a〕〔b〕**)

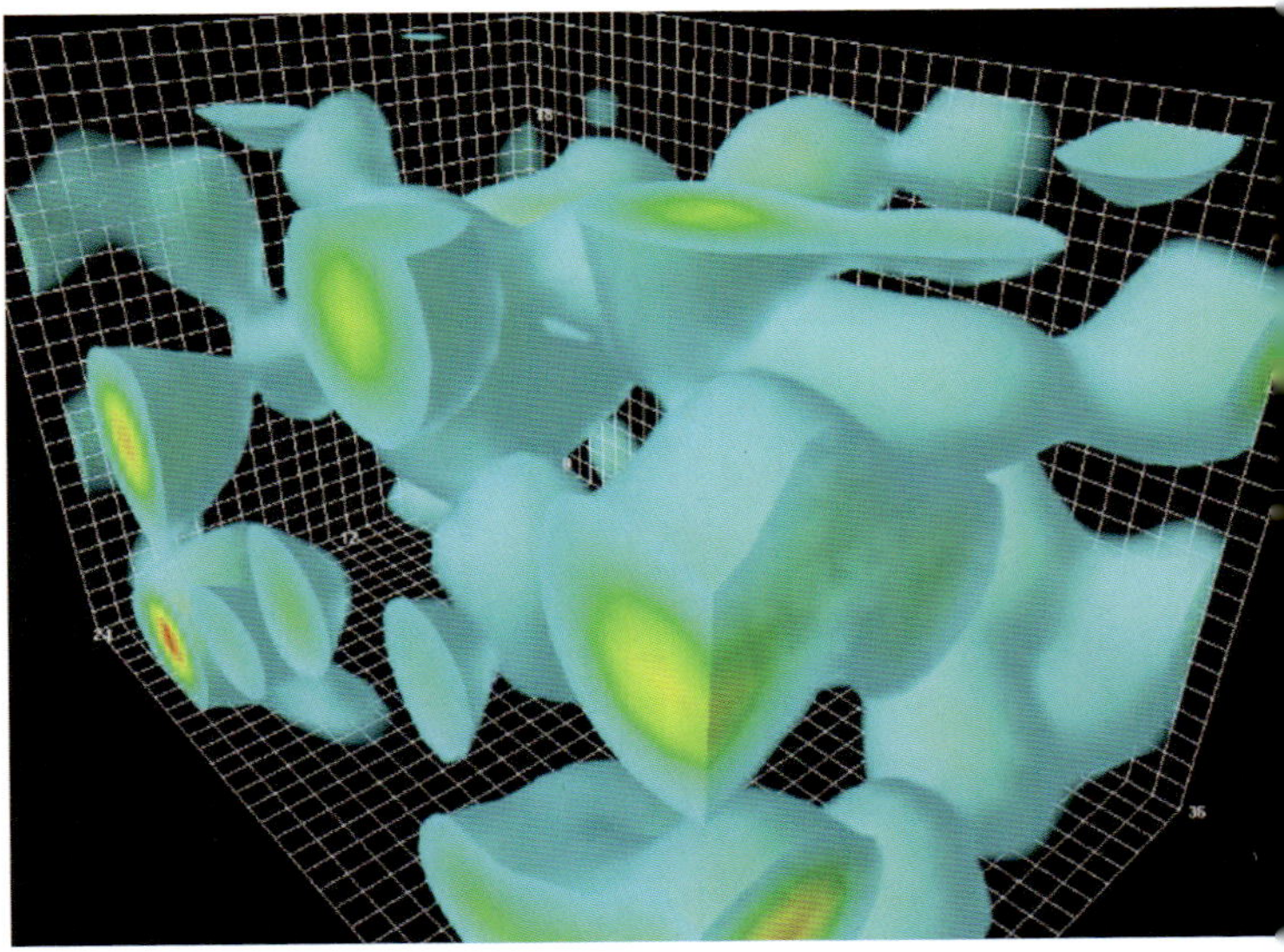

量子グリッドの深い構造。これは、QCD で扱うグルーオン場の活動を表示したときに現れる典型的なパタンである。これらの活動パターンは、第９章で論じた、ハドロンの質量を計算して成功した際に、その計算核心にあったものである。そのため、これらのパターンは現実（リアリティー）に対応しているとの確信がてる。この美しい画像は、アデレード大学のデレク・レインウェーバーによって作成された。**（口絵図 4）**

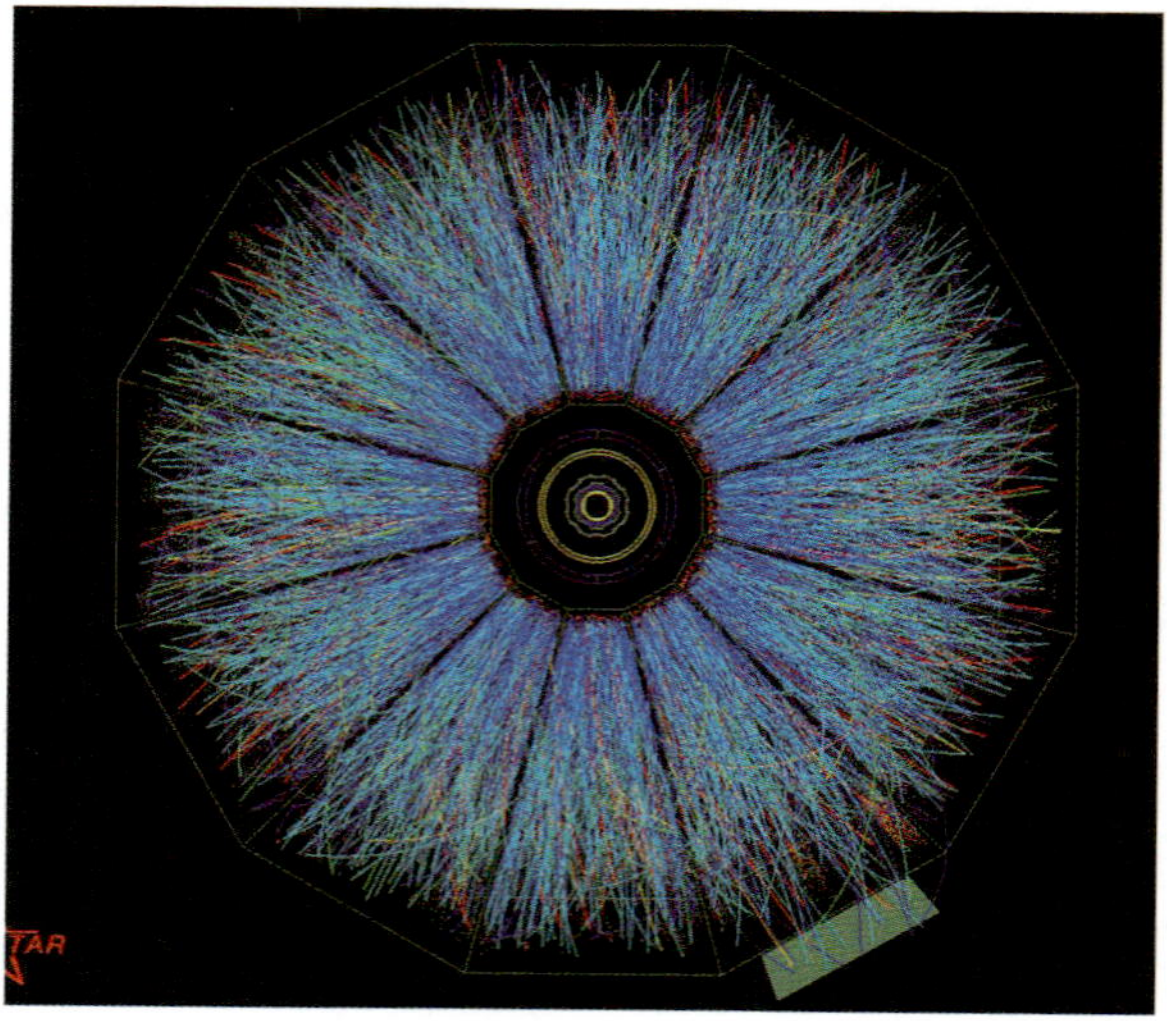

重イオン衝突の最終結果——小型ビッグ・バン。（**口絵図 5**）

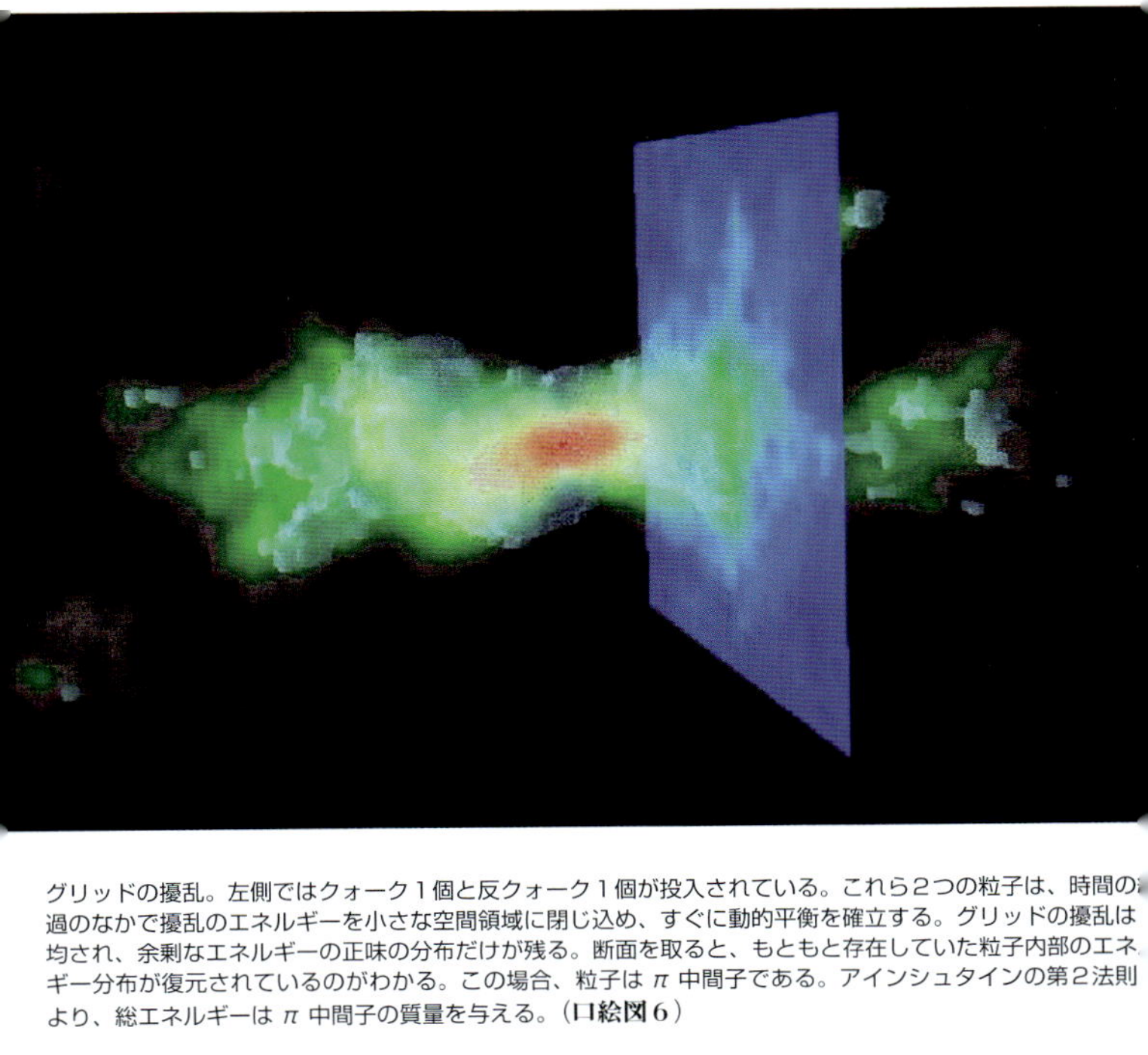

グリッドの擾乱。左側ではクォーク１個と反クォーク１個が投入されている。これら２つの粒子は、時間の経過のなかで擾乱のエネルギーを小さな空間領域に閉じ込め、すぐに動的平衡を確立する。グリッドの擾乱は平均され、余剰なエネルギーの正味の分布だけが残る。断面を取ると、もともと存在していた粒子内部のエネルギー分布が復元されているのがわかる。この場合、粒子は π 中間子である。アインシュタインの第２法則より、総エネルギーは π 中間子の質量を与える。（**口絵図６**）

セイレーンの誘惑的な歌は、心地よい安定を捨て、不確かな海岸で彼女に会うようにとわたしたちを誘う。そのお返しにと、彼女は美と知恵を約束する。彼女はわたしたちを教え導いているのだろうか？　それともからかっているのだろうか？　（**口絵図 7**）

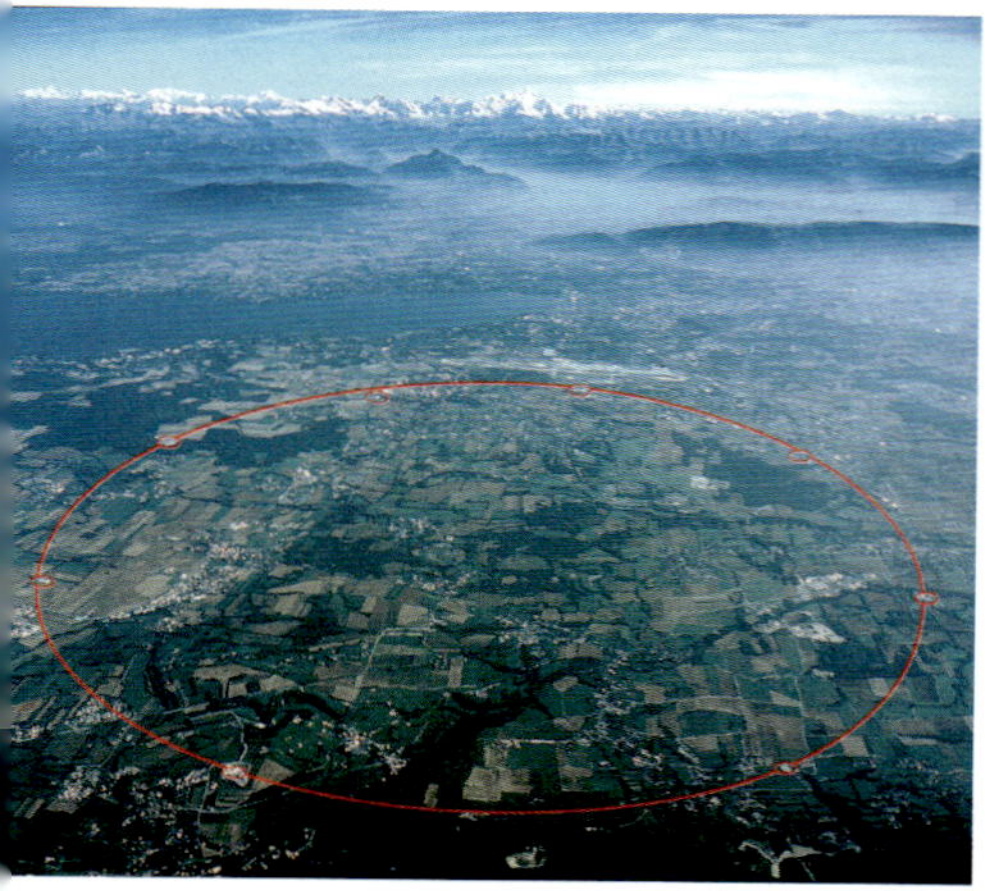

上空から見た LHC。ジュラ山脈とジュネーブ湖が、神秘的な雰囲気を醸している。この施設で画像処理が試みられた。実際には、装置は地下にある。（**口絵図 8**）

建設初期段階の、LHC の ATLAS 検出器。最終的な、稼働可能な形態では、この巨大な枠のなかに、磁石、センサー、超高速電子部品がぎっしりと詰め込まれている。10^{-27} 秒のオーダーの時間と、10^{-17} センチメートルの距離を区別できるカメラを作るには、これが必要なのだ。（**口絵図 9**）

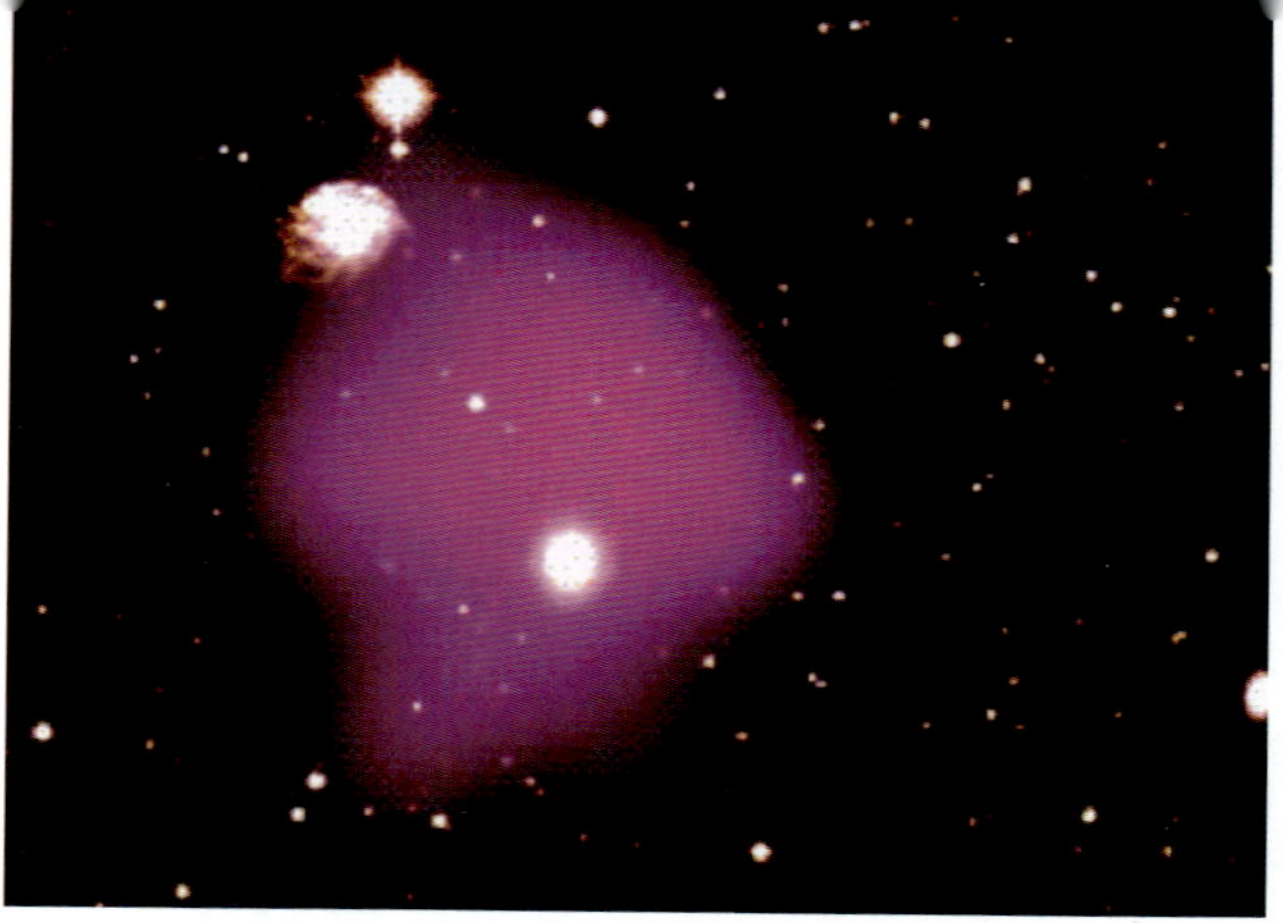

可視化された「ダーク」なもの。ダーク・マターは光を放出せず、普通の物質の運動にその重力が及ぼす影響を通してしか「見る」ことができない。この重力作用の世界を、画像処理によって目に見えるかたちに表すことができる。この ROSAT（レントゲン衛星）画像は、閉じ込められた高温ガスを紫の擬似カラーで強調して示している。これは、高温ガス内部の銀河の重力を上回る重力が存在しているという明確な証拠である。物理学の方程式を改良するためのさまざまなアイデアは、ダーク・マターの正体の候補になるに適した性質を持つ、新しいかたちの物質を予測している。これらのアイデアのどれかが現実に対応しているとして、それがどれなのか、まもなくわかるだろう。**（口絵図 10）**

有名なブロガー、ベッツィー・デヴァインとともに、LHC の主要検出器のひとつ、CMS（コンパクト・ミューオン・ソレノイド）の部品の内部にいる著者。このサイズでコンパクトとは！ **（口絵図 11）**

ハヤカワ文庫 NF
〈NF384〉

〈数理を愉しむ〉シリーズ

物質のすべては光
現代物理学が明かす、力と質量の起源

フランク・ウィルチェック
吉田三知世訳

早 川 書 房
7109

THE LIGHTNESS OF BEING

Mass, Ether, and the Unification of Forces

by

Frank Wilczek

Translated by
Michiyo Yoshida
Published 2012 in Japan by
HAYAKAWA PUBLISHING, INC.
This book is published in Japan by
direct arrangement with
BROCKMAN, INC.

科学における導き手であり、人生における友であった、
サム・トレイマンとシドニー・コールマンの思い出に捧ぐ。

目次

第2部　重力の弱さ

第3部　美は真なるか？

物質のすべては光

現代物理学が明かす、力と質量の起源

原書の題について

『存在の耐えられない軽さ』（*The Unbearable Lightness of Being*）というのは、わたしの好きな本のひとつ、ミラン・クンデラが書いた有名な小説の題である。この小説のテーマは多岐にわたっているが、そのなかでも最大のテーマは、いかにもでたらめで、奇妙で、ときに冷酷な、わたしたちが暮らすこの世界のなかに、なんとかパターンと意味を見出そうという奮闘と言っていいだろう。もちろん、この問題に取り組むうえで、クンデラが取った物語と芸術を通してのアプローチと、わたしが本書で取った、科学と（そんなに深くはない《ライトな》）哲学を通してのアプローチは、まったく違って見える。少なくともわたしの場合は現実《リアリティー》の深い構造を理解するようになったことで、存在は耐えられるものになったのみならず、魔法をかけられたものに――そしてわたしたちを魔法にかけて魅了するものに――なった。というわけで、「耐えられない」を取り除いた『存在の軽さ』（*The Lightness of Being*）という題が本書には付けられている。

これには、じつはちょっとした駄洒落も含まれている。本書の中心テーマのひとつは、天空の光と地上の物質を対照的といえるほど、まったく異なるものとして扱う大昔からの区別は、もはや超越されてしまったということだ。現代物理学では、たったひとつのものしか存在しない。しかも、そのたったひとつのものは、昔でいうと、物質よりも、むしろ光《ライト》の概念に近い。『存在のライトネス』というタイトルには、このような意味も込められている。

読者のための手引き

本書の基本プランは、これ以上ないというほど単純だ。つまり、最初から最後まで、章を追って読んでいただくように書かれている。しかし、次のような補助情報も提供させていただいた。

- 充実した用語集。みなさんが、聞きなれない用語に惑わされたり、最初にその言葉が登場した五〇ページ前のところまで戻らなくて済むようにとの配慮である。カクテル・パーティーで披露できる豆知識を探すのにも使える。おまけに、ジョークも若干含まれている。

●細かい点の説明を提供し、本筋からは脱線であっても重要な話題を掘り下げたり、参考文献を提供するための巻末の注。
●三項目の補遺。はじめの二つは、第3章と第8章での議論を深めるもの。三つめのものは、第20章で述べた重要な発見がどのようになされたかについての当事者による説明である。
●ウェブサイト、www.lightnessofbeingbook.com。さらなる図、リンク先、本書に関するニュースを提供している。

補遺は、該当する章に来たときに読んでもいいし、本文の流れから外れたくなければ、あとで読んでもわかるように書いたつもりだ。第8章の内容には、本文に書くより補遺にしたほうがいいと思うものもまだまだたくさんあったのだが、結局そうはできなかった。そのような次第で、第8章では、虚空についていろいろな話をして、文字どおり〝空《から》騒ぎ〟している箇所がたくさんある。

第１部　質量の起源

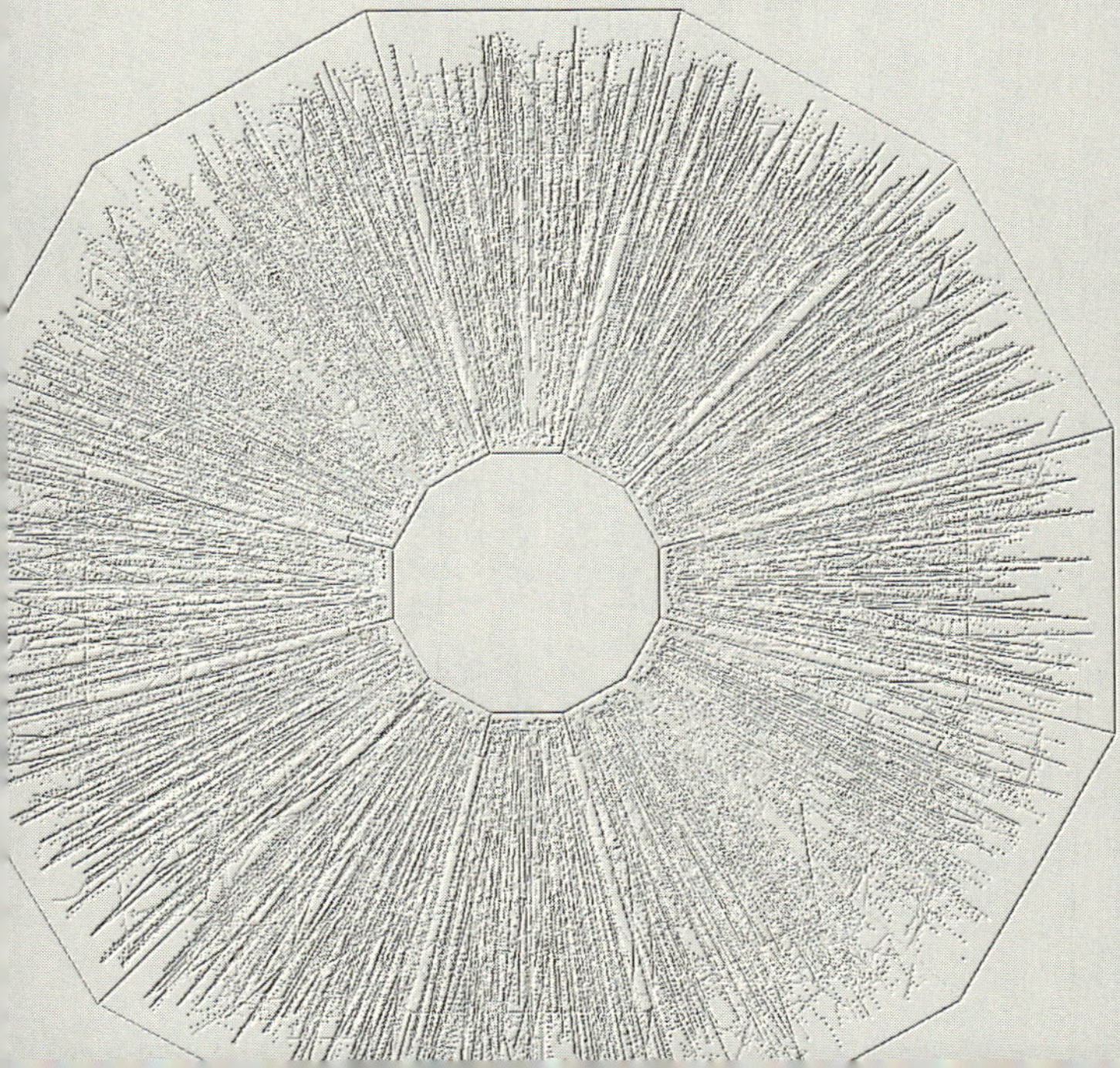

物質の正体は、じつは見かけとは違っている。物質が持っている最も明らかな性質――この性質は、動きへの抵抗、慣性、質量など、さまざまな呼ばれ方をしてきた――は、従来とはまったく違う言葉を使うことによって、もっと深く理解することができる。普通の物質の質量は、それ自体は質量をまったく、もしくは、ほとんど持たない、より基本的な構成要素が持つエネルギーがかたちとして現れたものだ。そして空間もまた、見かけとは違うものである。わたしたちの目に空虚な空間と見えるものは、わたしたちの精神に対しては、自発的な活動に満ちた複雑な媒体として示されている。

第1章　「これ《イット》」に取り組む

宇宙は、かつての宇宙ではない。また、一見して捉えられる姿とも違っている。

「これは一体どういうことなんだ？」自分を取り巻く広い世界について、人生で味わう、ときには途方に暮れてしまうようなさまざまな経験について、そして、来《きた》るべき死について、つくづく考えるとき、人はこう尋ねずにおれない。そして、古い聖句、今なお続く伝統、ほかの人たちが主張する愛や叡知、音楽やら絵画やらの芸術作品など、あれこれ拠《よ》り所《どころ》となりそうなものから、答を探そうとする。たしかに、それぞれが何らかの役立つものを提供してくれる。

しかし、論理的に行こうとするなら、この問いの答を探す第一歩は、「これ《イット》」すなわち「存在《イット》」が何を指しているかを理解することでなければならない。世界は、自ら語るべき、重要で驚異的な事柄をいくつも持っている。本書は、それについての本である。あなたやわたしがそのなかに自分を見出す、「これ《イット》＝存在《イット》」とは何かについて、より豊かな理解をぜひつかんでいただきたい。

感覚と世界模型

そもそもわたしたち人間というものは、奇妙な原材料を使って自分たちの世界の模型を作っている。その原材料を収集しているのが、情報に溢れた宇宙にフィルターをかけて、数種類の入力データの流れに変えられるように、進化によって「設計」された信号処理ツールだ。

「データの流れ」といっても、ぴんとこないかもしれない。もっと馴染み深い呼び名で言えば、視覚、聴覚、嗅覚などのことだ。現代では、視覚とは、目の小さな穴を通過する電磁輻射の幅広いスペクトルのなかで、虹の七色に当たる狭い範囲だけを取り上げて標本抽出するもの、と捉えられている。聴覚は、鼓膜にかかる空気の圧力をモニターし、嗅覚は、鼻粘膜に作用する空気の化学分析を提供するが、その分析は不安定なこともある。ほかに、体が全体としてどんな加速をしているか（運動覚）や、表面の温度や圧力（触覚）について大雑把な情報を与えるもの、舌の上に載った物質の化学組成について数項目の粗雑な判定を行なうもの（味覚）、そして、ほかにも数種類の感覚系統が存在する。

感覚系統のおかげで、人類の祖先は世界についてダイナミックで豊かな模型を作り、世界に対して効果的に反応することができた——現代のわたしたちも同じ恩恵に与《あずか》っている。この世界模型の最も重要な要素は、ほぼ安定して存在していると見なせる、自分以外の人間、動物、植物、岩……太陽、星、雲……などの物体である。そんな物体のなかには、動きまわっているものもあれば、危険なもの、食べるに適したもの、そして、とりわけ関心を引く、選び抜かれたごく少数の、配偶者として魅力的な相手もある。

感覚の機能や能力を高める装置を使えば、さらに豊かな世界が現れる。一六七〇年代、アントニ・ファン・レーウェンフックは、十分機能する世界初の顕微鏡を通して生物の世界をのぞいたとき、まったく思いもよらなかった秩序がそこに隠れていたのを見た。彼は、バクテリア、精子、筋肉繊維の束構造を次々と発見した。今日わたしたちは、多くの病気の原因が（多くのご利益《りやく》についてもそうだが）バクテリアであると知っている。遺伝の基本となるものは（おっと、つまり、その半分は）、小さな精子のなかにある。また、人間の動く能力は、これら筋肉繊維の束に支えられている。これと同じように、ガリレオ・ガリレイが一六一〇年代に望遠鏡を初めて空に向けたときも、豊かな様相が新たに出現した。太陽の黒点、月の山、木星の衛星、そして、天の川には無数の恒星が存在することを、彼は見出した。

だが、究極の感覚強化装置は、考える精神である。考える精神は、世界にはもっといろいろなことがあって、多くの点で目に映るものとは異なるということに気づかせてくれる。世界についての重要な事実の多くは、わたしたちの感覚に直接飛び込んではこない。日の出・日の入りの一年周期の変化とともに進む季節の移り変わり、夜ごと空を巡る恒星の回転、これよりも複雑だがそれでも予測できる月や惑星の運動、そして、これらの天体の運動は楕円であるということ——こういったパターンは、目や耳や鼻に直接飛び込んではこない。だが、考える精神はこれを見抜くことができる。そして、そのような規則性に気づいた考える精神は、この規則性は、経験則という人間の日々の計画の指針となり、何かを期待する根拠として使われている代物よりもはるかに規則的だということにすぐに気づく。これよりさらに深い隠れた規則性は、計算や幾何学、つまり、数学を厳密に行なうのに役立つ。

ほかにも、技術を使うなかで、そして驚くべきことに芸術を行なうなかでも、隠れた規則性が出現してきたこともある。弦楽器の設計は、美しく、かつ歴史的にも重要な例のひとつだ。ピタゴラスは紀元前六〇〇年ごろ、リラという竪琴の音は、弦の長さが単純な整数の比になっているときに最も調和して聞こえることに気づいた。このようなヒントがきっかけとなり、ピタゴラスと弟子たちは直感を頼りに見事な認識の跳躍を遂げた。彼らは、それまでとはまったく違う世界模型、人間の感覚が偶然捉えたものに基づいたそれまでのものとは違い、隠れた自然の調和に則《のっと》った模型、現実《リアリティー》になるたけ忠実なものにいつかは近づけるような世界模型が可能であることを予見したのだった。これこそ、ピタゴラス学派が掲げていた、「すべては数である」というモットーの意味である。

一七世紀に科学革命が起こると、古代ギリシア人たちが抱いたこの夢が正しかったことが検証されはじめた。一七世紀の科学革命は、アイザック・ニュートンの運動と引力に関する数学的法則をもたらした。ニュートンの法則のおかげで、惑星や彗星の運動が正確に計算できるようになり、また、これらの法則は、物体一般の運動を記述する強力なツールとなった。

しかし、ニュートンの法則が成り立っているのは、じつは、日常的な直感とはまったく異なる世界模型のなかだけなのである。ニュートン的空間は、無限で均一なので、地球やその表面も特別な場所ではない。「上」、「下」、「横」などの方向は、基本的にどれも同じである。また、「静止」も、「等速直線運動」となんら変わらない。こういった考え方はどれも、日常の経験とは一致しない。このことにニュートンの時代の人々は困惑し、当のニュートンさえもがそうだった（彼は、自分の方程式の論理的な帰結であるにもかかわらず、運動は相対的だということには納得していなかった。そのため、運動の相対性を回避するために、「絶対空間」というものが存在すると仮定し、それに対して真の静止や運動が定義できるとした）。

次に大きな前進があったのは、一九世紀、ジェームズ・クラーク・マクスウェルの電気と磁気に関する方程式が登場したときのことだった。この新しい一組の方程式は、広範囲にわたるさまざまな現象を厳密な数学的世界模型のなかに捉えるもので、光についても、以前から知られていた種類のものに加え、新たに存在が予測されるようになった種類の光（たとえば、今日の用語では紫外線や電波と呼ばれているものなど）が扱われていた。しかし、このときも、このように大きな前進を遂げるには、現実《リアリティー》についての認識を再調整し、大々的に拡張しなければならなかった。ニュートンは、引力の影響を受けた粒子が空間のなかで運動するさまを述べたのだったが、マクスウェルの方程式は空間を「場《ば》」、もしくは「エーテル」の相互作用で満たした。マクスウェルによれば、人間が空虚な空間と認識するものには、実際には、目には見えない電場や磁場が存在しており、これらの場が、人間が観察する物質に力を及ぼしているのだった。場は、そもそも数学で使う手段として導入されたのだが、やがて方程式から飛び出して、独り歩きするようになった。変化する電場は磁場を生み出し、変化する磁場は電場を生み出した。このように、電場と磁場が交互に相手に命を与えあう結果、自己再生産する「場の乱れ」が生まれ、この乱れは光速で伝わっていく。マクスウェル以降、わたしたちはこれを光の正体と理解している。

ニュートンやマクスウェルをはじめとする大勢の天才的な人々によるこれらの発見を受けて、人間の想像力は大きく膨らんだ。だが、ピタゴラスの夢がほんとうの意味で実現に近づいたのは、二〇世紀と二一世紀の物理学のなかでのことだ。根底にあるプロセスがより完全なかたちで記述されるようになるにつれ、わたしたちはより多くを見、また、違った見方をするようになる。世界の深奥《しんおう》にある構造は、その表面構造とはまったく異なる。人間に生まれつき備わっている感覚は、人間が作り上げた、最も完全で正確な世界模型にはうまく対応できない。みなさんにはこれから、これまで持っておられた現実《リアリティー》観を思い切って広げるための術《すべ》をお教えしよう。

力、意味、そして方法

子どものころのわたしは、目に見える物事の背後には、偉大な力と秘密の意味が隠れていると考えるのが楽しくて仕方なかった。* マジック・ショーに夢中になり、手品師になりたいと思っていた。ところが、初めて買ってもらった手品セットにはまったくがっかりだった。手品の秘密は、本物の力ではなくて、ただの種《たね》と仕掛けでしかないのだと、身に染みて知った。

そのあと、宗教に夢中になった。具体的には、小さいころから教わっていたローマ・カ

＊いまだにそうなんです！

トリックの信仰である。ここでは、目に見える物事の背後には秘密の意味があり、また、祈りと儀式によって動かせる偉大な力が存在すると教わった。しかし、科学について徐々に多くを学ぶにつれ、大昔の聖典に載っている概念や説明には、明らかに間違っているものがいくつもあることがわかるようになった。そして、歴史と修史論（訳注：歴史はどのように記録されるかについての学問）をより深く学ぶにつれ、これらの聖典に登場する物語のいくつかは、きわめて疑わしいと思うようになった。

だが、わたしが最も幻滅させられたのは、聖典に誤りが書かれているということではなく、聖典は科学と比較すると見劣りする、ということだった。科学で学びつつあったものに比べると、聖典からほんとうにびっくりするような力強い洞察を得ることなどほとんどなかったのである。無限の空間、悠久の時間、太陽と肩を並べる、あるいは、太陽を上回る巨大な恒星が遠いどこかに存在するという話に太刀打ちできるようなヴィジョンがどこにあったろうか？　隠れた力、そして、新たに登場した、目には見えない種類の「光」などの話に？　あるいは、自然のプロセスを理解すれば、それを解放し制御する方法を学ぶことができる、ものすごいエネルギーの話に？　もしも神が存在するなら、彼（もしくは、彼女、彼ら、それ）は、古い書物のなかよりも、世界のなかでのほうが、はるかに見事なやり方で自らを顕《あら》わしていると、わたしは考えるようになった——そして、信仰と祈りの力は、医学や技術が日常的に成し遂げている奇跡に比べれば、捉えどころがなく、あてにならないとの思いを強めた。

「でも、自然界を科学的に研究しても、その意味はわからないじゃないか」と、昔ながらの信者から反論が上がるだろう。そういう声に対しては、「まあ、そうあせりなさんな。科学は、世界とは何かについて、あっと驚くようなことを明らかにする力があります。それがどういうものか見もしないうちから、その意味が理解できるはずがないじゃありませんか？」と応じよう。

ガリレオの時代、哲学と神学の教授たちは――当時これら二つの学問分野は分かち難く結びついていた――、現実《リアリティー》の性質、宇宙の構造、そして、世界はどのように機能しているかについて、長々と論述した。これらの論述はすべて、洗練された形而上学《けいじじょうがく》的論法に基づいていた。一方ガリレオは、傾斜した面の上をボールが転げ落ちる速さを測定した。なんて平凡で退屈な研究だろう！　だが、形而上学的な議論は、いかにも崇高で立派に聞こえるが、どうにも曖昧ですっきりしなかったが、ガリレオの研究は明白で正確だった。古い形而上学は決して進歩しなかったが、ガリレオの研究はたくさんの成果をあげ、ついには目を見張るほど素晴らしい結果をもたらした。ガリレオも難しい問いに関心を抱いていたが、ほんとうの答を得るには、忍耐強く地道な測定を重ね、事実を謙虚に受け入れなければならないと気づいていたのであった。

その教訓は、今日なお通用するし、また、必要でもある。難しい究極の問いに取り組む最善の方法は、自然と対話することのようだ。自然が意味深い答を返してくれる機会となるような鋭い質問、とりわけ、わたしたちをびっくりさせるような答を返してくれそうな鋭い質問を、大きな究極の問いを分割した小さな問いや、大きな問いから派生する細かな質問というかたちで準備して、提起しなければならない。

このアプローチは容易ではない。人間は、手元にある情報を使って、重要な決定を素早く下さねばならないような生活に、進化によって適合してきた。獲物が獲物になるには、まず人間がそれを槍で突き刺さねばならなかった。運動の法則や、槍の空気力学や、軌道計算を研究するために立ち止まることなどできなかった。そして、大きな驚きなどないほうがいいに決まっていた。人間は経験則を学んで使うのが上手《うま》くなるように進化したのであって、究極の原因を求めたり、微妙な違いを区別するようには進化していない。基本的な法則を観察可能な結果と結びつける、何段階にもわたる長々とした計算を紡ぎだすようには、なおさら進化していない。そんな仕事はコンピュータのほうがはるかに得意だ！

自然との対話から最大の成果を引き出すには、自然が使っている言語をこちらも使うことに同意せねばならない。紀元前二〇万年のアフリカのサバンナで生き残って、子孫を残せるように人間を助けてくれた思考様式は役に立たない。読者のみなさんには、ぜひ、考え方を拡張していただきたいものだ。

質量の重要性

この本では、想像できる限り最も壮大な問いにいくつか取り組む。それらは、物理的現実《リアリティー》の究極の構造、空間の性質、宇宙のなかに存在するもの、そして、人間の「問いかける」という活動の未来についての問いである。ガリレオのやり方に倣《なら》って、具体的なテーマを巡っての自然との自然の言葉やロジックに則った対話をとおして、これらの問いに取り組んでいくことにしよう。

より大きな問いへの入り口として、質量を最初のテーマとしたい。質量を深く理解するために、ニュートン、マクスウェル、そしてアインシュタインの成果を参照し、そのなかで提示された、最も新しく、最も奇妙な物理学のアイデアをいくつか見ていこう。この活動をとおして、質量を理解すれば、現在の物理学研究の最前線にある、力の統一と重力に関する根本的な問題に取り組むことができるようになるのだと、みなさんにも納得していただきたいと思う。

質量はどうしてそんなに重要なのだろう？　ひとつ、お話をしよう。

昔むかし、物質と呼ばれる、実体を持ち、重たく、永遠なるものがありました。そして、これとはまったく違う、光と呼ばれるものがありました。人々は物質と光を、別々のデータの流れとして感覚器官で受け取りました。物質は触ることによって、光は見ることによって、知覚したのです。物質と光は、人間が認識している、対照的な両極として捉えられた現実《リアリティー》のさまざまな側面――肉体と精神、在《あ》ることと成ること、地上のものと天空のもの――の、じつに巧《うま》い比喩となり、今でもなお、そのような比喩として使われています。

イエス・キリストが六つのパンを群衆全員に分け与えたときのように、物質がどこからともなく現れるとき、それは奇跡の確かなしるしでした。

科学における物質の魂、つまり、それ以上小さいものはないという本質は、質量でした。質量は、物体の動かしにくさ、つまり、物体の慣性を定義していました。質量は、ひとつの物体から別の物体へと移動できましたが、決して増えたり減ったりしませんでした。ニュートンにとっては、質量は物質の量を定義するものでした。ニュートンの物理学では、質量は力と運動を結びつけるものであり、また、重力の源《みなもと》でもありました。ラヴォアジェにとっては、質量の永続性、質量が厳密に保存されるということは、化学を創始する基盤となり、多数の発見をさせてくれた、ありがたい導き手でした。質量がなくなってしまったように見えるなら、それが新たな形に変化していないか、探してごらんなさい――ほら、酸素という新しい形が見つかった！

一方、光には質量はありませんでした。光は源から受容器官まで、押されることなしに、ものすごい速さで伝わりました。光は、いとも簡単に作り出したり（放射）、消し去ったり（吸収）できました。光は他に重力を及ぼすことはありませんでした。そして光は、物質の構成要素を記号で表した一覧表、周期律表に載せられることもありませんでした。

近代科学が登場するまでの何百年ものあいだ、そして、近代科学の最初の二五〇年のあいだ、現実《リアリティー》が物質と光とに分かれているのは当然のことだと思われていました。物質は質量を持ち、光は質量を持ちませんでした。そして、質量は保存されるのでした。質量を持つものと、質量を持たないものとの分断が続く限り、物理的世界を統一されたものとして記述することなど、できるはずがないのに。

二〇世紀の前半、相対性理論と（とりわけ）量子論がもたらした激動で、古典物理学の根底を支えていた基盤は粉々に砕かれました。それまでの物質と光の理論はすべて、瓦礫《がれき》に帰してしまいました。この創造的破壊のプロセスのおかげで、二〇世紀の後半には物質と光について、もっと深い理論を新たに構築することができるようになりました。この新理論では、物質と光はまったく別のものという、古い考え方は捨て去られたのです。新しい理論では、宇宙に満ちているエーテル、わたしがグリッドと呼ぶ全一的存在の多重性に基づいて世界があると考えます。そのような新しい世界模型は、とんでもなく奇妙ですが、同時に、このうえなくうまく機能し、しかも正確です。

新しい世界模型は、普通の物質の質量の起源について、まったく新しい理解を与えてくれます。どのように新しいかというと、こうです。このあと本書で見るように、わたしたちが質量と呼ぶものは、相対性理論、場の量子論、量子色力学（クォークやグルーオンの振舞いを支配する詳細な法則）が関与しているレシピに従って出現します。これらの概念を全部、深く理解して使いこなさない限り、質量の起源を理解することはできません。しかし、これらの概念はどれも、二〇世紀になって登場したものであり、そのうち成熟した分野と呼べるのは（特殊）相対性理論だけです。場の量子論と量子色力学は、今なお盛んに研究が行なわれており、未解決の疑問をまだまだたくさん抱えています。

成功でいい気分になっており、また、成功から多くを学んだ物理学者たちは、さらに統一を進めるためのさまざまなアイデアを抱きながら二一世紀に突入しました。表面的には異なって見える自然界の力の統一的記述の完成にぐんと近づいたアイデア、そして、現在使われている、表面的には違って見える数種類のエーテルの統一的説明の達成に一段と近づいたアイデアを検証する準備が、今日いよいよ整いました。これらのアイデアは正しい方向にあるという、微《かす》かですが興味を引かれずにはおれないヒントが、すでにあります。これからの数年間は、これらのアイデアにとって厳しい試練の時となるでしょう。というのも、巨大な加速器、ＬＨＣ（大型ハドロン衝突型加速器）が稼働しはじめるからです。

あのね。隣に、ものすごくいい宇宙があるんだ。行ってみようよ。──e・e・カミングス

第2章　ニュートンの第ゼロ法則

物質とは何だろう？　ニュートン物理学は、この問いに深い答を提供した。「物質とは質量を持つものである」というのがその答だ。今では質量は、物質の根本的な性質とは見なされなくなってしまったが、それは依然として現実《リアリティー》の重要な一面であり、それにふさわしい扱いをせねばならない。

古典力学を完成させ、啓蒙主義に刺激を与えた記念碑的著作、『自然哲学の数学的原理（プリンキピア）』（一六八六）のなかで、アイザック・ニュートンは運動の三法則を定式化した。今日なお、古典力学の講義は、ニュートンのこの三法則を何らかのかたちで論ずることから始まるのが普通だ。しかし、この三つの法則だけでは、じつは完全ではない。それなしにはニュートンの三つの法則がほとんど威力を失ってしまうような、もうひとつの法則が存在する。この隠れた法則は、ニュートンが持っていた物理的世界観にとってあまりに基本的だったので、彼はそれを物質の運動を支配する法則とは考えず、物質とは何であるかという定義と考えた。

　わたしが古典力学を教えるときは、まず、この隠れた前提を「ニュートンの第ゼロ法則」と呼んで、持ち出すことにしている。このとき、この法則は間違っているということを強調する。定義が間違っているはずがないじゃないですか？　それに、間違った定義が偉大な科学体系の基盤になるわけないじゃないですか？　といった反応があがる。

　伝説的と言って間違いないデンマークの物理学者、ニールス・ボーアは、二種類の真実を区別していた。普通の真実とは、その逆が誤りである主張。深い真実とは、その逆もまた深い真実である主張、という区別だ。

　この精神に則れば、普通の誤りとは袋小路へと導くもので、深い誤りとは前進へと導くものと言えるかもしれない。普通の誤りは誰にでもおかせるが、深い誤りをおかすのは天才だけだ。

　ニュートンの第ゼロ法則は、深い誤りだった。それは、物理学、化学、そして天文学を二〇〇年以上にわたって支配した「旧体制」だった。プランクやアインシュタインをはじめとする科学者たちの研究が旧体制への挑戦を始めたのは、ようやく二〇世紀初頭になってからのことであった。実験によるいくつもの新発見が砲撃を浴びせるなか、二〇世紀の中ごろまでに旧体制は崩壊した。

この破壊は新しい創造への道を拓いた。わたしたちの新体制は、物質とは何かに関するまったく新しい理解を骨組みとしている。新体制は、古い法則とは細部が異なっているのみならず、種類からして異なる法則に基づいている。これから本書のなかで、この基本概念を完全に転換させた革命について、そして、その革命がもたらした結果について、探っていこう。

だが、この革命を正当化するためには、まず旧体制の欠点をはっきりさせねばならない。というのも、この体制の誤りはボーアの区別で言う深い誤りだからだ。ニュートン物理学という旧体制では、比較的単純で使いやすい規則が施行されており、これを使えば、人間は物理的世界をかなり効率的に支配することができた。実際面では、現実《リアリティー》のなかの、比較的平和で安定した領域を管理するのに、わたしたちは今でもこれらの規則を使っている。

では、まずはじめに、ニュートンの隠された前提、彼の第ゼロ法則の、驚異的な強さと致命的な弱さをじっくり見てみることにしよう。これは、「質量は作り出されることも失われることもない」という法則だ。何が起ころうとも——衝突、爆発、一〇〇万年続く風雨など、何であろうと——、始まりの時点で、あるいは、終わりの時点で、はたまた、そのあいだの任意の時点で、関与しているすべての物質の総質量を足し合わせれば、和は常に同じである。これを科学用語では、「質量は保存される」と言う。ニュートンの第ゼロ法則に対して通常あてられている堂々たる名称は、「質量保存則」である。

神と第ゼロ法則

もちろん、第ゼロ法則を、物理的世界についての意味ある科学的主張とするためには、質量をどのように測定して比較するのかを具体的に述べねばならない。それはこのあとすぐに述べる。しかしその前に、第ゼロ法則が、ただのもうひとつの科学法則ではなく、世界を理解するための戦略――ひじょうに長いあいだ、ひじょうに優れた戦略と見なされてきた戦略――であることを強調させていただきたい。

このことは、今日「質量」と呼ばれるものを、ニュートン自身はいつも「物質の量」という言葉で呼んでいたことからもよくわかる。この言葉は、質量なしに物質は存在しないということを暗に意味している。質量は、物質の量を量《はか》る究極の尺度で、どれだけの物質があるかを表すものだ。質量のないところ、物質はない。そんなわけで、質量の保存は物質の永続性を示しており、じつのところ、これら二つのことは同じである。ニュートンにとって、第ゼロ法則は経験のなかで観察されたものや実験によって発見されたものというよりもむしろ、必然的な真実だった。あるいは、このあとまもなく触れるが、神が創造に使った方法についての事実という、宗教的真実を述べたものであった（誤解を避けるために強調しておくが、ニュートンは経験に基づく科学を細部にこだわって行なう科学者であり、自分が導入した定義と前提からの帰結が、当時の測定で検証できる限りの正確さで自然を記述しているかどうか、注意深く確認した。わたしはなにも、彼が自分の宗教的な考えを現実《リアリティー》に優先させたと言っているのではない。状況はもっと微妙だった。宗教的な考えは、現実《リアリティー》はどのように機能しているかについての直観を彼に与えた。第ゼロ法則のようなものが正しいはずだと彼が思うようになったきっかけは、綿密な実験ではなくて、むしろ、彼の信仰から生じた、世界はどのように造られているかについての強烈な直観であった。ニュートンは神の存在をまったく疑っておらず、科学における自分の責務は、神が物理的世界を支配する方法を明らかにすることだと自負していた）。

のちの著作、『光学』のなかで、ニュートンは物質の究極の性質についての自分の考えを、より具体的に述べている。

> 神ははじめに、固形で、重く、硬く、突き通せないが、動くことができる粒子を、そのような大きさと形で、そのような他の性質を持つ粒子として、空間に対してそのような比で、しかも、神が意図しておられた目的に最も適合するようにして、物質をお創りになったのではないかと思える。また、これらの原初の粒子は固形であり、そ

れらの粒子が集まってできた、隙間の多いどんな物質よりも格段に硬く、決して磨耗したり、粉々に砕けたりすることがないほど硬いのではないだろうか。というのも、神自らが創造の初めに一つのものとしてお創りになったものが、普通の力で分割できるはずなどないのだから。

この注目すべき一節には、見過ごしてはならない点がいくつか含まれている。一つめ。ニュートンは、決まった質量を持つことを、物質の究極の構成要素が持つ最も基本的な性質と見なしている。彼はこれを、「重い（massy である）」と呼んでいる。ニュートンにとって質量は、それよりも単純な言葉で説明しようとしてはならないものである。それは、物質を記述する究極の説明に含まれるものであり、これ以上は掘り下げられないものなのだ。二つめ。ニュートンは、人間が世界のなかで観察する変化は、基本的な構成要素、基本粒子の再配列によって生じるものだとする。構成要素そのものは、生み出されもしなければ破壊されることもない——ただ動きまわるだけだ。神がいったんお創りになったからには、質量をはじめ、その性質は、決して変わらない。ニュートンの運動の第ゼロ法則、すなわち、質量保存則は、この二つの点から導き出される帰結なのである。

現実に戻る

さて、この手の、頭がくらくらするような哲学的‐神学的思考を巡らせるのはこのくらいにして、そろそろ質量保存則が正しいかもしれないのはなぜか、あるいは、正しいに違いないのはなぜかについて、それが正しいことを確かめるための測定を行なうという、日常的な仕事に戻ろう。

質量はどうやって測定するのだろう？　いちばん馴染み深いのは、秤《はかり》を使う方法だ。ダイエットしている人が風呂場で使うような秤は、物体（この場合、ダイエットしている人の体）がバネをどれだけ圧縮するかを比較する。これと非常に近いのが、釣り人たちが使う、棹にぶらさがっている物体（つまり、魚）がバネをどれだけ引き伸ばすかを比較するものだ。バネがどれだけ伸びるか（ダイエットしている人の場合は、どれだけ圧縮されるか）は、その物体が下向きに発揮する力に比例するが、この下向きの力を、わたしたちは「重さ」と呼び、これはその物体の質量に比例する。

この極めて具体的で実際的な枠組みのなかでは、質量の保存は、「閉じた系は、内部で何が起こっているかにかかわらず、バネを同じだけ引き伸ばし続ける」と言っているにすぎない。これはまさに、アントワーヌ・ラヴォアジェ（一七四三‐一七八四）が、綿密な実験を何度も行なうことにより、検証して、「近代化学の父」の称号を得ることになった、その事実そのものだ――もちろん、彼が使っていた秤は、今日家庭の風呂場にあるようなものに比べればはるかに高度で正確であったのだが。ラヴォアジェは、さまざまな化学反応で、反応開始時にあったすべての物質の総重量と、反応後の総重量は、彼に測定できた精度の範囲内で（おおむね一〇〇〇分の一程度）等しいことを確かめた。反応に与《あずか》るすべての物質をもれなく追跡するという厳しいやり方を貫き通し――散逸《さんいつ》しがちな気体を逃がさず、爆発のあとに残った灰をかき集め、などなど――、彼は新しい化合物や元素を発見した。ラヴォアジェは、フランス革命のさなかにギロチンにかけられた。数学者のジョゼフ・ラグランジュは、「その頭を切り落とすのはほんの一瞬だったが、フランスは一〇〇年かかっても、それに匹敵するような頭をもうひとつ生み出すことはできないだろう」と嘆いた。

秤を使って質量を比較するのは実際的で効果的な方法だが、原理に基づいた普遍的な質量の定義とはならない。たとえば、あなたが自分の体を宇宙空間に持って行ったとすると、秤で測定した重さは小さくなるだろうが、質量は同じままである（秤が嘘をついても、ウエストは細くならない）。質量保存の法則が正しいなら、質量は常に同じであるべきだ！　これは、一見循環論法と思われるかもしれないが、真実を含んでいる。というのも、質量はほかの方法でも比較できるからだ。たとえば、大砲の球を二個、同じ大砲から発射する場合、二個の球が飛び出すときの速度を比較することができる。ニュートンの第ゼロ法則とは別の運動法則によれば、ある力が物体に働くとき、物体は、その質量に反比例した割り合いで速度を増す。したがって、一方の球が他方の球の二倍の速度で飛び出すなら、その質量は半分だということになる。実験を地球の表面でやろうが、宇宙空間でやろうが、同じことだ。

質量の測定に関する技術的詳細についてはこれ以上立ち入らないことにして、秤を使う方法や、大砲から物を発射する以外に、質量を測定する方法はたくさんあり、それらの方法が互いに矛盾しないことを確かめる方法もたくさんあるとだけ述べておく。

転落

ニュートンの第ゼロ法則は、二〇〇年以上にわたって科学者たちに受け入れられていたが、それはただ単に、この法則が哲学的もしくは神学的な直観とうまく合致したからだけではなかった。うまく働くからこそ受け入れられたのだ。ニュートンのほかの運動法則、そして、彼の万有引力の法則とともに、運動の第ゼロ法則は、惑星とその衛星の運動、ジャイロスコープの戸惑うほど複雑な振舞い、その他さまざまな現象を素晴らしく正確に説明する、数学的な学問分野——古典力学——を規定する役割りを果たしている。しかもこの法則は、化学でも見事に機能しているのである。

しかし、第ゼロ法則は、常に機能するわけではない。実際、質量保存則が、ものの見事に成り立たない場合もある。ジュネーヴ近郊のCERN研究所で一九九〇年代に稼働していた大型電子陽電子コライダー（LEP）では、電子と陽電子（電子の反粒子）が、光速の99.9999999パーセントに迫る速度に加速される。この速度で逆向きに回転する電子と陽電子を衝突させると、衝突の残骸が大量にできる。典型的な衝突では、π《パイ》中間子が一〇個、陽子が一個、そして反陽子が一個生じる。さて、衝突の前後の総質量を比べるとどうなるだろうか？

電子＋陽電子　2×10^{-28} グラム

パイオン（π中間子）一〇個＋陽子＋反陽子　6×10^{-24} グラム

出てくるものが、入ってきたものの約三万倍も重いことになる。おやおや。

質量保存則ほど、基本的で、うまく機能して、注意深く検証された法則はあまりない。なのにこの実験では、質量保存則は完全に躓《つまず》いている。手品師がシルクハットに豆を二つぶ入れたら、兎が二、三〇羽出てきたようなものだ。だが、自然が下手な手品師だなんて、とんでもない。自然の「手品」は深い真実なのである。少し説明が必要だ。

質量に起源があるのだろうか？

質量が保存されると考えられていたあいだは、質量に起源があるのかという問いは意味をなさなかった。質量は常に同じだ。これは、四二の起源は何ですかと尋ねるようなものである（じつのところ、この問いには答と呼べるものが存在する。神が基本粒子をお創りになったとき以外質量が保存されるなら、神が質量の起源である、というのがそれだ。これはニュートンの答でもあった。だが、これは本書でわたしたちが追究している説明ではない）。

古典力学の枠組みのなかでは、「質量の起源は何か？」という問いには、意味をなすような答はありえなかった。質量を持たないものから、質量を持つものを作ろうとするのは矛盾している。この矛盾は、さまざまな側面からはっきりとわかる。例をあげよう。

●古典力学の精髄は$F=ma$という方程式だ。この方程式は、力（F）の動力学的概念——物体にはたらく、外からの引っ張りを総合したもの——を、加速度（a）の運動学的概念——それに応じて物体がどのように動くかを総合したもの——に関係付ける。質量（m）は、これら二つの概念のあいだを取り持つ。ある与えられた力に応じて、質量が小さい物体は質量が大きい物体よりも速度が速く上がると、この方程式は述べている。だとすると、質量ゼロの物体はとんでもない割り合いで速度が上がることになる！　この物体がどんな運動をするかを知るためには、力をゼロで割らねばならないが、それはご法度《はっと》だ。したがって、物体はそもそも質量を持っていなければならないことになる。

●ニュートンの万有引力の法則によれば、物体はその質量に比例した大きさの引力を他に及ぼす。質量がゼロではない物体を、質量を持たない構成要素を組み合わせて作るところを想像してみると、すぐに矛盾にぶつかってしまう。個々の構成要素が及ぼす引力はゼロであり、ゼロの引力にゼロの引力を何度足し合わせても、引力はゼロである。

しかし、質量が保存されないのなら、その起源を探し求めることができる。そして、質量は実際に保存されない！　質量は存在の根底ではない。もっと深く掘り下げることが可能なのだ。

第3章　アインシュタインの第二法則

アインシュタインの「第二法則」、$m=E/c^2$ を使うと、質量をエネルギーと捉えてやれば、質量をより深く理解できるのだろうかと問いかけることができる。ジョン・アーチボルト・ホイーラーが言うような、「質量なしに生まれる質量」を作り上げることができるのだろうか？

わたしがプリンストン大学で教師としての仕事を始めようとしていたころ、友人であり恩師であるサム・トレイマンに、オフィスまで来いと呼ばれた。彼はちょっとした知恵をわたしに伝授したかったのだ。サムは、机の引き出しからぼろぼろに擦り切れたペーパーバックの手引書を一冊取り出して、こう言った。「海軍は第二次世界大戦中、無線装置を設置し無線通信を行なえるよう、新兵に短期間で訓練しなければならなかった。新兵のほとんどは、田舎から出てきたばかりで、必要な知識を叩き込むのはたいへんだった。このすごい本のおかげで、海軍はそれに成功したんだ。この本は、教科書の傑作だよ。特に第1章はね。見てごらん」

彼は、その本の第1章を開いて、わたしに手渡した。章のタイトルは、「オームの三つの法則」だった。わたしが知っていたオームの法則はただ一つ、あの有名な $V = IR$ という、電圧（V）、電流（I）、抵抗（R）を結びつける関係だけだった。その本によれば、それはじつはオームの第一法則なのだった。

残る二つのオームの法則はどんなものなのだろうと、俄然好奇心が湧いてきた。黄ばんで脆《もろ》くなったページをめくると、すぐに、オームの第二法則は $I = V/R$ だということがわかった。ならば、オームの第三法則は $R = V/I$ だろうと思ったら、やはりそのとおりだった。

新しい法則を見つける、しかも、ちょっと易しい方法で

さて、代数の基礎を学んだ人なら誰でも、この三つの法則がすべて同じだと一目でわかり、この話はただのジョークになってしまう。だが、ここには深い知恵がある（同時に、浅い知恵もあり、サムはこちらのほうをわたしに教えたかったのだと思う。それは、初心

者を教えるときには、同じことを少しずつ表現を変えて何度も説明しなければならないということだ。専門家にとっては当然の結びつきが、初心者にすんなりわかるとは限らない。それに、あなたが自明なことを長々と説明しているのを見ても学生たちは気にしないだろう。というのも、自分は頭がいいのだと感じさせてもらって気を悪くする人などめったにいないからだ)。

深い知恵のほうは、偉大な理論物理学者、ポール・ディラックの言葉を引用すると、わかりやすいかもしれない。どうやって新しい自然法則を発見されるのですかと尋ねられ、ディラックはこう応えた。「式と遊ぶんですよ」。同じ方程式を違うかたちで表現すると、たとえ論理的には同じ内容だったとしても、元のかたちとはまったく異なる様相を呈することがある、というのが深いほうの知恵である。

アインシュタインの第二法則

アインシュタインの第二法則は、

$$m = E/c^2$$

である。アインシュタインの第一法則はもちろん、$E=mc^2$ だ。よく知られているように、この第一法則はごく少量の質量から大量のエネルギーが得られる可能性があると示しており、原子炉や核爆弾を連想させる。

アインシュタインの第二法則は、これとはまったく違う意味を持っている。すなわち、エネルギーから質量がどのようにして生じるかを説明できる可能性が示されているのである。実際、「第二法則」というのは呼び名としてふさわしくない。アインシュタインが一九〇五年に発表した元々の論文のなかには、$E=mc^2$ という方程式は出てこない。出てくるのは、$m=E/c^2$ である（すると、これはアインシュタインの第ゼロ法則と呼ぶべきなのかもしれない）。じつのところ、この論文の表題はこんな疑問文だ。『物体の慣性はそのエネルギー内容に依存するか？』。これは、「物体の質量の一部が、その物体に含まれる物質のエネルギーから生じることがあるだろうか？」と言い換えることができる。アインシュタインは最初から、物理学の概念そのものの基盤について考えていたのであって、原子爆弾や原子炉を作る可能性など考えてはいなかった。

エネルギーという概念は、現代物理学にとっては質量の概念よりもはるかに重要である。このことはいろいろなところに現れている。ボルツマンの統計力学の方程式、シュレーディンガーの量子力学の方程式、そして、アインシュタインの重力場の方程式など、現代物理学の基本的な方程式のなかに登場するのはエネルギーである。質量は、ポアンカレ群《ぐん》の登場する。

既約《きやく》表現（これが何のことかという説明は、ここではしない――ありがたいことに、こう書いただけで言いたいことは十分に伝わる）のラベルなど、もっと技法的な脈絡のなかで登場する。

したがって、このアインシュタインが発した疑問から、ひとつの難しい課題が生まれる。質量をエネルギーで説明できるなら、わたしたちは世界をよりよく記述できることになる。つまり、世界のレシピに載せる原材料を減らすことができるはずなのだ。

アインシュタインの第二法則を使えば、前の章で登場した古典物理学では答えられなかった問いに対して、良い答を考えることができるようになる。「質量の起源は何か？」という問いの答は、「エネルギー」かもしれないのだ。じつのところ、このあと本書で見ていくように、質量の大部分はエネルギーを起源としているのである。

よくある質問

質量の起源について公開講演をするとよく訊かれる、優れた質問を二つ紹介しよう。みなさんが同じ質問を考えておられたなら、それは素晴らしいことだ。これらの質問は、質量をエネルギーで説明する可能性を巡る、基本的な問題を提起するものだからだ。

質問1　もしも $E=mc^2$ なら、質量はエネルギーに比例することになります。だとすると、エネルギーが保存されるのなら、質量も保存されるのではないでしょうか？

答1　手短にお答えすると、$E=mc^2$ は、実際には静止している孤立した物体にしか当てはまりません。市井《しせい》の人々が一番よく知っている物理学の方程式であるこの式が、じつはちょっとごまかし臭い、というのは残念なことです。一般的に、運動している物体や、相互作用する物体の場合、エネルギーと質量は比例しません。$E=mc^2$ は、まったく成り立たないのです。

もっと詳しい答は、「補遺A　粒子は質量を、世界はエネルギーを持っている」を参照してください。

質問2　質量のない構成要素からできたものが、どうして引力を感じられるのでしょう？　ニュートンによれば、物体は、その質量に比例した引力を感じるということではなかったのでしょうか？

答2　確かにニュートンは、万有引力の法則で、物体が感じる引力はその質量に比例していると言いました。しかし、アインシュタインは、これよりもっと正確な重力の理論である一般相対性理論のなかで、これとは違うことを言っています。話の全容を説明するのはちょっと難しいので、ここではしません。ごく大雑把に言えば、ニュートンなら「力はです。相互作用する物体の系や、光速に近い速度で運動している物体の場合は、大きく異なるのです。

同じではありません。孤立してゆっくり運動している物体の場合はほぼ同じなのですが、これは E/c^2 に比例する」と言っているのです。前の質問1と答1で議論したように、これは

m に比例する」と言うだろうところで、アインシュタインのもっと正確な理論では、「力は E/c^2 に比例する」と言っているのです。

じつのところ、光そのものが、たいへん印象的な例だ。光の粒子、光子は、質量がゼロである。なのに、光は重力によって曲がってしまう。というのも、光子のエネルギーはゼロではなく、重力はエネルギーに作用するからだ。実際、一般相対性理論の検証実験として最も有名なものでは、光が太陽で曲げられる現象が確認されたのであった。この現象では、太陽の重力が質量のない光子の進行方向を曲げている。

この考えをさらに一歩進めると、元々まっすぐ進んでいた光子さえぐるりと回転させてしまうほど、極端に進行方向を変えてしまう猛烈な重力を発している物体を思い描くことができる。このような物体は光子を完全に捉えてしまう。どんな光も、そこから外へ逃れることはできない。これが、一般相対性理論からみちびきだされる最も劇的な帰結、ブラックホールである。

第4章　物質にとって重要なこと

世界は何でできているのだろう？　本書では、物質の質量は純粋なエネルギーを起源として生まれることを、九五パーセントの精度で説明する。このような高い精度の説明を行なうには、何を論じているのかということを極めて明確にしておかねばならない。この章では、普通の物質とは何か、そして、何でないかということを明確にする。

「普通の」物質とは、化学、生物学、そして地質学で研究する対象物である。人間が物を作るときに使うものであり、人間もそのような物質でできている。天文学者が望遠鏡のなかに見るものもまた、普通の物質である。惑星も、恒星も、星雲も、わたしたちが地球で見出し、研究しているのと同じ種類のものでできている。このことは、天文学における最大の発見であった。

ところが最近、天文学者たちは、別の大発見を成し遂げた。皮肉なことにその新しい大発見は、普通の物質が宇宙に存在するすべてではない、というものだ。「すべて」どころではない。実際には、宇宙全体のなかに存在する質量の大部分が取っているかたちは普通の物質とは違っており、ダーク・マターとダーク・エネルギーと呼ばれる、少なくとも二種類が存在する。これら「ダーク」と呼ばれるものは、光を完全に透過させるので、そのため、数百年ものあいだ発見されなかったのである。これまでのところ、それが普通の物質（恒星と銀河）に及ぼす重力を通して間接的にしか検出されていない。この「ダーク」な物質については、このあといくつかの章でさらに詳しく説明する。

宇宙に存在する質量を持つものを列挙してみれば、普通の物質は全体のたった四、五パーセントでしかなく、ごく微量の不純物にすぎない。だが、世界中の構造物、情報、そして愛のほとんどがそこにある。なので、これがとりわけ面白い部分だとみなさんも同意してくださると思う。しかも、わたしたちが最もよく理解しているのもこの普通の物質で、ほかのものに比べて断然知識は豊富にある。

続くいくつかの章で、質量を持たない構成要素から始めて、普通の物質の質量の起源を九五パーセントまで説明する。この約束をきちんと果たすために、今何を説明しているのか、その都度《つど》はっきりさせるようにしよう（なにせ本書では、とにかく数字をたくさん引用するので)。

構成要素

物質*を分割していくと、ごく少数の構成要素に至るのではなかろうかという考え方は、少なくとも古代ギリシア時代にまで遡るが、科学的にきちんと理解されるようになったのは、二〇世紀になってからだ。人々は普通、「物質は原子でできている」と言う。偉大な物理学者、リチャード・ファインマンは、彼が書いた有名な教科書、『ファインマン物理学』の冒頭近くで、これについてじつに的を射たことを述べている。

> 何かの大異変があって、科学的知識のすべてが破壊され、たった一つの文章だけが次の世代の生物に伝えられるとしたら、最少の言葉で最大の情報を伝えられるのはどんな文章だろう? わたしは、それは、すべてのものは原子でできているという、原子仮説(あるいは、原子の事実、とか、好きな呼び名を使ってかまわない)だと思う

---

*ここから第8章まで、「普通の物質」について述べるとき、「普通の」という形容詞をつけずに、ただ「物質」と呼ぶことにする。このあいだは、「ダーク」な物質について触れることはない。

……。（傍点はファインマンの原文による）

しかし、すべての物質は原子でできているという、偉大でひじょうに有用な「事実」には、重要な問題点が三つあり、そのため不完全である（ニュートンの第ゼロ法則、すなわち、天文学最大の発見と同じく、これはボーアが言う深い真実で、同時に根底からの誤りでもある）。

問題点のひとつは、すでに触れたとおり、ダーク・マターとダーク・エネルギーが存在することだ。ファインマンの教科書が出版された一九六三年には、このようなものが存在するなど、ほとんど考えられていなかった。フリッツ・ツビッキーをはじめとする数人の天文学者が、一九三三年という早い時期に、「失われた質量の問題」と彼らが名付けた問題に取り組んではいた。だが、彼らが見出した変則事象は、当時まだ揺籃《ようらん》期にあった観測宇宙論が抱えていた多数の同様の問題点のほんの一部でしかなく、ずっとのちになるまで、まともに取り合う人はほとんどいなかった。いずれにせよ、ダーク・マターとダーク・エネルギーが存在しても、ファインマンの主張が的を射ているのはまったく変わらない。大異変が終わったあと、科学再建の最初の段階では、ダーク・マターやダーク・エネルギーの存在を考慮に入れるのは、ちょっと大変で、実際そんな余裕はないだろうから。

残る二つの問題点は、もっと現実的な側面から原子仮説を修正しなければならなくなる、重要なものだ。大異変後の次世代の生物に伝える一文のメッセージのなかにも、絶対に盛り込まなければならない。たとえそうすることで、その一文が、だらだらとどこまでも続く長ったらしいメッセージになってしまうとしても――そう、先生たちから、そんな文章は書いてはいけないと教わったし、SAT（大学進学適性試験）の小論文をそんな文章で書いたら減点されること間違いなし、という類《たぐい》の文章で、確かにヘンリー・ジェームズやマルセル・プルーストなどは、そんな文章を書いたにもかかわらずすこぶる有名になったが、それは、文学を書いているならそれも構わないからで、ただ情報を伝達したいのなら、そんな文章は避けるべきだ――絶対に欠かせない。

一つめは、光の問題だ。光は、「すべてのもの」のなかでもとりわけ重要な要素で、いうまでもなく物質とはまったく違う。人間の持つ自然な直感では、光は非物質的、あるいは、霊的な存在で、物質とはまったく異なったものと感じられる。たしかに光は、手で触れられる物質――蹴飛ばせば爪先《つまさき》が痛くなるものや、流れや風となって人間の体を押し向きを変えさせるもの――とはまったく違うように見える。ファインマンが述べていた大異変後の生き物にも、光は、彼らにも理解できるような別の種類の物質だということを伝えたほうがいいだろう。光も粒子でできており、これを光子と呼ぶということも、彼らに教えてやればいいかもしれない。

二つめは、原子で話が終わるわけではない、ということだ。原子は、もっと基本的な構成要素でできている。この線に沿って二、三ヒントを提供すれば、大異変後の生き物が科学に基づく化学やエレクトロニクスを再建する作業に弾みがつくだろう。

さて、これらのことを二、三の文章にまとめることができる（一文にまとめるのは、はなから諦めるとしよう）。すべてのものは原子と光子でできている。原子は、電子と原子核でできている。原子核は、すべての電子が集まった電子殻よりもはるかに小さい（原子核の半径は、電子殻のそれの約一〇万分の一〔10^{-5}〕）が、そこに正の電荷がすべて存在し、また、原子の質量のほとんど全部――九九・九パーセント以上――が集中している。電子と原子核が電気的に引き付け合うことで、原子は一体に保たれている。最後に、原子核は陽子と中性子でできている。原子核を一体に保っているのは、電気力とはまた違う、はるかに強いが短い距離でしか働かない力である。

このまとめは、内容的には、物質に関する一九三五年ごろの知識に相当する。現在でも、入門レベルの物理学の教科書にはたいていこのような説明が載っている。わたしたちが現在到達している理解のほんとうの姿を十分に表すためには、このまとめに登場するほとんどすべての言葉を限定し、修正し、精密化しなければならない。たとえば、今では、陽子や中性子も複合的な物体で、より基本的な要素、クォークとグルーオンからできていることがわかっている。この精密化の作業は、のちの章に譲る。しかし一九三五年の描像も、質量の起源を知るためにせねばならないことは何かをはっきり把握するには十分な、おおまかな輪郭を提供してくれるスケッチとしては都合がいい。

原子の質量の大部分は原子核に存在し、原子核は陽子と中性子でできている。電子を由来とする質量は一パーセント以下、そして、光子を由来とする質量はさらに少ない。そのようなわけで、普通の物質の質量の起源という問題は、次のような、きわめて明確なかたちとなる。物質の質量の大部分――九九パーセント以上――の起源が何かを特定するには、陽子と中性子の質量の起源を特定し、これらの粒子がどのように結合して原子核になるかを突き止めねばならない。それ以上でも以下でもない。

第5章　内側にいたヒドラ

原子核を、陽子と中性子の集まったもの、あるいは、それらの粒子が互いの周囲を回転している系として、「古い考え方に従って」理解しようという企ては自然消滅した。安定的に長期間存在する粒子のあいだに働く力を探究していた物理学者たちは、期待に反して、変容と不安定性の茫然とするような世界を見出したのだった。

一九三〇年、物質に関する完全な理論への道に沿った次の一歩をどのように踏み出すべきかは、はっきりわかっていた。内側へと向かう分析の旅は、原子の中心、原子核に到着した。

物質の質量の圧倒的大部分は、原子核のなかに閉じ込められていた。そして、原子核に集中した電荷が、周囲の電子の運動を決める電場を形成していた。原子核は電子に比べてはるかに重いので、普通は電子よりもずっとゆっくりと運動する。電子が化学的、生物学的なプロセスにおいて（エレクトロニクスのプロセスは言うに及ばず）役者として能動的に振舞っているとすれば、原子核は舞台裏に潜んで、台本を書いている。

生物学、化学、エレクトロニクスではほとんど舞台裏にこもっているその原子核が、恒星の物語では主役を張る。恒星――もちろん、わたしたちの太陽も含めて――は、核の再配列や転換によってエネルギーを取り出している。だとすると、原子核の理解がかつて極めて重要であったこと、そして今も重要であることは言うをまたない。

しかし、一九三〇年、原子核はまだ理解され始めたばかりで、その理解を向上させることこそが物理学の最重要課題であった。エンリコ・フェルミは、原子核について講義するときはいつも、原子の図を描いて、その中心にもやもやっとした雲を描き込んで、「ドラゴンここに潜む」という文字を添えた。骨董品店にあるような時代がかった地図に、未踏の領域にそんな書き込みがされているのをときどきみかける。そこに、探検すべき荒野の前線があったのだった。

フェルミのドラゴン

原子核の世界は、従来のものとは根本的に違う新しい力によって支配されているということは、最初からはっきりしていた。原子核物理学以前の古典的な力は、重力と電磁力だった。だが、原子核の内部で働いている電気力は互いに反発しあう。というのも、原子核の内部には正電荷しかなく、同種の電荷は反発しあうからだ。一個の原子核の質量は微々たるものだから、それに働く重力は、電気的反発力に打ち勝つには弱すぎて、はるかに及ばない（重力の弱さについては、本書の第2部でさらにいろいろと論ずる）。新しい力がなんとしても必要だった。それは「強い力」と名付けられた。原子核をこれほど小さくがっちりと一体に保っている「強い力」は、それまでに知られていたどんな力よりもはるかに強くなければばならなかった。

原子核の内部で起こっていることを支配する基本的な方程式が発見されるには、何十年にもわたる地道な実験と、理論上の創意工夫が必要だった。人間にそんなものが発見できたことが、そもそもこのうえなく素晴らしいことだ。

この取り組みが困難なことは、原子核はものすごく小さいので、これらの方程式が実際に働いているのをじかに観察するのは、ただもう難しい、ということを考えればすぐにわかる。原子核は、原子に比べても、約一〇万倍も小さい。したがって、ナノテクノロジーで普通扱われているサイズよりも一〇〇万倍も小さいものを対象としなければならない。原子核は、マイクロ‐ナノテクノロジーの領域にある。顕微鏡を使って観察する対象物を扱う道具で原子核を取り扱おうとすると――尺度をはっきりさせるために、たとえば普通のピンセットを使うとしよう——、それは、巨人が二つのエッフェル塔を箸のように使って砂を一粒つまみあげようとするよりももっとたいへんなことなのだ。これはちょっと無茶だ。原子核の世界を探究するためには、まったく新しい実験技法を発明し、風変わりな装置を構築せねばならなかった。本書のテーマにとって最も重要な発見が相次いで行なわれている、〝超ストロボスコピック・ナノ顕微鏡〟（以前のスタンフォード線形加速器センター、SLAC国立加速器研究所にある）と、〝創造的破壊パワーハウス〟（大型電子・陽電子衝突装置、LEPと呼ばれている）を次の章で紹介する。

もうひとつ、この取り組みを困難にしているのが、マイクロナノ宇宙は従来のどんなルールともまったく違う新しいルールに従っているということだ。強い力をきちんと扱えるようにするために、物理学者たちは、人間の自然な思考法を捨て、代わりに奇妙な新しいアイデアを採用しなければならなかった。これらの奇妙なアイデアについては、このあと続くいくつかの章で論じよう。それらのアイデアはあまりに奇抜なので、ただ事実として述べても、とても信じられそうには思えないかもしれない――じつのところ、信じられそうに思えてはならないのだ。*　あたらしいアイデアのいくつかは、それ以前のどんなものともまったく似ていない。みなさんが学校で学ばれたこととは矛盾するように見えるかもしれない――そして実際、矛盾するかもしれない（それは、みなさんがいつの時代にどこの学校に行かれたかによって違う）！　この短い章の意図するところは、わたしたちがどうして革命へと駆りたてられたかを説明することにある。原子核物理学の伝統的な説明（わたしは、高等学校と大学の入門レベルの教科書をいくつか調べてみたが、そのほとんどは、依然としてこの伝統的説明を載せていた）を、新しい知識に結びつけるのが目的だ。

ドラゴンとの格闘

一九三二年のジェームズ・チャドウィックによる中性子の発見は画期的な出来事だった。この発見のあと、究極の理解に至るには、あとはまっすぐ進めばいいだけだと思われた。原子核の構成要素はすべて発見され尽くされたかに見えたのだ。原子核は、陽子と中性子という、ほぼ同じ質量を持ち（中性子のほうが約〇・二パーセント重い）、同じ強い相互作用（訳注：「強い相互作用」とは「強い力」とほぼ同義と考えていただきたい）をする二種類の粒子だけでできていると思われたのだ。陽子と中性子の最も目に付く違いは、陽子は正の電荷を持っているが、中性子は電気的に中性だということ、そして、中性子は単独では不安定で、約一五分の寿命で、陽子（と、電子一個と反ニュートリノ一個）へと崩壊する、という二点だ。陽子と中性子を単純に必要な数だけ寄せ集めれば、知られている原子核に大体一致する電荷と質量を持つ、さまざまな原子核模型を作ることができた。

このモデルを理解し、より精密にするには、陽子と中性子のあいだに働く力を測定すればそれでいいのだと思われた。これらの力が原子核を一体に保っているのだろう。そして、これらの力を記述する方程式を見出せば、それが強い相互作用の理論となるはずだ。この理論の一連の方程式を解けば、理論を検証し、また、予言をすることができるに違いない。こうやって、単純でエレガントな方程式で記述される、素敵な「核力」を中心とする「原子核物理学」という物理学の新しいすっきりとした一章が書けるだろう、と思われたのだった。

この筋書きに刺激され、実験家たちは、陽子が別の陽子（あるいは、中性子やほかの原子核）に近接遭遇する現象を研究した。この手の、ある種類の粒子を、別の種類の粒子に向かってぶつける実験は、物理学では散乱実験と呼ばれている。陽子や中性子がどのように方向を変えて飛んでいくか、つまり、物理の用語で言えば、どのように散乱するかを調べれば、そのような現象をもたらしている力を逆に辿って突き止めることができる、という考え方に基づいている。

ところが、この単純明快な戦略は無残に失敗してしまった。一つには、この力は極めて複雑であることがわかった。粒子どうしの距離に依存するだけでなく、粒子の速度とスピ

＊本書の終盤で、わたしは、ほかの奇妙なアイデアについても論じるが、これらのアイデアは、その証拠の説得力がなお一層弱い。ここで説明するアイデアと、その点での違いを感じ取っていただきたいと思う。

ンの向き*にも、複雑で込み入ったかたちで関係していることがわかったのだ。ニュートンの万有引力の法則や、クーロンの電気に関する法則に並ぶに値する、単純で美しい法則が現れたりは決してしないのだということがすぐに明らかになった。

二つめは、もっと厄介なことだった。この「力」は、単純なひとつの力ではなかったのだ。大きなエネルギーを持った陽子を二個衝突させるときに観察される現象は、これら二個の粒子が単純に方向を変えるということだけではない。じつは、衝突後には三個以上の粒子が存在することが多く、しかも、それらは必ずしも陽子ではないのだ。実際、物理学者たちが高エネルギーで散乱実験を行なう過程で、このような結果を分析するなか、多くの新粒子が発見された。これらの新しく発見された粒子は——最終的には、数十個に及ぶ新粒子が発見された——、不安定で、普通わたしたちが自然のなかで出会うことはない。しかし、詳しく調べてみると、それ以外の性質は——とりわけ、強い相互作用をすることと、大きさについては——陽子や中性子と似ているようだった。

これらの発見が行なわれてからは、陽子と中性子二つだけを考慮したり、陽子と中性子のあいだの力を決定すれば基本的な問題は解決すると考えるのは適切でないとされた。そして、それまでの「原子核物理学」は、新粒子のすべてを対象とし、これらの粒子が生まれたり消滅したりする、相当複雑そうなさまざまなプロセスを含む、もっと大きな分野の一部となった。この、雑多な基本粒子の集まり、新たに登場したドラゴン族の名称が新しく考案された。ハドロンというのがその名前である。

ヒドラ

この複雑な状況はいったいどういうことなのか、こう考えれば説明できるかもしれないというヒントは、化学の分野に蓄えられてきた知識のなかに見つかった。陽子と中性子、そしてその他のハドロンは、基本粒子ではないのではないか、もっと単純な性質を持った、もっと基本的なものでできているのではないか、というのがそのヒントだ。

たしかに、陽子と中性子に対して行なわれたような実験を、原子や分子に対して行なって、その近接遭遇で何が出てくるかを研究したとすれば、やはりとんでもなく複雑なものが結果として現れるだろう。配列の変化や分裂が起こって、実験前にはなかった新たな分子（または、励起《れいき》原子、イオン、遊離基《ラジカル》など）が形成されるだろう――つまり、化学反応が起こるのだ。単純な力の法則に従っているのは、根底に存在する電子と原子核だけであ

＊陽子も中性子も常に回転している。これを、陽子と中性子は固有の本質的なスピンを持っている、と言う。本質的なスピンについては、あとでもっと議論する。力の究極の統一に関する最新の考え方のなかでスピンは重要な役割りを演じる。

って、たくさんの電子と原子核でできている原子や分子は、そんな法則には従わない。陽子、中性子、そして、新たに発見された親族粒子の場合も、同じようなことなのではないだろうか？　その見かけの複雑さは、はるかに単純な法則に従う、もう一段基本的な構成要素が複雑に組み上げられていることから生じているのではないだろうか？

ものを粉々に壊して調べるというのはずいぶん乱暴なやり方かもしれないが、ものが何からできているかを知る、誰にでもできる方法とは考えられないだろうか。原子と原子を十分激しくぶつければ、それらの原子は構成要素の電子と原子核に分裂する。こうして、原子の根底に存在するものが明らかになる。

だが、陽子や中性子のなかに存在する、より単純な構成要素を探る取り組みは、奇妙な困難にぶつかった。陽子と陽子をほんとうに激しくぶつけると、出てくるものは……元々あったよりもたくさんの陽子で、ハドロンの親戚まで一緒に登場することもあるのだ。標準的な実験では、二個の陽子を高エネルギーで衝突させると、陽子が三個、反中性子が一個、そしてπ《パイ》中間子が数個現れる。出てくる粒子の総質量は、衝突前の総質量よりも大きい。そのような事態の起こる可能性があることは少し前の箇所でお話ししたが、ここでもまたその事態は、わたしたちを悩ませに登場してきた。衝突のエネルギーをどんどん高くして、ますます乱暴な実験をやっても、前より小さく軽い構成要素が出てくるのではなくて、同じものがもっとたくさん出てくるばかりである。少しも単純にはなっていない。まるで、グラニースミス種のりんごを二個ぶつけて砕いたら、グラニースミスが三個、レッドデリシャスが一個、カンタロープ・メロンが一個、さくらんぼ一二個、ズッキーニ二本が出てきたような話である！

フェルミが言っていたドラゴンは、一層たちの悪い、あのギリシア神話のおぞましき怪物ヒドラと化し、悪夢のように物理学者たちを悩ませた。ヒドラを切り刻んでも、一切れ一切れからまたヒドラが出てきてしまう。

たしかに、物質を構成するより単純な構成要素というものはあるのだ。だが、これらの要素のより根本的な「単純さ」には、奇妙で逆説的な振舞いが伴っており、そのため、これらの粒子は、革命的な理論を要すると同時に、実験では捉えにくいものとなっている。そんな粒子を理解するには――それどころか、そもそも捉えるためには――、初めからやり直さねばならない。

第6章　物質《イット》のなかのビット

その場しのぎ的に理論に導入され、単独では観察されたことのないクォークは、最初は便宜上必要ではあるが、現実には存在しないものと思われた。ところが、陽子の〝超ストロボスコピック・ナノ顕微鏡スナップショット〟によって捉えられてからというもの、クォークは厄介な現実《リアリティー》となった。クォークの奇妙な振舞いのせいで、量子力学と相対性理論の基本原理が疑問に付されることになった。やがて新しい理論が登場し、そのなかでクォークは、数学的に完璧な、理想的な対象物として定義しなおされた。この新理論の一連の方程式は、色荷《カラー・チャージ》を持つグルーオンという新しい粒子の存在を予言した。その後二、三年のうちに、クォークやグルーオンを確認する目的で建造された、〝創造的破壊を行なうパワーハウス〟で、クォークとグルーオンの画像が収集できるようになった。

この章のタイトルには二つの意味がある。一つめの意味はそれほどわかりにくくない。少し前までは普通の物質の基本的な構成要素だと考えられていた陽子や中性子の内部に、じつはもっと小さなもの（ビット、つまり小片）があるということである。この、もっと小さなビットは、クォークとグルーオンという名で呼ばれている。もちろん、何かの名前がわかったからといって、それがどんなものかがわかるわけではない。シェークスピアもロミオにこう言わせているとおりだ。

名が何だというのだ？　ほかのどんな名で呼ぼうが、
薔薇は同じように芳《かぐわ》しい。

これを糸口に、二つめの、もっと深い意味にたどり着くことができる。クォークとグルーオンが、構造のなかにまた別の構造があるという、タマネギのようにどこまで行っても終わらない複雑な体系の一つの層に過ぎないのなら、その名前は、カクテル・パーティーで知識をひけらかして、相手を圧倒させるのには使えるかもしれないが、その中身に関心を抱くのは専門家だけだろう。だが、実際、クォークとグルーオンは「単なるもう一つの層」ではない。むしろそれは、正しく理解されたときに、物理的現実《リアリティー》とはどのようなものかについての認識を一変するような存在と言える。というのも、クォークとグルーオンは、ビットはビットでもさらに一段深い、まったく別の意味を持つものであるからだ。すなわち、情報理論で言うところのビットと同じ意味を持っているのである。これは、科学において質的にまったく新しいものが現れたと言えるほどのことなのだが、クォークとグルーオンは具現化された概念なのである。

たとえば、グルーオンを記述する方程式は、グルーオンそのものよりも前に発見された。それらの方程式は、一九五四年に楊振寧《ヤン・チエンニン》とロバート・ミルズが、マクスウェルの電磁力学の方程式に対して自然な数学的拡張を行なって導出した、一連の方程式（訳注：いわゆるヤン・ミルズ方程式）の一部だった。マクスウェルの方程式は、対称的な形をしていることと、そのものすごい威力とで、つとに有名である。マクスウェルがその存在を予言した電磁波（電波と呼ばれることもある）が実際に存在することを実験で確認したドイツの物理学者、ハインリヒ・ヘルツは、マクスウェルの方程式について、次のように述べている。

これらの数学的な式は、独立した存在であり、それ自体の知性を持っていると感じずにはおれない。これらの式のほうが、われわれよりも知恵深いのだ、発見者よりもなお知恵深いのだ、という気持ちから逃れることができない。これらの式に元々込められたものよりもはるかに多くを、われわれはこれらの式から取り出しているように思えてならない。

ヤン・ミルズ方程式は、喩《たと》えて言えば、マクスウェルの方程式をステロイド剤によってパワーアップしたようなものだ。マクスウェル方程式では一種類の「荷《チャージ》」（電荷）しか登場しないが、ヤン・ミルズ方程式は何種類もの「荷」を支え、それらの「荷」のあいだの対称性を支える。強い相互作用を担う現実世界のグルーオンに適用される、三つの「荷」が登場するようこの方程式に手を加えたものを、一九七三年、デイヴィッド・グロスとわたしが提案した。強い相互作用の理論に登場する三つの「荷」は、普通「色荷《カラー・チャージ》」、あるいは、単純に「色《カラー》」と呼ばれているが、もちろん通常の意味の「色」とは何の関係もない。

クォークとグルーオンの基本的な成り立ちについては、このあとすぐ詳しく説明する。わたしがこの章で、タイトルを含めた冒頭から強調したいのは、クォークとグルーオン――厳密には、クォークとグルーオンの場――は、完璧で完全な数学的対象物だということだ。クォークとグルーオンの性質は、サンプルを提供したり、測定したりすることは一切必要なしに、概念だけを使って、完全に記述することができる。そして、その性質は、変えることができない。方程式をいじくりまわせば、式を損なわずには済まされない（実際、式は矛盾するようになってしまう）。グルーオンは、グルーオンの方程式に従うものなのだ。ここでは、物質《イット》がビットそのものなのである（訳注：ここを含め、本書の「イット」と「ビット」をめぐる記述は、ジョン・ホイーラーの「物質《イット》は情報《ビット》から生まれる」という発言をふまえているようである。本書の9章冒頭も参照）。

しかし、このあまりに気ままなラプソディーはこのぐらいにしておこう！　純粋数学には美しいアイデアがぎっしり詰まっている。物理学のとっておきの音楽は、美しいアイデアと現実《リアリテイー》のあわいに、いとも調和した響きで流れている。そろそろ少し現実《リアリテイー》について論ずべきころあいだ。

クォーク——ベータ版

一九六〇年代前半までには、質量、寿命、固有の回転（スピン）が異なる、数十種類のハドロンが実験家たちによって発見されていた。相次ぐ発見に浮かれてのお祭騒ぎは、まもなく辛《つら》い二日酔い状態へと変貌した。というのも、奇妙な事実がどんどん積み重なっていくばかりで、そのなかになんら深い意味を見出せないことに、誰もが飽き飽きしてしまったからだ。ウィリス・ラムは、一九五五年のノーベル賞受賞スピーチで、次のようにジョークを交えて語った。

一九〇一年にノーベル賞が初めて与えられたとき、物理学者たちは、今日「素粒子」と呼ばれているもののうち、電子と陽子のたった二つしか知りませんでした。一九三〇年以降は、中性子、ニュートリノ、μ《ミュー》中間子、π《パイ》中間子、重い中間子、そして、さまざまなハイペロン（重核子）と、そのほかの「素」粒子が、洪水のごとく次々と多数発見されるようになりました。そして、こんな話を耳にするようになったのです。「新しい素粒子を発見した者には、これまでノーベル賞という褒美が与えられていたが、これからは、そんな発見をした者には一万ドルの罰金を課して罰せねばなるまい」。

そのような状況のなかで、マレー・ゲルマンとジョージ・ツワイクはクォーク模型を提案し、強い相互作用の理論を大いに向上させた。ハドロンは、もっと基本的な二、三種類のものが組み合わさってできていると考えれば、さまざまなハドロンの質量、寿命、スピンが見せている雑多なパターンは、たちまちのうちにしかるべき値として説明できると、彼らは示したのだ。ゲルマンはこの「もっと基本的な粒子」を、クォークと名付けた。それぞれ異なるフレーバーを持つ、アップ（u）、ダウン（d）、ストレンジ（s）という、たった三種類のクォーク*が、さまざまに組み合わされてできていると考えれば、数十種類のハドロンを、少なくとも大まかには理解できるのだった。

せいぜい数種類のバリエーションしかないフレーバーを持ったクォークから、どうやって数十種類ものハドロンが作れるのだろう？　複雑なパターンの背後に、どんな単純な規則があるというのだろう？

元々の規則は、観察に合うようその場しのぎ的に作られたもので、かなり風変わりだった。この規則が、いわゆるクォーク模型を定義していた。クォーク模型によれば、ハドロンには二種類の基本構造《ボディ・プラン》しかない。一個のクォークと一個の反クォークでできている中間子。そして、三つのクォークでできているバリオン。この二種類だ（実際には、三個の反クォークからなる反バリオンも存在する）。したがって、中間子を作る、フレーバーの違うクォークと反クォークとの組み合わせは、数個しかないことになる。すなわちuを反d（つまり、$\bar{d}$）と、dを$\bar{s}$と、等々、という組み合わせしかできない。バリオンについても同様に、可能な組み合わせは数個しかない。

クォーク模型によれば、ハドロンのものすごい多様性は、どの基本部品を使うかということよりも、それらの基本部品をどのように組み上げるかということから生じている。もう少し具体的な言い方をすれば、ある与えられたクォーク数個からなる組は、大雑把に言って、複数の星が重力によって互いに拘束しあうのと同じように、スピン整列に応じた異なる空間軌道に配列することができる。

顕微鏡でも観察できないほど小さな「惑星系」であるクォークと、巨視的な存在である本物の惑星系には、決定的な違いがある。巨視的な惑星系は、古典力学の法則に支配されており、あらゆる形状、あらゆる大きさで存在しうるが、微視的な「惑星系」はそうはいかない。微視的な「惑星系」のほうは、量子力学の法則に従っているので、許される軌道やスピン整列が限られている。** わたしたちは、「系は異なる量子状態にある」という言い方をする。軌道とスピンの組み合わせとして許されているもの――状態――は、それぞれ総エネルギーが厳密に決まっている。

（ここで告白と予告をさせていただきたい。この部分の説明は、あまりに複雑なことを一度にたくさん書くのを避けるために、やや雑になっている。新しい量子力学によれば、一つの粒子の状態を正しく記述するには、その粒子が運動する軌道ではなくて、その粒子がいろいろな場所にどのような確率で見出されるかを記述する波動関数を使わねばならない。これについては第9章で詳細に論じる。軌道という描像は、「古い量子力学」と呼ばれるものの名残である。軌道は、頭のなかでは思い浮かべやすいが、厳密な研究には使えな

*クォークのフレーバーを、色荷と混同してはならない。色荷はフレーバーとは別の、さらなる性質である。一単位の赤の色荷を持つ*u*クォーク、一単位の青の色荷を持つ*u*クォーク、などが存在する。つまり、フレーバー三種類と色荷三種類で、全部で3×3=9種類が存在する。

**厳密に言えば、量子力学の法則は普遍的だ。それらの法則は、巨視的な恒星系にも、原子のような微視的な系にも、まったく同じように当てはまる。だが、巨視的な系に対しては、許された軌道どうしの間隔が極めて小さいため、軌道に対する量子的制約が実際的な意味をほとんど持たないのである。

い。）

ハドロンを理解するために使おうと、クォークをこのようなものと定義したが、これは、原子を理解するために電子を使うのとたいへんよく似ている。一個の原子のなかに存在する電子は、さまざまに異なる形の軌道を持っており、また、スピンを異なる向きに整列することができる。そのおかげで原子は、異なるエネルギーを持ったたくさんの異なる状態を取ることができる。原子が取りうる状態の研究は、原子分光学と呼ばれる広大な分野をなしている。原子分光学を使って、遠方にある星が何でできているのかを探ったり、レーザーを設計したり、その他じつにたくさんのことが行なわれている。原子分光学はクォーク模型とひじょうに関連が深く、また、それ自体が極めて重要なので、ここでしばらく原子分光学について議論しよう。

炎や恒星の大気のなかなどに存在する高温の気体は、さまざまな状態の原子を含んでいる。原子核が同じで、電子の数も同じ原子でも、電子の軌道や、スピンが整列される向きが違う場合もある。これら多数の状態は、それぞれ異なるエネルギーを持っている。またエネルギーが高い状態は、もっとエネルギーが低い状態へと崩壊する可能性があり、その際光を放出する。放出された光は、その色から判定できる大きさのエネルギーを持っており、またエネルギーは全体として保存されることから、光が持っているエネルギーが、崩壊前後の二つの状態のエネルギー差にあたる。あらゆる種類の原子が、それぞれの特徴に応じた色のパレットを持っていて、そのなかにある色の光だけを放出する。水素原子は、ある一組の色の光を放出し、ヘリウム原子は、まったく違う一組の色の光を放出する。物理学者と化学者は、このパレットのことを原子のスペクトルと呼ぶ。ある原子のスペクトルは、その原子の署名として機能し、原子の種類を特定するのに使うことができる。光をプリズムに通すと違う色が分かれて見えるようになるが、そうして見えるスペクトルの姿は、バーコードにそっくりだ。

　恒星からの光のスペクトルと、地上の炎のスペクトルが一致するからこそ、遠方の恒星も、地球で見出されるのと同じ種類の物質でできているのだと確信を持つことができるのである。また、遠方の恒星からの光は地球に届くまでに何十億年もかかるので、今日働いている法則が遠い昔に働いていた法則と同じかどうかを確かめることもできる。これまでに得られている証拠は、法則は変わっていないことを指し示している（だが、わたしたちが――少なくとも、普通の可視光では――直接見ることはできないごく初期の宇宙は、まったく違う法則に支配されていたと考える十分な理由がある。この点についてはのちほど議論する）。

　原子のスペクトルは、原子の内部構造の模型を構築するうえでひじょうに役に立つ、詳細な指針を提供してくれる。すなわち、ある模型が妥当な模型であるためには、その模型が予言する原子の状態どうしのエネルギー差を計算すれば、それが実際のスペクトルに現れている色のパターンに一致しなければならない。近代化学のかなりの部分が、このような対話のかたちで進む。自然がスペクトルのなかで語り、化学者は模型を作って応える、というぐあいに。

さて、このような背景を頭に入れておいて、ハドロンのクォーク模型に戻ろう。原子の模型が構築されたときとたいへんよく似た考え方が登場するが、一つ、大きな変更点がある。原子の場合、電子が取りうる任意の二つの状態を考えたとき、それらの状態のエネルギーの差は比較的小さく、この差が原子全体の質量に及ぼす影響は無視できる。一方、クォーク模型の中核にある考え方は、クォークにとっての原子（すなわち、ハドロン）にとっては、異なる二つの状態のエネルギー差は極めて大きく、質量に重大な影響を及ぼす、ということだ。このことを逆向きから見ると、アインシュタインの第二法則、$m = E/c^2$ を使えば、ハドロンをクォークの系と考えることによって、ハドロンの質量の違いをうまく説明することができる。つまり、クォークが違う軌道パターンを取ると、軌道パターンはそれぞれ異なる量子状態に対応し、それぞれの量子状態が持つエネルギーも違うので、それぞれのエネルギー差が質量に影響を及ぼし、結果として、これらクォークの系であるハドロンの質量が違ってくる、というわけである。言い換えれば、原子のスペクトルが光の波長を見るものであるのに対して、ハドロンのスペクトルは重さを量るものなのだ。こうして、さっきまでは何の関係もない別々の粒子と思えたものが、クォークの集まりが作り上げる同じ種類の「原子」（つまり、ハドロン。以後クォーク「原子」と呼ぶ）の、内部での運動パターンが違っているだけに過ぎないと見えてくる。ゲルマンとツワイクはこのような考え方を使って、夥《おびただ》しい数の種類の、異なるハドロンとして観察されているものは、たった二、三種類のクォーク「原子」が違う状態を取っているだけで、根底に存在する実体はこれらクォーク「原子」のほうだと解釈できることを示した。

ここまではそれほど難しくない。アインシュタインの第二法則を使って導入した変更点を除けば、ハドロンのクォーク模型は、かつて化学で行なわれたことを繰り返しているだけのように見える。だが、「悪魔は細部に宿る」とよく言われるように、クォーク模型のなかに現実《リアリティー》を見るには、じつに悪魔的でひねくれた仮定を黙って受け入れねばならないのである。

最もひねくれた仮定は、さきほど説明した、中間子（クォーク‐反クォーク）とバリオン（クォーク三つ）という二つの基本構造《ボディ・プラン》しか許されていないということである。とりわけ、この仮定によれば、クォークは単独の粒子としては存在しないことになるのが気にかかる。どういうわけか、一番単純な基本構造《ボディ・プラン》は禁じられていると仮定しなければならないのだ。もちろん、そのようなことは誰も受け入れたくなかったので、人々はやっきになって陽子を砕く実験を行ない、単独のクォークだと判定できるような粒子を見つけ出そうとした。彼らは、粉砕された破片を詳細に調べた。単独のクォークを発見した者の頭上には、ノーベル賞と永遠の栄誉が降り注ぐに違いないと思われた。ところが、その聖杯はどうにも見つからなかった。単独のクォークに一致する性質を持つ粒子は、これまでのところ観察されていない。単独のクォークがどうしても見つからないというこの有り様は、かつての、どんな発明家にも永久機関を作ることはどうしてもできなかったという有り様と同じく、一つの原理にまでなった。「クォーク閉じ込めの原理」である。しかし、原理にしたからといって、そのひねくれ具合が少しでもましになったわけではまったくなかった。

また別の悪魔的な仮定が登場したのは、ハドロンの質量を詳しく説明しようと、物理学者たちがクォークを使った中間子とバリオンの内部構造の模型を新たに作ろうとしたときのことだ。よくできていると思われる模型があるにはあったが、それらの模型では、複数のクォーク（または反クォーク）が接近しているとき、それらのクォークは、互いに相手のことにほとんど気づかないことになっていた。このようにクォークどうしの相互作用が極めて弱いということは、クォークを一個だけ孤立させようとしても——あるいは、二個のクォークをばらばらに、それぞれが孤立した状態で取り出そうとしても——、そんなことはできないという事実にはとても合致しなかった。クォークどうしが接近しているとき、互いに相手のことを少しも気にしていないのなら、ハドロンのなかでのように離れているときに、もっと離そうとしても離れようとしないのはどうしてなのだろう？

距離とともに強くなる（基本的な）力など、前代未聞だ。それがほんとうならやっかいな問題が持ち上がることになる。クォークどうしのあいだに働く力が距離とともに強くなっていいのなら、占星術だって正しいのではないか？　という問題である。惑星だってたくさんのクォークからできているのだ。惑星のなかのクォークたちが、地上の事情に大きな影響を及ぼすかもしれないではないか……。うん、まあ、そうかもしれないけれど、科学者や技術者は、何世紀にもわたって、遠方の物体から及びうる影響をすべて無視して、デリケートな実験の結果をうまく予測したり、橋を架けたり、マイクロチップを設計したりしてきたのだ。もしも遠い彼方の星がほんとうに地上の事情に作用して、占星術がそれを科学者や技術者が地上の現象を予測するより高い精度で予言できるなら、占星術はクォークよりもっと厳格なものでできていなければならないのではないか。

よい科学理論は、占星術がどうしてそんなに役立たずなのかを説明できなければならないので、距離とともに強まる力などは登場させないのが望ましい。「傍《そば》にいないことが愛を強める」という古いことわざが恋愛に当てはまるかどうかはわからないが、粒子の振舞いとしては、どうにも奇妙なのは確かだ。

ソフトウェアを開発するとき、勇気ある人々に先行して使ってもらうよう、ベータ版という試用版を提供することがある。ベータ版は、大体の機能は整っているものの、保証はされていない。バグや不十分な箇所などがあるかもしれない。機能する部分にしても、十分に仕上がって万事滞《とどこお》りなく働くとは限らない。

最初のクォーク模型は、物理理論としてはベータ版であった。奇妙な規則がいくつも使われていた。クォークが単独で生み出されないのはどうしてか（あるいは、単独で生み出されることはあるのか）など、基本的な疑問が答えられぬままに残されていた。最悪だったのは、クォーク模型が曖昧だったことだ。クォーク間に働く力の正確な方程式は、この模型には含まれていなかったのだ。この点において、最初のクォーク模型は、ニュートン以前の太陽系の模型や、シュレーディンガー以前の（専門家のための補足――あるいは、ボーア以前の）原子模型に似ていた。ゲルマン自身も含め、多くの物理学者が、クォークは古い天文学の周転円や古い量子論の軌道のように、そのうち単なる便利な虚構にすぎないことが明らかになるだろうと考えていた。クォークは、自然を数学によって記述する作業で必要になった有効な応急処置のようなもので、定義どおりに現実《リアリティー》の要素として受け止めてはならないものだということが、やがてはっきりするだろうと思われた。

クォーク　バージョン1・0――超ストロボスコピック・ナノ顕微鏡を通して

クォークの理論の奇妙さは、一九七〇年代前半、ジェローム・フリードマン、ヘンリー・ケンドール、リチャード・テイラーと、スタンフォード線形加速器センター（SLAC）にいた彼らの同僚たちが、陽子をそれまでとはまったく異なる新しい方法で研究したとき、じつに興味深いいくつものパラドックスをもたらした。

陽子と陽子を衝突させ、その破片を調べる代わりに、彼らは陽子の内部の写真を撮影したのだ。いかにも簡単なことのように聞こえる説明はしたくない。というのも、この実験はその逆、すこぶる困難だからである。陽子の内部を見るには、波長がものすごく短い「光」を使わねばならない。そうしないと、波長の長い海洋波に魚が及ぼす影響を探すことによって、海のなかにいる魚を見つけようとするのと同じことになってしまう。この目的に使う光子は、普通の光の粒子ではなく、紫外線よりも、X線よりも、波長の短いものだ。普通の光学顕微鏡の観察範囲よりも一〇億倍も小さな構造を調べるナノ顕微鏡には、超高エネルギーガンマ線が必要なのだ。

また、陽子の内部ではいろいろなものが高速で動いているので、写真がぼやけないようにするには時間分解能を高めねばならない。言い換えれば、極めて寿命が短い光子を使わねばならないということだ。長時間露光ではだめで、フラッシュやストロボでなければならない。ここで言うフラッシュは、10^{-24}秒以下の短い時間しか光らないものである。この撮影に必要な光子は、ものすごく寿命が短く、それ自体観察不可能である。そのため、この光子は「仮想光子」と呼ばれている。瞬き一回の一兆分の一の、また一兆分の一という時間（実際にはこれよりも短い）のあいだだけ持続する現象を見る超ストロボスコープには、極端に仮想的な光子が必要だ。したがって、照明に使うような「光」はあてになららず、使えない。もっと賢く、間接的な方法を取らねばならない。

SLACで実際に行なわれたのは、電子を陽子にぶつける実験であり、衝突のあとで出てくる電子が調べられた。出てきた電子は、エネルギーも運動量も衝突前より小さかった。エネルギーと運動量は全体として保存されるので、電子が失った分は、仮想光子に奪われて陽子に手渡されたはずだ。こうしてエネルギーと運動量を受け取った陽子は、すでに述べたように、たいへん複雑な割れ方でばらばらになることが多い。フリードマン、ケンドール、テイラーの三人は、天才のひらめきで、陽子が複雑に崩壊するという点を完全に無視し、電子だけを追跡した。この新しいアプローチによって、彼らはノーベル賞を受賞した。電子だけを追跡するとは、言い換えれば、（エネルギーと運動量の）流れを追いかけるということである。

こうして、エネルギーと運動量の流れを説明することによって、どんな仮想光子が関与したのかを事象ごとに特定することができる——仮想光子はあくまでも直接「見る」ことはできないとしても。仮想光子のエネルギーと運動量は、電子が失ったエネルギーと運動量に厳密に一致する。異なるエネルギーと運動量を持つ、異なる種類の仮想光子（つまり、寿命と波長が異なる仮想光子）が、「何かに出会って」吸収される確率を測定すれば、それらをまとめあげて陽子内部のスナップ写真を一枚作り上げることができる。この手順は、X線の吸収率の違いを測定して人体内部の画像を構築するX線撮像法と基本的には同じ考え方だが、さまざまな細かい点が一段と難しくなっている。とんでもなく凝った画像処理が使われているとだけ言うにとどめておく。

さて、陽子の内部が、あなたがこれまでに見たことのあるものに、あるいは、見ることのできる何ものにも似ても似つかないのは言うまでもない。人間の目は、これほど短い距離や時間を区別して認識するようには設計《デザイン》されていない（もとい、そのようには進化しなかった）ので、〝超ストロボスコピック・ナノ顕微鏡〟の世界を視覚的に表現しようとすれば、それは必ず、戯画、比喩、そしてごまかしをつき混ぜたものになってしまう。この注意書きを心に留めたうえで、図6・1をご覧いただきたい。これから、この図のさまざまな側面について議論していこう。

これらの図を使った説明で、わたしは、リチャード・ファインマンから学んだトリックを利用している。すでに触れたように、陽子のなかではすべてのものが高速で運動している。これらの運動を遅くするために、陽子は光速に非常に近い速さで移動していると想像しよう（ファインマンのトリックを使わなかったら陽子がどのように見えるかは、第9章で説明する）。光速に近い速さで運動する陽子は、外部から見ると、運動の方向にぺちゃんこになって、パンケーキのように見える。これが、特殊相対性理論に出てくる、かの有名なフィッツジェラルド - ローレンツ収縮だ。今の目的にもっと重要なもうひとつの相対論的効果が、「時間の遅れ」である。相対論的な時間の遅れとは、高速で運動する物体を

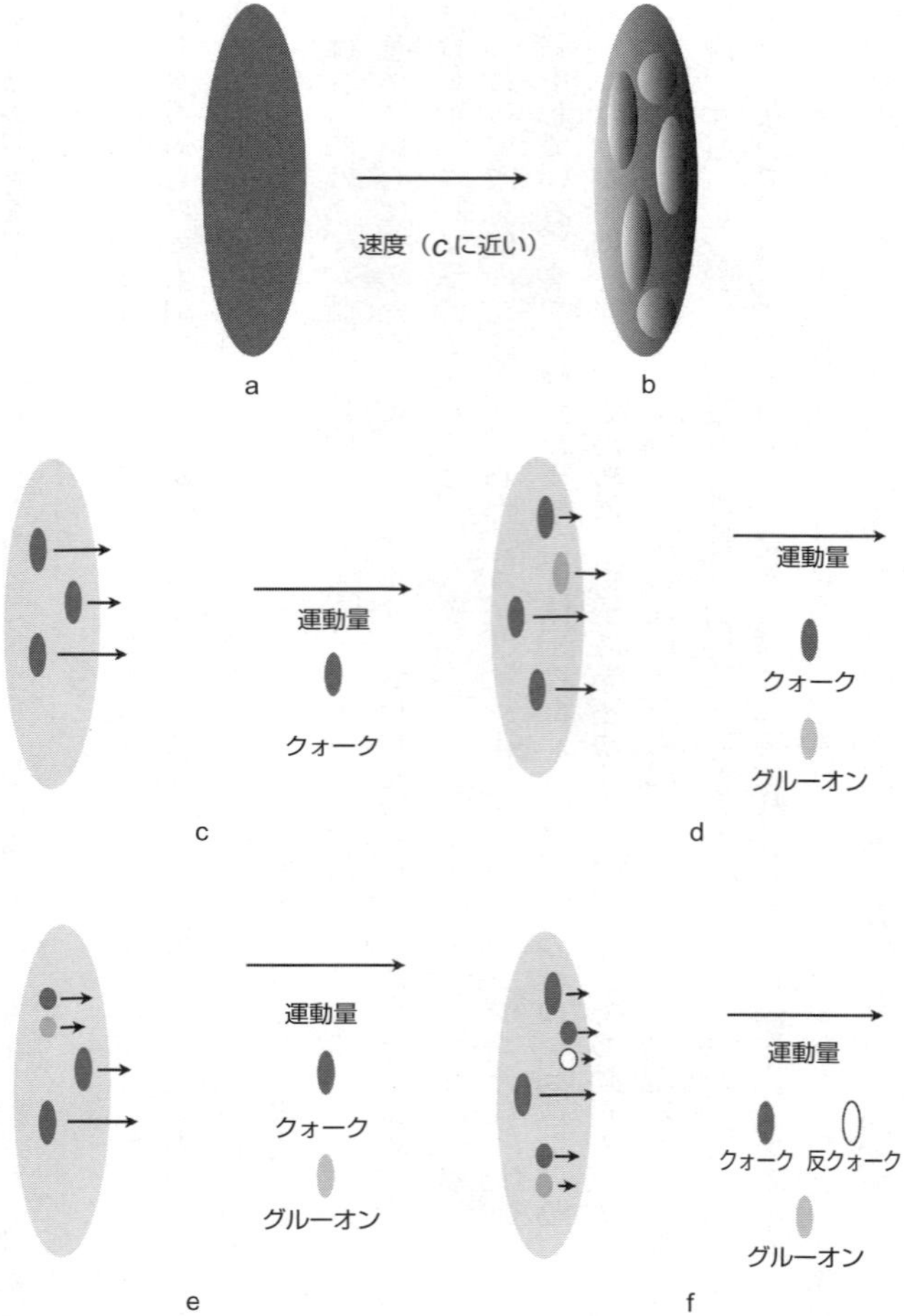

速度（c に近い）
a
b
運動量
クォーク
c
運動量
クォーク
グルーオン
d
運動量
クォーク
グルーオン
e
運動量
クォーク
反クォーク
グルーオン
f

外から見たとき、その物体の内部では時間がゆっくり流れるように見えるという現象だ。したがって、陽子の内部にあるものはその場に凍りついたかのように見える（もちろん、これとは別に、陽子全体としての運動がある）。フィッツジェラルド－ローレンツ収縮と時間の遅れは一般向けの相対性理論の本で説明されているので、ここではわざわざ説明せず、そのまま使うことにしよう。

陽子の内部について観察されたどんな基本的なことを記述するにも、量子力学が絶対に大切だということは強調しておかねばならない。とりわけ、アインシュタインも苦しめられた不確定性という有名な性質が量子力学にはあるが、これがまず正面に立ちはだかる。厳密に同じ条件で陽子のスナップショットを数枚撮影したとしても、撮影されたものはそれぞれ違う。好むと好まざるとにかかわらず、この事実ははっきりしており、避けることはできない。せいぜい、撮影されたそれぞれの状態の相対的な確率を予測することぐらいしか望めない。

図6・1（前ページ）
陽子内部の図。a. 光速に近い速さで運動している陽子は、相対性理論により、運動の方向に押しつぶされたように見える。b. スナップショットが実際に撮影される以前に推定されていた陽子内部の様子。この（間違っていた）推定の背後にあった根拠は、本文で解説されている。c-d. 実際のスナップショット2枚。この領域では量子力学的不確定性が支配的になるので、スナップショットは1枚ごとに違う様相を見せる！　陽子内部にはクォークとグルーオンがあるが、これらの粒子も光速に近いスピードで運動している。これらの粒子は陽子の運動量を分かちあっており、どんな割り合いで分かちあっているかが矢印の長さで示されている。e-f. もっと高い解像度で観察すると、さらに詳細な事柄が見えてくる。たとえば、1個のクォークと思っていたものが、1個のクォークと1個のグルーオンに分かれて見えたり、1個のグルーオンと思っていたものが1個のクォークと1個の反クォークに分かれて見えたりする。

現象のなかに、そして、それを記述する量子論のなかに、無数の異なる可能性が共存しているということは、伝統的な論理とは相容れない。量子論が現実《リアリティー》を説明するのに成功したということは、「あることが『真』なら、その逆は『偽』である」という排中律に基づいた古典的な論理が乗り越えられ、ある意味、その座を奪われたことを意味する。だがこれは、想像力に満ちた建設を可能にする、創造的破壊である。たとえば、陽子とは何かについて、一見矛盾する次のような二つの描像を和解させることができる。一つには、陽子の内部は、ものが変化し、動きまわっているダイナミックな場所である。だがその一方で、いかなる場所、いかなる時間に存在するどの陽子も、まったく同じ振舞いをする（つまり、どの陽子も、すべての確率が同じである）。ある時間に存在する陽子が、別の時間に存在するその陽子自体と同じではないとしたら、どうしてすべての陽子が同一でありうるというのだ？

どうしてすべての陽子が同一なのか、その理由をここで説明しよう。陽子内部の個々の可能性Aはすべて、時が経過すると、新しい別の可能性へと進化する。その新しい可能性をBと名付けよう。だがその一方で、また別の可能性Cが進化してAになる。したがってAはなおもそこに存在する。新しいコピーが、古いものに置き換えられたのだ。そして、全体を見れば、個々の可能性はそれぞれ進化するが、可能性すべての分布はまったく変化しないのである。それは淀みなく流れている川のようなもので、どの水滴も留まることとなく流れているのに、全体としてはいつもまったく同じに見えている。第9章で、この川のもっと深いところまで進むことにしよう。

パートン、ごまか子《ブットン》、こきおろし《ブットダウン》

フリードマンとその仲間たちが撮影した一連の写真は、驚くべき新事実と謎の両方をもたらした。写真のなかに、陽子内部にある何かの小さな実体、小さな下位粒子が写っているのを見分けることができた。この実験の画像処理のかなりの部分で責任を負っていたファインマンは、これら内部の実体を「パートン」と呼んだ（陽子《プロトン》の部分《パート》である粒子という意味を込めた）。

マレー・ゲルマンは、これに激怒した。わたしは、自分の直接の体験でこのことを知ったのである。それはゲルマンに初めて会ったときのことだった。ゲルマンは、今何を研究しているのかとわたしに尋ねた。わたしは愚かにも、「パートン模型の改良に取り組んでいます」と答えてしまった。告白は魂によいと言われているので、このときパートンのことを口にしたのは、何の邪気《じゃき》もなくただ迂闊《うかつ》だっただけではなかったと、ここで告白させていただきたい。ライバルが作った言葉にゲルマンがどう反応するか、どうしても見てみたかったのだ。メルヴィルの『白鯨』で、イシュメルがエイハブ船長に初めて会ったときのことを書いているが、それと同じように、現実《リアリティー》は予測よりもはるかに激烈だった。

ゲルマンは訝《いぶか》しげにわたしを見た。「パートンだって?」と言って、しばらく口をつぐんだ。一生懸命集中している表情。「パートン?? パートンって、何かね?」そして再び口をつぐみ、考え込んでいるという表情をしてみせた。やがて急にぱっと明るい顔になった。「そうか。君が言っているのはディック・ファインマンがしきりに話している『ごまか子《ブッ》《トン》』のことに違いない! 場の量子論に従わない、あの粒子だろう。そんなものは存在しないさ。ただのクォークだよ。ファインマンに勝手に科学の言葉をジョークで汚《けが》させてはいけないよ」。最後には、訝しげな顔つきながら、威厳ある声で、「君が言っているのはクォークだろう?」と言った。

フリードマンとその仲間たちが発見した実体のなかには、ほんとうにクォークのように見えるものもあった。それらの粒子は、クォークが持つはずの値と同じ、妙な端数の電荷とまっとうなスピンを持っていた。だが、陽子にはクォークとは全然似ていない破片《ビット》も含まれていた。それらのものは、のちに色荷を持つグルーオンであると解釈された。そのようなわけで、陽子の内部には、クォークもあり、それ以外のものもあり、ゲルマンの言い分にもファインマンの言い分にもそれぞれ一理あったのだった。

あまりに単純

わたしの母校、シカゴ大学では、こんな文字が入ったスエットシャツが売られている。

　現実にはうまく合っているが、理論的にはどうなんだ？

ゲルマンのクォークにもファインマンのパートンにも、現実にはうまく合うが、理論的にはどうにも整合性が取れないやっかいな問題点があった。

クォーク模型は雑多な粒子の集まりだったハドロン動物園をうまく整理するのに役立ったけれども、それにはとんでもない規則を使わねばならなかったことは先に述べたとおりだ。パートン模型も、陽子内部の写真を説明するために、また別のとんでもない規則を使わねばならなかった。パートン模型の規則は極めて単純だった。計算という目的のためには、陽子内部の破片《ビット》——呼び名は、クォークでもパートンでも何でもいい——は内部構造を一切持たず、互いに相互作用することも一切ない、と仮定しなければならなかった。もちろん、これらの破片《ビット》は相互作用する。さもなければ、陽子はすぐにばらばらに空中分解してしまう。だが、パートン模型の考え方は、相互作用を無視すれば、極めて短い時間のあいだに極めて短い距離にわたって起こる現象を、ひじょうによく近似することができる、ということだった。そして、SLACの超ストロボスコピック・ナノ顕微鏡で見ることができるのは、このような短時間・短距離現象であった。というわけで、パートン模型は、この道具を使えば、陽子内部をはっきりとした画像で捉えることができると言っているのであり、そして実際にそんな画像が撮影できる。

まったく理に適《かな》った話のように聞こえるし、直感的にもほぼ自明な感じがする。ごく短時間のあいだに、ごく小さな容積のなかでは、そんなにいろいろなことは起こらないだろう。これのどこがとんでもないというのだろう？

問題は、とことん短い距離、とことん短い時間を扱うとき、量子力学が顔を出してくる、ということだ。量子力学を考慮に入れると、ごく短時間のあいだに、ごく小さな容積のなかでは、そんなにいろいろなことは起こらないだろうという、「理に適った、直感的にほぼ自明な」期待は、あまりに愚直に思えてくる。

専門的な議論に深入りすることなく、これがなぜかを理解するには、ハイゼンベルクの不確定性原理について考えてみるといい。元々の不確定性原理によれば、位置を正確に突き止めるには、運動量には大きな不確定性を許さねばならない。ハイゼンベルクによる元々の不確定性原理には、空間と時間、そして運動量とエネルギーのあいだに関係があるとする、相対性理論から来る補足を加えねばならない。こちらの追加されたほうの原理は、時間を正確に突き止めるためには、エネルギーに大きな不確定性を許さねばならない、というものだ。これら二つの原理を結びつけると、高分解能の短時間スナップショットを撮影するには、運動量とエネルギーはものすごく曖昧なままで我慢しなければならないことになる。

皮肉なことに、フリードマン-ケンドール-テイラーの実験技法の要《かなめ》は、すでに述べたように、まさにエネルギーと運動量の測定に専念することだった。しかし、矛盾は一切ない。事実はその逆で、彼らの技法は、ハイゼンベルクの不確定性原理を巧みに利用して確定性を得る、すばらしい例だ。ようするに、陽子に手渡されるエネルギーと運動量の大きさがさまざまに異なる、多数の衝突の結果を総合して、空間的-時間的に高分解能の画像を得ることができる、ということなのである。そのあと、いわば不確定性原理を逆向きに働かせるような画像処理をかける。このとき、衝突実験の結果の厖大なデータのなかから、正確な位置と時間を導き出すのに必要な、さまざまなエネルギー値と運動量値のものを注意深く選び出すことが非常に重要になる（専門家のための補足――フーリエ変換をするわけだ）。

解像度の高い画像を得るためには、エネルギーと運動量のほうは数値が広い範囲に広がるのを許さないといけないので、とりわけ、これらのパラメータがかなり大きくなるのを許さなければならない。エネルギーと運動量の値が大きいときには、たくさんの「もの」が登場する――たとえば、量子効果に由来する真空偏極で生成しては消滅する大量の粒子と反粒子などだ（訳注：これらは、電子陽電子対であったり、このあと漸近的自由についてやLEPで観察されたジェットの解説に出てくるように、クォーク・反クォーク対である場合もある）。これらの仮想粒子は、すばやく現れてはすばやく消え去り、あまり遠くまでは行かない。ここで思い出さなければならないのが、これらの仮想粒子に出くわすのは、短時間高分解能スナップショットを作り出しているプロセスのあいだだけ、ということだ。これらの粒子を生み出すのに必要なエネルギーと運動量を供給しない限り、通常のどのような意味においても、わたしたちがこれらの粒子を見ることはない。しかも、そうやって仮想粒子が生み出されたとしても、わたしたちが見るのは、生まれたままの乱されていない仮想粒子（そのような粒子は、自発的に現れ自発的に消えてしまう）ではなくて、リアルな粒子であって、これらリアルな粒子を画像処理することによって、元々の仮想粒子を再現するのである。

ウイルスは、自分より複雑な別の生命体の支援があるときにしか生命活動を行なえない。仮想粒子はウイルスよりもさらに実体性が希薄で、そもそも存在するようになるためにはよそからの支援を必要とする。それにもかかわらず、仮想粒子は量子力学の方程式に登場し、これらの方程式によれば、仮想粒子はわたしたちが見る粒子の振舞いに影響を及ぼす。

そのような次第で、陽子を作っているもののように、強い相互作用を行なう粒子を扱っているときには、仮想粒子が大きな効果を示すだろうと期待するのは理に適ったことだと思われた。量子力学に精通した人々は、陽子の内部を、もっとしっかりと、もっと短時間で見れば見るほど、もっとたくさんの仮想粒子がある複雑な状況が見えるだろうと考えた。そういう立場からすれば、フリードマン－ケンドール－テイラーの方式は、あまり見込みはなさそうだった。超ストロボスコピック・ナノ顕微鏡のスナップショットは、ただのピンボケ写真でしかないだろう、というのである。*

ところが、このスナップショットはピンボケではなかった。アインシュタインの知恵に満ちた助言に、「すべてをできるかぎり単純にしなさい。でも、それ以上単純にはしないように」というのがある。パートンは単純すぎたのだった。

漸近《ぜんきん》的自由（荷《チャージ》なしに生まれる荷《チャージ》）

わたしたちは仮想粒子だと想像してみよう。わたしたちは、あるときひょっこりと生まれ、あまりに短い生涯に何をするのか、決めなければならない（この想像は、そんなに難しくないでしょう）。周りの様子を探ってみる。近くに、正の電荷を帯びた粒子が一個あったとしよう。わたしたちが負に帯電していたなら、その粒子はじつに魅力的に思え、す

＊じつのところ、ごく少数の極めて頭のいい量子力学の専門家たち、わけても、ジェームズ・ビョルケンは、結局この方式はうまく行くだろうと示す、もっと洗練された議論を行なった。

り寄ろうとするだろう。わたしたちが正に帯電していたなら、その粒子はものすごく嫌なやつか、少なくとも、脅威的な競争相手だと思えて、遠ざかるだろう（これもそんなに想像しにくくないでしょう）。

個々の仮想粒子は現れては消えていくが、それらの仮想粒子全体が、わたしたちが空虚な空間と呼んでいる実体を、ダイナミックな媒体にしている。仮想粒子の振舞いによって、（リアルな）正電荷は、部分的に遮蔽される。どういうことかというと、正電荷は、それを打ち消す負の電荷を持った雲に取り囲まれる傾向がある。負に帯電した雲は正電荷に引きつけられるからだ。遠く離れたところからこれを観察するとき、わたしたちは正電荷の本当の強さを一〇〇パーセント感じはしない。強さの一部が負の雲に打ち消されているからだ。*別の言い方をすれば、接近すればするほど、有効電荷は増加し、遠ざかれば遠ざかるほど有効電荷は減少する。この状況を図にしたものが、図6・2である。

さて、これは、わたしたちがクォーク模型のクォークや、パートン模型のパートンに期待する振舞いのまったく逆である。クォーク模型のクォークは、互いに接近しているときには、弱く相互作用するはずだ。だが、クォークの有効電荷が、その最近傍で最大だとすると、状況はそのまったく逆になる。クォークとクォークは接近しているときに最も強く相互作用し、遠く離れていて、電荷が遮蔽されているときには、相互作用は弱くなるだろう。パートン模型のパートンは、近くでじっくり見たときには、単純な個々の粒子のように見えると考えられている。しかし、パートン一個一個を仮想粒子の分厚い雲が覆っているとすると、わたしたちにはパートンは見えず、雲だけが見えることになる。

ここではっきりしているのは、これとは逆に、中心部の電荷を打ち消すのではなく、強めるような雲を登場させ、遮蔽効果とは正反対の効果が得られるように工夫できれば、クォークのよりよい描像に近づける、ということだ。このような反遮蔽効果を導入すれば、短距離では弱いが、雲のおかげで遠方では強まるような力を考えることができる。電荷は、反遮蔽されるのではなく、遮蔽されるので、これはこの模型には使えない。そういう模型がもちろん見つかるはずだ。さもなければ、わたしがわざわざみなさんにこんな説明をしているはずがない。この模型の話ができるようにするために、しばらくのあいだ、この反遮蔽される仮定的存在を「チュージ」と呼ぶことにしよう（あとでわかることだが、色《カラー・チャージ》荷という普遍化された「荷《チャージ》」が、チュージと同じように振舞う）。

仮想粒子の雲がチュージを反遮蔽するなら、中心にある本物のチュージの力は、遠く離れれば離れるほど強くなる。ひじょうに遠く離れたところでは、小さな中央チュージから、極めて強い力が感じられる。というのも、チュージのお取り巻きの仮想粒子の影響が、距

＊このため、遮蔽のないときには距離の二乗にちょうど比例して力は弱まるのに対して、実際、遮蔽があるために、力はこれより急速に弱まる。

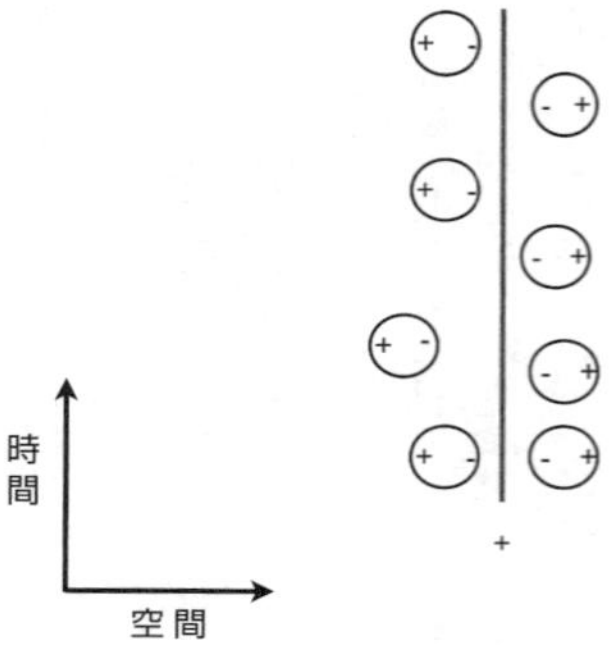

図6・2
仮想粒子による荷の遮蔽。中央の世界線は、正の電荷を持ったリアルな粒子が空間で静止している様子を示しており、時間が進むにつれて、垂直な線を描く。このリアルな粒子は、不定期に出現し、ごく短時間個別に存在するがすぐに消滅する仮想粒子 - 反粒子対に取り囲まれている。リアル粒子の正電荷は仮想対のうち、負の電荷を持ったほうの粒子を引き付け、正電荷を持ったものは遠ざける。こうして、リアル粒子は負に帯電した仮想粒子の雲に包まれて、その正電荷の一部が遮蔽される。遠く離れたところから観察すると、負の仮想雲が中心にある正電荷の一部を遮蔽しているため、有効電荷が小さくなったように見える。

離が長い分加算されるからだ。したがって、クォークが電荷ではなくチュージを（あるいは電荷に加えてチュージも）持っているとしたら、クォークは、接近しているときには弱くしか相互作用せず、遠く離れたときには強く相互作用することになる。しかも、このあとすぐ説明するように、クォークがこのようなものであるためには、占星術は必要ではない。そしてパートンのほうは、厚い雲に覆い隠されていない状態にすることができる。というのも、パートンが雲を生じる能力――パートンの有効チュージ――は、その最近傍《きんぼう》で弱まるからだ。

「距離が長くなるにつれて、無限に大きくなっていく力」という、例の、占星術を蘇らせかねない話はどうなるのだろう？　力が無限に大きくなるのは、チュージを持った粒子が一個孤立している場合の話だった。しかし、長い距離にわたって広がる巨大な雲には代償が伴う（巨大に膨らんだ《エクスパンシブな》雲は高くつく《イクスペンシブだ》、と言ってもいい）。そんなに広い範囲にわたる擾《じょう》乱《らん》（雲のこと）を作りだすにはエネルギーがかかり、無限の遠方まで広がらせるには無限のエネルギーが必要になる。使えるエネルギーには限りがあるので、チュージを帯びて孤立している粒子を作ることは自然が許さない。一方、チュージを帯びた複数の粒子からなる系で、系全体ではチュージが相殺しあってゼロになっているものをうまく作り上げることはできる。一例としては、チュージを帯びた粒子と、その反粒子という系があげられるが、これはそんな系の一番単純なものでもある。チュージと、それをちょうど打ち消す反チュージから遠く離れた仮想粒子は、チュージと反チュージの系から正味の引力を感じることはないし、したがって、雲も遠方まで成長しつづけることはない。こういう展開になってくると、どうやら占星術を正当化するものではないらしいという感じがしてくるし、クォーク模型の悪魔的な規則が、どうも正当化されてきたように思えるではないか！　長距離に及ぶ影響をすべてなくしてしまい、同時に、雑多な粒子の寄せ集め全体を、同じ賢明な考え方で拘束することができる。

反遮蔽というのは、言葉としてはちょっといただけない。物理学の標準的な用語では、

「漸近的自由《ぜんきん》」と言う。これにしても、あまりましになったとは言えないかもしれないが。*「漸近的自由」とはこういう意味だ。クォークとの距離がゼロに近づけば近づくほど、その雲の奥深くの有効色荷もどんどんゼロに近づくが、ゼロそのものになることは決してない、ということである。色荷がゼロとは、完全な自由を意味する。どんな影響を外に及ぼすこともなければ、外からのどんな影響をも感じることはない。このような場合、数学では、完全な自由に「漸近的に接近する」と言う。

呼び名はともかく、漸近的自由はうまくクォークを記述し、パートンを品行方正にさせる方法としてなかなか有望である。漸近的自由を含むとともに、物理学の基本的な諸原理と矛盾しない理論が欲しい。だが、そんな理論が存在するだろうか？

量子力学と相対性理論の規則は非常に厳密かつ強力で、両方に従う理論を構築するのは至難の業《わざ》だ。そのような理論がわずかながら存在し、「相対論的場の量子論」と呼ばれている。相対論的場の量子論を構築する基本的な方法は数種類しか知られていないので、すべての可能性を検討して、そのなかに漸近的自由をもたらすものがあるかどうかを調べることができる。

必要な計算は、実際に行なうのは相当難しいが、不可能ではない。** この作業のなかから、科学的テーマの探究に取り組むすべての科学者が望むけれども、めったに見つからないものが出現した。それは、明瞭な、一意的に決まる答である。ほとんどすべての相対論的場の量子論は遮蔽を示す。遮蔽という振舞いは人間の直感に合うし、「理に適っている」と感じるし、実際、ほとんど必然的である。だが、全部が全部そうではない。漸近的自由(反遮蔽)を示す理論がごく少数存在する。それらの理論はすべて、ヤンとミルズによって導入された、普遍化されたチャージを中核としている。このごく少数の漸近的自由理論のなかに、多少なりとも、現実世界のクォーク(とグルーオン)を記述しているかもしれないと思えるものがたったひとつ存在する。それが、わたしたちが量子色力学、あるいは、QCDと呼ぶものである。

先に少し触れたように、QCDは、電気力学の量子力学版――量子電気力学、または、QED――を、ステロイドで強化したようなものだ。そこには、庞大な量の対称性が体現されている。QCDをまがりなりにも正当に扱うためには、対称性の概念を使って深い基礎がためをしなければならない。そのうえで図や比喩を使って、QCDを説明することに

＊グロスとわたしが漸近的自由を発見したとき、わたしたちはまだ若く、世間知らずで、ものに人の関心を引くような名前を付けるのがどれほど重要か、十分には認識していなかった。もう一度やりなおせるとしたら、わたしは、漸近的自由を、「荷なしに生まれる荷」のような、もっと魅力的な名前で呼ぶだろう。「漸近的自由」を提案したのは、わたしの親友のシドニー・コールマンだったが、わたしは彼を許す。

＊＊一九七三年当時、これらの計算はもっと困難だった。というのも、今ではテクニックが向上しているからだ。

しよう。

いちばん難しいのは、これらあれやこれやの抽象や比喩が、リアルで具体的なものとどのように結びついているのかを想像することかもしれない。わたしたちの想像力をウォーミングアップするために、「存在しないものの写真」についてじっくり考えるところから始めよう。カラー口絵図1の、クォーク、反クォーク、グルーオンを見ていただきたい。

クォークとグルーオン　バージョン2・0――信じているとおりに見える

もちろん、実際に「クォーク、反クォーク、グルーオン」と名称が書き込まれた写真がカメラから出てくるわけではない。画像は解釈しないことには理解できない。

まず、写真に写っているものを、日常的な言葉を使って確認してみよう。ぐちゃぐちゃ込み入って見えているのは、加速器と検出器の磁石やら何やらの構成部分《コンポーネント》の輪郭である。中央を細い管が貫いているのが見分けられるだろう。これがビーム管で、このなかを電子と陽電子が周回している。ここには、周長二七キロメートルの円形トンネルの内部に造られたLEP装置のごく一部、二、三メートル四方しか写っていない（ちなみに、この同じトンネルのなかに大型ハドロン衝突型加速器「LHC」も建設されている。こちらは、電子・陽電子ではなく、陽子を使い、もっと高エネルギーで稼働する。LHCについては、のちにいくつかの章でさらに説明する)。互いに逆向きに周回する、電子、陽電子それぞれのビームは、加速されて相当なエネルギーにまで高められ、最終的には、光速の99.99999 9999パーセントというところまで到達した。二本のビームは数カ所で交差し、そこで衝突が起こった。これらの交差ポイントには、何台かの大型検出器が取り囲むように配置され、これらの検出器によって、衝突で発生した粒子が発するスパークが追跡され、そしてそれらの粒子から生じる熱が捉えられた。こうして検出されたものが、カラー口絵図1の写真に記録されているわけで、放射状に伸びている直線がスパークの軌跡で、外側の点々は熱を表している。

次に、写真で見えたものの見かけを言葉で説明した右の内容を、深層構造を表す言葉に書き換えなければならない。この書き換えには、考え方を根本から変えることが必要で、「深い溝の上を、信念を頼りに飛び越えなければならない」のかと、みなさんは少し驚かれるかもしれない。* そこで、飛び越えるまえに、わたしたちの信念を強めることにしよう。

わたしがこれまでに学んだ、科学の技法についての、最も深く、しかも最も有益な原理は、S・J・ジェームズ・マレー神父から教わったものだ(この原理が適用できる分野は、ほかにもたくさんある)。神父の言うには、これは彼が神学校でイエズス会の信条として

＊これは量子跳躍ではない。量子跳躍は小さい。

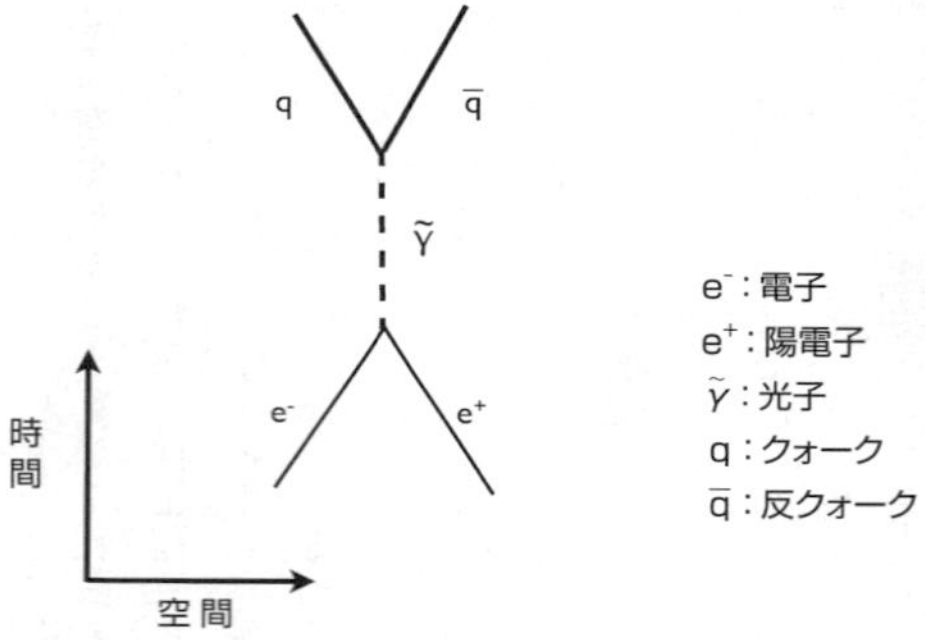

図6・3
電子と陽電子が対消滅して仮想光子になり、その後クォーク－反クォーク対として出現するコア・プロセスの時空ダイアグラム。

教わったものだそうだ。こんな文章だ。

やる前に許可を求めるよりも、やってしまったあとで許しを求めるほうが幸いである。

わたしはといえば、教会で教えられている許しの原理だなどとは知らずに、それまでもう何年も直感的にこれに従っていた。ここではこの原理を、もっと体系的に、後ろめたさなしに、使うことにしよう。

理論物理学では、イエズス会の信条はアインシュタインの「物事は単純にしなさい。でも、必要以上に単純にしないように」という格言と、すばらしい相乗効果をあげている。この二つを合わせると、「物事はいかに単純か」について、わたしたちはできる限り楽観的な仮定をあえてすべきだということになる。* もしもうまく行かなかったとしても、許してもらってまたやってみればいいと、いつも当てにできる。許可をもらうために立ち止まる必要はないのだ。

このような気持ちで、衝突で出てくるものが何なのか、最も単純な説明を模索してみよう。まずは、物理的世界の深い構造についてのわたしたちの考えから始めよう。QED（量子電磁力学）によれば、電子とその反粒子、陽電子は、衝突するとどちらも消滅し、仮想光子を生み出す。その仮想光子は、クォークと反クォークに変化することができる。QEDではそうなっている。この基本プロセスが図6・3に図示されている。

ここで、状況はちょっと危うくなる。というのも、すでに論じたように、クォークは（そして反クォークも）孤立しては存在できないからだ。クォーク、反クォークは、ハドロンの内部に閉じ込められていなければならない。仮想粒子の雲を周囲に形成して色荷《カラー・チャージ》を打ち消すプロセスは、クォークからハドロンを形成するのだが、かなり複雑だという可能性がある。そんなに複雑だとすると、どれが元々のクォークと反クォークなのかを見分けるのが難しくなるかもしれない。岩盤すべりが起こったあとで瓦礫《がれき》の山を見ても、どの岩が最初にすべり始めたのかを見分けるのはとんでもなく難しいのと同じだ。し

＊もちろん、「単純である」とは、複雑な概念である。第12章を参照のこと。

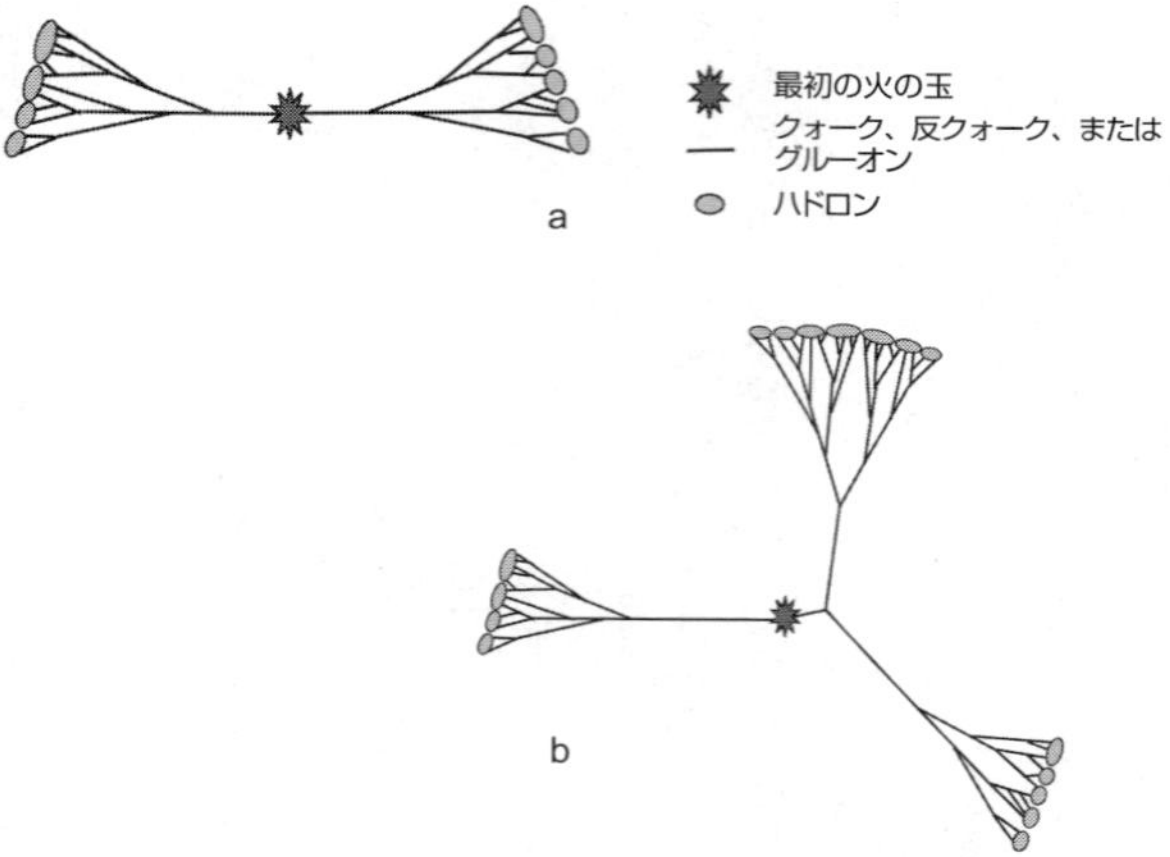

図6・4
a. ソフトな輻射がクォークと反クォークからハドロンのジェットを作る様子。b. たくさんのソフトな輻射に続いて、グルーオンのハードな輻射が3本のジェットを作る様子。

かし、イエズス会の信条の精神に則《のっと》って、うまくいくよう願いながら、これについてじっくり考えてみよう。

　衝突で生じた最初のクォークと反クォークは、膨大な量のエネルギーを持ち、反対の向きに運動している*。さて、雲を形成し色荷を相殺するプロセスは、通常は穏やかに進むと仮定しよう。つまり、色荷を作り出して再配置するプロセスは、全体のエネルギーと運動量の流れをあまり乱すことなく進むのだとする。このように、全体の流れを大きく変えることなく行なわれる粒子生成は、「ソフトな輻射」と呼ばれている。だとすると、粒子の群れが二つ、反対の向きに動いているのが見えるはずだ——このとき、それぞれの群れが、最初のクォークもしくは反クォークのどちらかが持っていたエネルギーと運動量をすべて引き継いでいるはずである。そして確かに、これは実際わたしたちがたいていの場合観察する状況である。典型的な画像がカラー口絵の図2だ。

全体としての流れに影響を及ぼす「ハードな輻射」が起こることもある。クォーク（または反クォーク）は、グルーオンを放出する可能性がある。この場合、二本ではなく三本のジェットが観察される。LFPでは、衝突の約一〇パーセントがこのハードな輻射である。この一〇パーセントのうち約一〇パーセントで（つまり、約一パーセントで）、四本のジェットが見られる。さらに低い確率でたくさんのジェットが生じることがある。

写真を理論的に解釈したものを、図6・4に模式図的に示している。この解釈に立てば、単独で現れるはずのないクォークに対して、一種暴力的な実験を行なって、その存在の確かな証拠をつかむことができる。孤立したクォークが観察されることは決してないとして

＊その理由は、運動量の総和が保存されているからだ。電子と陽電子は同じ速度で逆向きに運動しているので、運動量は初めゼロであった。したがって、終わりにも運動量はゼロでなければならないが、そのとおりに観察されている。もちろん、原理上、運動量は保存されないことが発見される可能性はあるが、そんなことになったら、わたしたちはみな、一年生の物理学にまで戻ってすべてを学びなおさねばならないだろう。

も、クォークが引き起こす流れを通してクォークを見ることはできるのだ。わけても、異なる本数のジェットが生じる――このとき、それぞれのジェットが、異なる角度に伸びていき、総エネルギーをさまざまな割り合いで分かちあっている――確率が、QCDで計算した、クォーク、反クォーク、グルーオンがそんなふうに振舞っているときの確率に一致するかどうかを確かめることができる。LEPでは数億回の衝突が起こったので、理論による予測と、実験結果を、厳密かつ詳細に比較することができる。

これはうまく行く。だからこそわたしは、みなさんがカラー口絵の図1でご覧になっているのは、クォーク一個、反クォーク一個、グルーオン一個だと、確かな自信を持って言うことができるのだ。だが、これらの粒子を見るには、何かを見るとはどういうことか、そして、粒子とは何かという認識を拡張せねばならなかった。

この写真にはクォークとグルーオンが写っているのだと、はっきり認めることができたわけだが、これを二つの強力な考え方、漸近的自由と量子力学に結びつけることによって、最高点まで高めよう。

クォークとグルーオンがジェットとして現れることと、漸近的自由とのあいだには、直接のつながりがある。フーリエ変換を使えばその結びつきは簡単に説明できるのだが、残念ながらフーリエ変換そのものを説明するのはそれほど簡単ではないので、これはやめておこう。ここでは、厳密さでは劣るが、もっと想像力に訴えかける（そして、準備はそれほど必要ではない）、言葉による説明を試みよう。

クォークとグルーオンがどうしてジェットとして（のみ）現れるのかを説明するには、ソフトな輻射は頻繁に起こるのにハードな輻射はめったに起こらないのはなぜかを説明しなければならない。漸近的自由には中核となる考え方が二つある。一つめは、基本粒子――クォーク、反クォーク、グルーオンのいずれであっても――が本来持っている色荷は、小さく、あまり強くない、ということ。二つめは、基本粒子を取り巻く仮想粒子の雲は、近くでは薄いが、遠方では厚くなる、ということ。粒子の基本的な力を強めるのは、周囲を取り巻いている雲である。強い相互作用を強くしているのは、中心にある粒子のチャージではなく、周囲を取り巻いている雲なのだ。

輻射が生じるのは、粒子がその雲との平衡状態からはずれてしまうときである。色場《カラー・フィールド》の平衡を取り戻すために再配列が起こるが、それがグルーオンまたはクォーク－反クォーク対の輻射を誘発する。これは、大気の電場の再配列が稲光を起こし、テクトニック・プレートの再配列が地震や火山形成を起こすのとよく似ている。では、クォーク（または反クォーク、あるいはグルーオン）は、どんなときにその雲との平衡状態から逸《そ》れてしまうのだろう？　一つは、ここまで議論してきたLEPでの実験で起こったように、クォークが仮想光子から突然ぱっと出現した場合である。平衡に達するためには、この新しく生まれたクォークは周囲に雲を形成しなければならない。この雲形成は、クォークの中心部で始まる――そこにある小さな色荷が、このプロセスを開始する。そして、徐々に外に向かって進んでいく。このときの変化は、小さく、しかも段階的なので、エネルギーと運動量の流れは、小さなもので済む。これすなわち、ソフトな輻射である。クォークがその雲との平衡状態から外れるもう一つの場合は、クォークがグルーオン場の量子揺らぎによって揺さぶられるときだ。この揺さぶりが激しければ、ハードな輻射が誘発される。だが、クォークが本来持っている、核となる色荷は小さいので、グルーオン場の量子揺らぎに対する反応は限られている。そのため、ハードな輻射は稀にしか起こらない。だから、三本ジェットは二本ジェットより可能性が低いのだ。

口絵図1の写真と、量子力学の深い基盤との結びつきはさらに直接的で、このような複雑な説明は必要ない。ようするにここでもやはり、「同じことを何度も繰り返せば、毎回違う結果が出る」ということなのだ。陽子の写真を撮影する〝超ストロボスコピック・ナノ顕微鏡〟の話でも、これと同じであった。今回の、空虚な空間の写真を撮影する〝創造的破壊装置〟でも、やはり同じことが起こっているのである。世界が古典的に振舞っていて、予測可能ならば、LEPに投資された一〇億ユーロは、とんでもなくつまらない装置に費やされたことになっていただろう。何回衝突を繰り返しても、最初の衝突と同じ結果が出るだけで、見るべき写真は一枚しかなかっただろうから。ところが、量子力学の理論は、同じ原因からたくさんの異なる結果が出現すると予測する。そして、わたしたちは実際にそんなさまざまに異なる結果を観察している。異なる多数の結果の、相対的な確率を予測することもできる。何度も衝突を繰り返すことによって、これらの予測を詳細に確認することもできる。このようにして、短期的には予測不可能という状況を緩和することができる。結局、短期的な予測不可能性は、長期的な厳密さと完璧に両立するのである。

第7章　具現化した対称性

グルーオンは概念が実体化したものだ。すなわち、具現化した対称性である。

量子色力学（ＱＣＤ）の中心には、対称性という概念がある。さて、この"対称性"という言葉だが、たいへん広く使われており、そういう言葉が概してそうであるように、意味の輪郭がはっきりしない。対称性は、ときにはバランス、心地よい比例、規則性などを意味する。数学や物理学で使われるときの意味は、今挙げた三つの意味のどれとも矛盾しないが、もっと明確で厳密である。

わたしが好きな定義は、「対称性とは、差異なき区別があるということだ」である。法律の専門家たちも、「差異なき区別」という言葉を使うが、法律が絡む場面では、同じことを違った表現で言い表すという意味で使われるのが普通だ。あえて失礼な言い方を

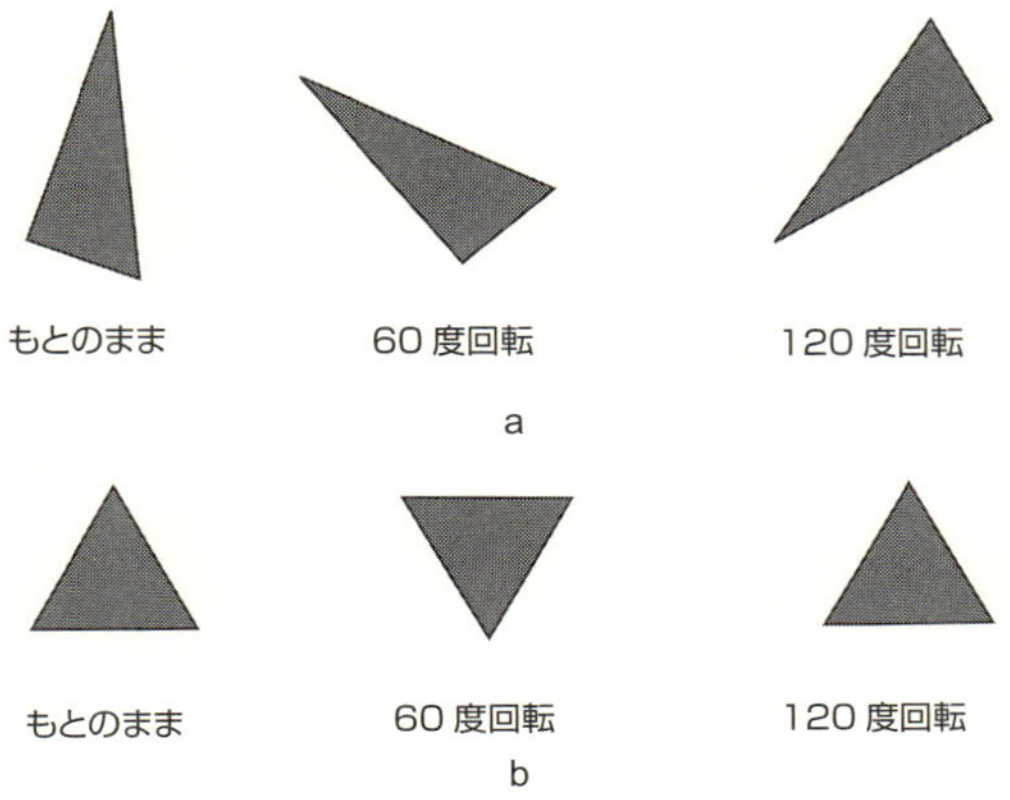

図7・1
単純な対称性の例。a. 不等辺三角形を、形を変えることなく回転することはできない。b. 正三角形をその中心の周りに 120 度回転させても、形は変わらない。

すれば、言い逃れをしたり、屁理屈をこねるのに使われているわけだ。コメディアンのアラン・キングのこんなジョークが、法律家の使う「差異なき区別」的表現の一例と言えるだろう。

　わたしの弁護士によれば、遺言書を書かずに死ぬと、わたしは無遺言死亡者になるそうだ。

　数学で使われている対称性の概念を理解する最善の方法は、何か具体的な例を考えてみることだろう。三角形の世界から、そうした例にふさわしいものをいくつか見つくろってみよう（図７・１参照）。たいていの三角形は、それを回転させれば別物になってしまう（図７・１ａ）。しかし、正

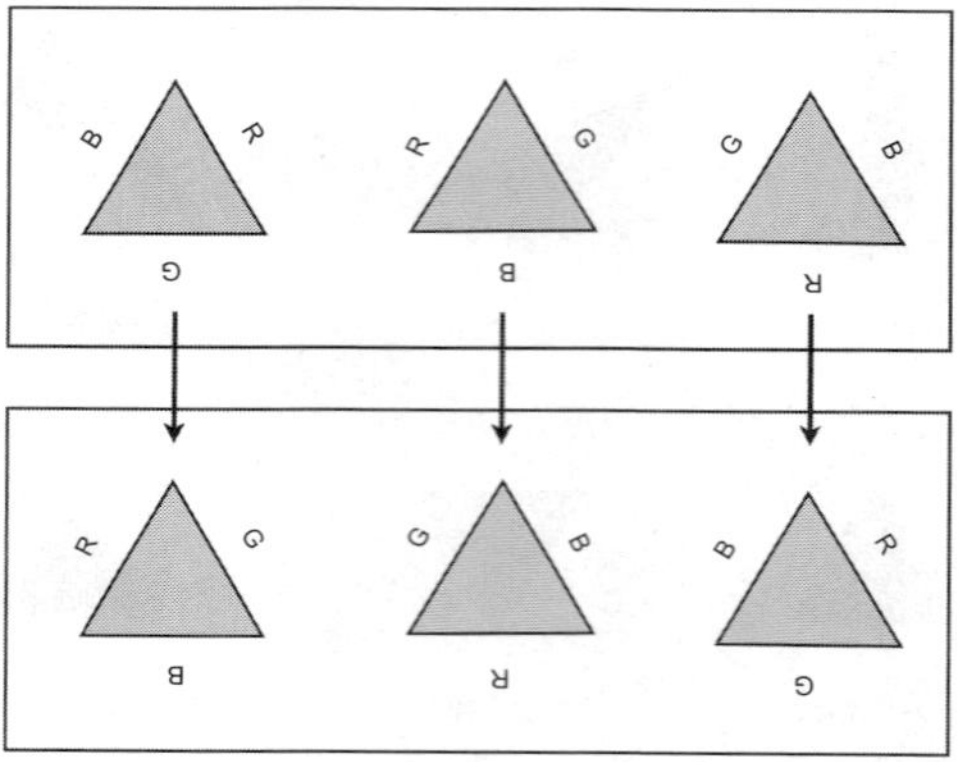

図7・2
もっと複雑な対称性の例。各辺に異なる色（ここでは、赤をR、青をB、緑をGの文字で示している）が付けられた正三角形は、120度回転によって変化する。しかし、3つの三角形すべてという集合は、この回転で元がそれぞれ別の元に変化するだけで、全体としては変化しない。

三角形は特別だ。正三角形を、一二〇度か二四〇度（一二〇度のちょうど二倍）回転させた場合は、まったく同じ形になる（図7・1b）。正三角形には、区別はあっても（三角形と、それを回転させたものという区別）、その区別は結局何の差異ももたらさない（回転させたものも同じ形である）ので、正三角形は「自明でない対称性」を持つ。逆に、誰かがある三角形を一二〇度回転させても同じに見えると言ったなら、それは正三角形だと（さもなければ、その人はうそつきだと）推測することができる。

　辺にたとえば色の違いがある正三角形の集合を考えるとき、一段階複雑さのレベルが上がる（図7・2参照）。

すぐにわかるとおり、どれか一つ正三角形を取って一二〇度回転させると、同じものではなくなってしまう――辺が一致しないのだ。図7・2では、最初の三角形（RGB）を一二〇度回転させると二つめの三角形（BGR）になり、二つめのものは三つめの三角形（GRB）になり、三つめのものは最初の三角形になる。だが、三つの三角形をすべて含んだ、集合全体は、変化していない。＊

逆に誰かが、異なる種類の三つの辺を持つ一つの三角形を、ほかのものと同時に一二〇度回転させても元のままに見えると言ったなら、その三角形は正三角形で、しかも、辺の配置を変えた正三角形がさらに二つあると（さもなければ、その人はうそつきだと）推測することができる。

最後に、もう一段階だけ複雑さのレベルを上げよう。辺の色が違う三角形についてではなくて、これらの三角形に関する法則を考えよう。たとえば、「この正三角形は強く握るとかたちが規則的に崩れて、辺が湾曲する」という単純な法則である。さて、わたしたちは、三角形RBGだけしか調べておらず、「握りの法則」は実際には三角形RBGだけでしか確立されていないと仮定する。「一二〇度回転させる」ことは、この集合に対して

＊この例では、三つの三角形は違う場所にあるということは無視することにする。それがどうしてもいやな人は、三つの三角形は無限に薄く、互いに積み重ねられていると考えていただくといい。

「差異なき区別」だ——すなわち、一二〇度の回転は、数学的意味で対称性を定義した——と知っていたなら、種類が違うほかの三角形も存在するということだけでなく、それら種類の違う三角形も、握ると規則的にへこむだろうと推論することができる。

ここに挙げた一連の例は、対称性の威力を単純なかたちで示している。ある物体が対称性を持っているとわかれば、その物体の性質をいくつか推論することができる。一組の物体が対称性を持っているとわかれば、一つの物体に関する知識から、ほかの物体が存在するということ、そして、それらの物体の性質とを推論することができる。そして、世界に関する法則が対称性を持っているとわかれば、一つの物体から、新しい物体の存在、性質、そして振舞いを推論することができる。

現代物理学では、対称性は新しいかたちの物質が存在することを予言し、新しい、より包括的な法則を構築するうえで、じつに有効な指針になることが明らかになった。たとえば、特殊相対性理論も対称性の公理と見なすことができる。具体的な例で説明すると、特殊相対性理論では、「物理学の方程式は、そのなかに登場するすべての実体に対して、その速度を一律に同じだけ速める、いわゆるブースト変換を加えたとしても、同じに見えなければならない」と述べている。このブーストという操作は、一つの世界を、それに対して一定の速度で運動しているもう一つの別の世界に変換する。特殊相対性理論は、この「一つの世界とそれとは別の世界」という区別には、差異は一切ない——つまり、同じ方程式が、両方の世界の振舞いを記述している——と言っているのだ。

対称性を使ってわたしたちの世界を理解するための手順も、こまごまとした複雑な作業はあるが、今見てきた三角形の世界という単純な例で使われた手順と基本的には同じである。つまり、わたしたちの世界についての方程式に、原理的にはそれを変えられるような変形を施しながら、実際には、その方程式が変形後も変わっていないことを要求するわけだ。その変形によって生じうる区別は、まったく差異をもたらさないのである。三角形の世界でそうだったのと同じように、どんな世界でも、対称性が成り立つためには、いくつかの条件がある。それは、方程式に記述されている実体が、特別な一連の性質を持っており、式に登場するときには、関連する集合の一部として登場せねばならず、そして、密接に関連した諸法則に従わねばならない、という条件だ。

このように対称性は、豊かな帰結をもたらす強力な概念になりうる。自然もこの概念をたいへん気に入っている。あからさまな愛情表現を見せつけられても驚かないようにしよう。

ナットとボルト、ハブとスポーク

クォークとグルーオンについての理論は、量子色力学、または略してＱＣＤと呼ばれて

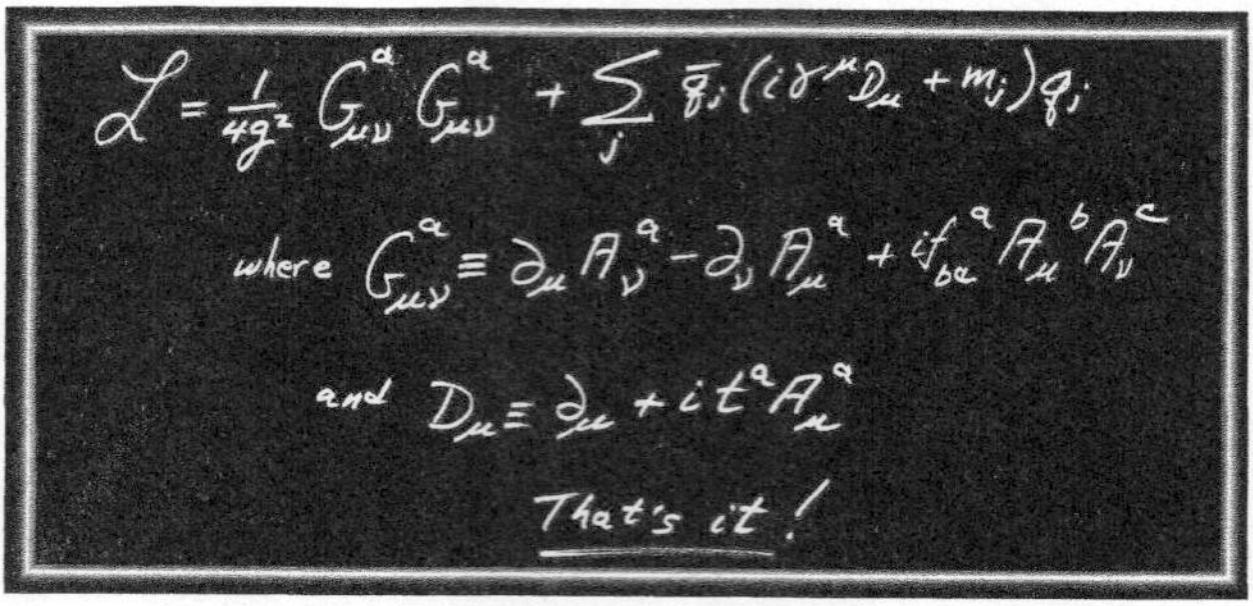
$\mathcal{L} = \frac{1}{4g^2} G^a_{\mu\nu} G^a_{\mu\nu} + \sum_j \bar{q}_j (i\gamma^\mu D_\mu + m_j) q_j$
where $G^a_{\mu\nu} \equiv \partial_\mu A^a_\nu - \partial_\nu A^a_\mu + i f^a_{bc} A^b_\mu A^c_\nu$
and $D_\mu \equiv \partial_\mu + i t^a A^a_\mu$
That's it!

図7・3
ここに書き下したQCDのラグランジアン$\mathcal{L}$は、原理的には、強い相互作用を完全に記述している。ここで、m_jとq_jはj番めのフレーバーを持つクォークの質量と量子場、Aはグルーオン場で、添え字のμとνは時空を表し、a、b、cは色を示す。係数fとtの値は色対称性によって完全に決定される。この理論では、クォークの質量のほかに、結合定数gが独立自由な変数である。実際には、$\mathcal{L}$を使って何かを計算するのは、工夫が必要なたいへんな作業である。

いる。QCDの方程式が図7・3に示されている。*

原子核物理学、新しい粒子、奇妙な振舞い、質量の起源――これらすべてがここにあると思えば、なかなかすっきりしていませんか?

もっとも、方程式がすっきりした形に書けるというだけで即座に感動してしまってはいけない。わたしたちの賢い友人、ファインマンは、たった一行の「宇宙の方程式」を、みんなの前で書き下してみせた。こんな式だ。

$$U=0$$

Uは明確に定義された数学的関数で、「『脱現実性(この世のものではないという性質)』の総量」である。物理学のなかで、細かな部分部分を扱う個々の法則すべてについて、この性質を挙げ、総和を取る。具体的に書けば、$U=U_{\mathrm{Newton}}+U_{\mathrm{Einstein}}+\cdots\cdots$である。ここで、ニュートン力学の「脱現実性」、$U_{\mathrm{Newton}}$は、$U_{\mathrm{Newton}}=(F-ma)^2$で定義される。アインシュタインの質量‐エネルギーの「脱現実性」は、$U_{\mathrm{Einstein}}=(E-mc^2)^2$で定義される。ほかの法則についても同様にして和を取る。どの法則の項も正またはゼロなので、総和のUがゼロになるのはすべての項がゼロのときだけだ。したがって、$U=0$ならば、$F=ma$、$E=mc^2$、そしてその他、あなたがこの式に含めたいと考える、過去の法則、未来に登場する法則、すべての法則の項がゼロだということになる！

こうすれば、ひとつの包括的な方程式のなかに、わたしたちが知っているすべての物理法則を捉え、今後発見されるであろうすべての法則を含めることができるというのである。これこそ、「万物の理論」ではないか!!!　だがもちろん、これはまったくのぺてんだ。なぜなら、Uを使うには（それどころか、そもそもUを定義するためには）、この方程式を個々の項に分解して、それぞれを別々に使うほかないからだ。

図7・3に示した方程式は、ファインマンの、人を食った統一方程式とはまったく異なる。$U=0$と同じように、QCDの主要方程式のなかでは、さまざまな小さな方程式が記

＊口頭試問はありませんのでご安心を。

号化されて含まれている（専門家のみなさんへ。主要方程式の項は、テンソルとスピノルを成分とする行列である。その下に書かれている、主要方程式の成分についての小さな方程式は、行列ではなくて、普通の数を項とするものである）。しかし、$U=0$ とは大きな違いがある。$U=0$ の中身をそれぞれ取り出してみると、互いに無関係なものが束になっていただけだとわかる。QCDの主要方程式の中身をそれぞれ取り出して見ると、それらは、対称性――色のあいだに成り立つ対称性、空間のさまざまな方向に関する対称性、そして、一定の速度で互いに運動している複数の系のあいだに成り立つ特殊相対性に関する対称性――によって関係付けられた方程式であることがわかる。これらの方程式の内容はすべて、はっきりとわたしたちの前にあり、これら個々の内容を取り出すアルゴリズムは、対称性の明確な数学から自ずと導き出される。ということで、ここでようやく、どうぞ心置きなく感動してくださいとみなさんに言うことができる。これはほんとうにエレガントな理論なのだ。

QCDの本質を、それほど歪めることなしに、数枚の単純な図で示すことができるというのも、このエレガントさの反映である。それらの図が図7・5に示されており、このあとすぐに説明する。

だが、まずは比較のため、そしてウォーミングアップのため、量子電磁力学（QED）の本質を同じ形式で示そう。QEDは、その名前からもわかるように、電磁力学を量子論

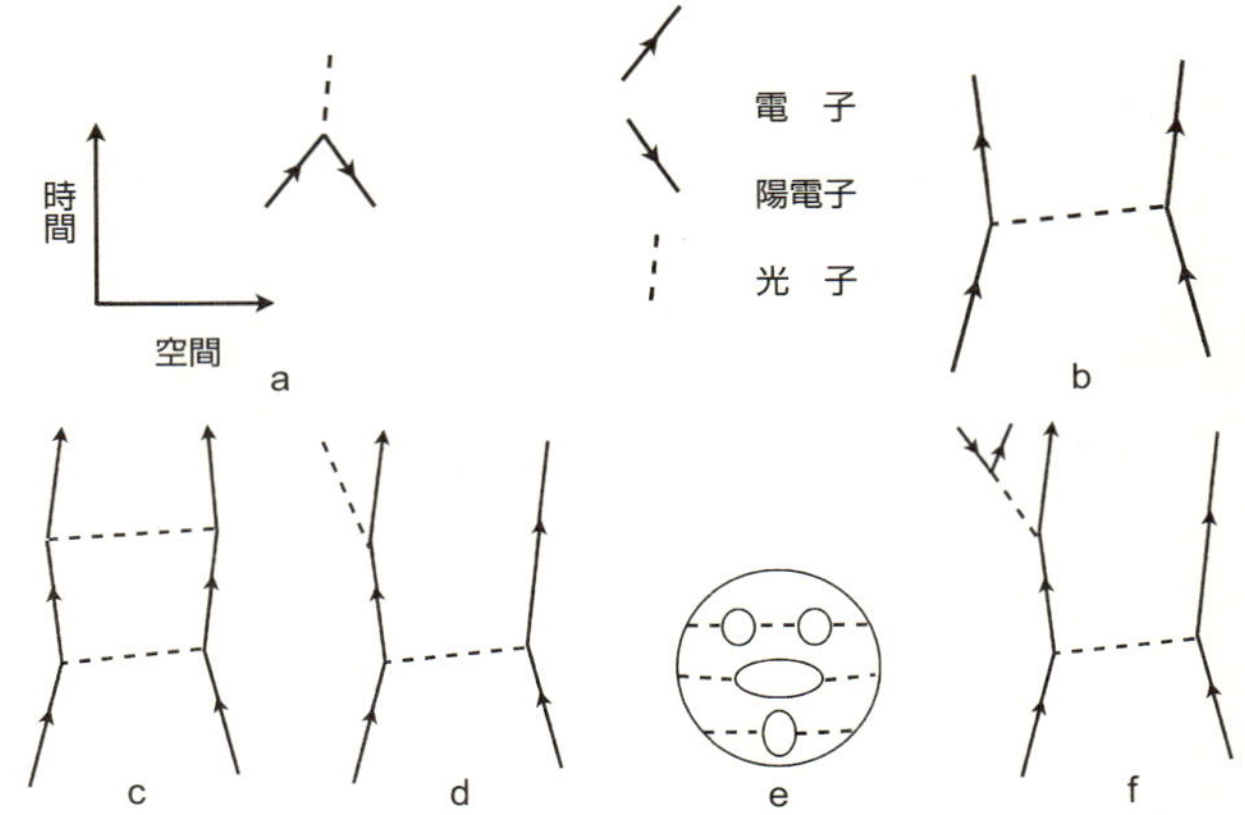

図7・4
a. QEDの基本。電荷に反応する光子。b. 電子と電子が仮想光子を交換することによって両者のあいだに働く力を良い近似で示したもの。c. このような効果の寄与を含めたより良い近似。d. 光あれ！　加速された電子は光子を放出できる。e. 完全に仮想的なプロセス。f. 電子 - 陽電子対の輻射。反電子、すなわち陽電子は、逆向きの矢印が付いた電子として示されている。

的に説明するものである。QEDは、理論としてはほんの少しだけQCDよりも古い。QEDの基本的な方程式は一九三一年までには揃っていたが、かなり長いあいだ、これらの方程式の正しい解き方がわからず、無意味な解しか得られなかった（つまり、解が無限大になった）ので、これらの方程式の評判は悪かった。一九五〇年ごろになって、優れた理論物理学者たち（ハンス・ベーテ、朝永振一郎、ジュリアン・シュウィンガー、リチャード・ファインマン、そしてフリーマン・ダイソン）が事態を収拾した。

　QEDの本質は、図7・4aと

いう一つの図で表すことができる。これは、一個の光子が電荷の存在、もしくは運動に応答する様子を描いたものだ。まるで漫画のようだが、この小さな絵には単なる象徴以上の意味がある。これは、ファインマンが考案したQEDの方程式を系統的に解く方法を厳密に表現したもののなかでも、その核心に位置するコア・プロセスだ（そう、マレー・ゲルマンには申し訳ないが、ここでもファインマンである〔訳注：第6章参照のこと〕）。ファインマン・ダイアグラムは、粒子が、ある時間に存在していた場所から、それよりもあとの別の時間に存在する場所へと、時空のなかを通って移動するプロセスを描く。場所から場所へと移動するあいだ、粒子が互いに影響を及ぼすこともある。量子電磁力学で可能なプロセスと影響は、コア・プロセスを使って、電子と光子の世界線をいろいろなやり方で結びつけることによって作り上げることができる。これは、言葉で説明するより実際にやってしまうほうが簡単であり、みなさんは、図7・4のbからfまでをじっくり見ればだいたいの考え方がわかるはずだ。

それぞれのファインマン・ダイアグラムについて、そこに描かれたプロセスが起こる確率がどれぐらいかは、完全に明確な数学的規則によってはっきりと決まっている。リアルな粒子と仮想粒子、そしてリアルな光子と仮想光子がたくさん登場するような複雑なプロセスに適用されるルールは、コア・プロセスから作り上げられる。それは、ティンカートイ〔訳注：一九一四年にアメリカで開発された組立て式知育玩具。中心に穴の開いたさまざまな大きさの円盤状のパーツと、さまざまな長さの棒状のパーツからなる）で何かを組み立てるのとよく似ている。粒子は、ティンカートイのいろんな棒《スポーク》に対応し、そしてコア・プロセスは、それらの棒をつなぐハブに対応する。粒子とコア・プロセス（棒とハブ）という要素が与えられたなら、組み立てのルールは完全に決定される。たとえば図7・4bは、一個の電子の存在がもう一個の電子に影響を及ぼす様子を描いている。ファインマン・ダイアグラムのルールは、図7・4bに描かれているような、仮想光子を一個交換するというやりとりによって、二個の電子が、ある特定の大きさだけ運動の方向を変える確率はどれぐらいかということを教えてくれる。言い換えれば、ファインマン・ダイアグラムのルールは、力について教えてくれるのだ。図7・4bのダイアグラムは、大学で学部学生が教わる電磁力の古典論を、記号を使って表現したものである。たとえば、図7・4cに示す、仮想光子二個が交換されるという場合のように、もっと稀にしか起こらないプロセスを考慮に入れると、電磁力の古典論に修正が必要になってくる。ほかに、図7・4dに示された、光子が電子から逃れて自由になってしまうというプロセスもある。これは、わたしたちが電磁放射と呼ぶプロセスで、その一つの形態が光である。また、図7・4eに示すように、すべての粒子が仮想粒子という場合もある。関与している粒子はどれも観察できないということだから、これらのいわゆる「真空プロセス」は、いかにも学術的、あるいは、形而上学《けいじじょうがく》的だと思えるかもしれない。しかしこの種のプロセスはものすごく重要で、このことはあ

図7・5（次ページ）

a. クォーク（反クォーク）は正（負）の色荷を1単位持っており、電子がQEDで演じるのとよく似た役割りをQCDで演じる。ややこしいことに、クォークにはフレーバーという6つの種類がある。普通の物質にとって重要な2種類のフレーバーは、最も軽い*u*と*d*と呼ばれるものである（じつは、電子にも、ミュー粒子、タウ・レプトンというフレーバーがあるが、不必要に話を複雑にしないよう、触れていない）。b. グルーオンには8つの異なる色がある。それぞれのグルーオンは、1単位のある色荷を奪い、1単位の別の色荷を与える（それらが同じ色である場合もある）。総色荷はそれぞれ保存される。グルーオンには3×3=9種類の可能性があるように思えるが、一重項となって無色になる組み合わせがあり、これは、すべての荷に対して同じ反応をし、ほかのグルーオンとは違っている。完全に対称な理論を作りたければ、これを取り除かねばならない。こうして、存在するグルーオンの種類は8種類だという予測が立てられる。ありがたいことに、この結論は実験でも確かめられている。グルーオンはQCDのなかで、光子がQEDで演じるのとよく似た役割りを演じる。c. 2つの代表的なコア・プロセス。グルーオンは、クォークの色荷にただ反応するか、あるいは、反応して変化させるという振舞いをしている。d. QEDと比べたときに、QCDが持つ質的に新しい特徴は、グルーオンが互いに反応しあうというプロセスが存在することだ。光子は互いに反応することはない。

とで説明する。*

マクスウェルの電波や光についての方程式、シュレーディンガーの原子や分子の電子状態についての方程式、そしてそれにスピンと反物質を含めてディラックがさらに精密にした方程式――これらすべてと、もっとたくさんのものが、これらあちこち折れ曲がった線の絵に記号として忠実に描かれているのである。

同じ絵文字を使うと、QCDはQEDを拡張したもののように見える。QCDに登場する要素とコア・プロセスは、図7・5に示されるように、QEDのものより複雑だ。そのようなわけで、図7・5はキャプションも図7・4より込み入ったものになっている。

ダイアグラム表示というこのレベルでは、

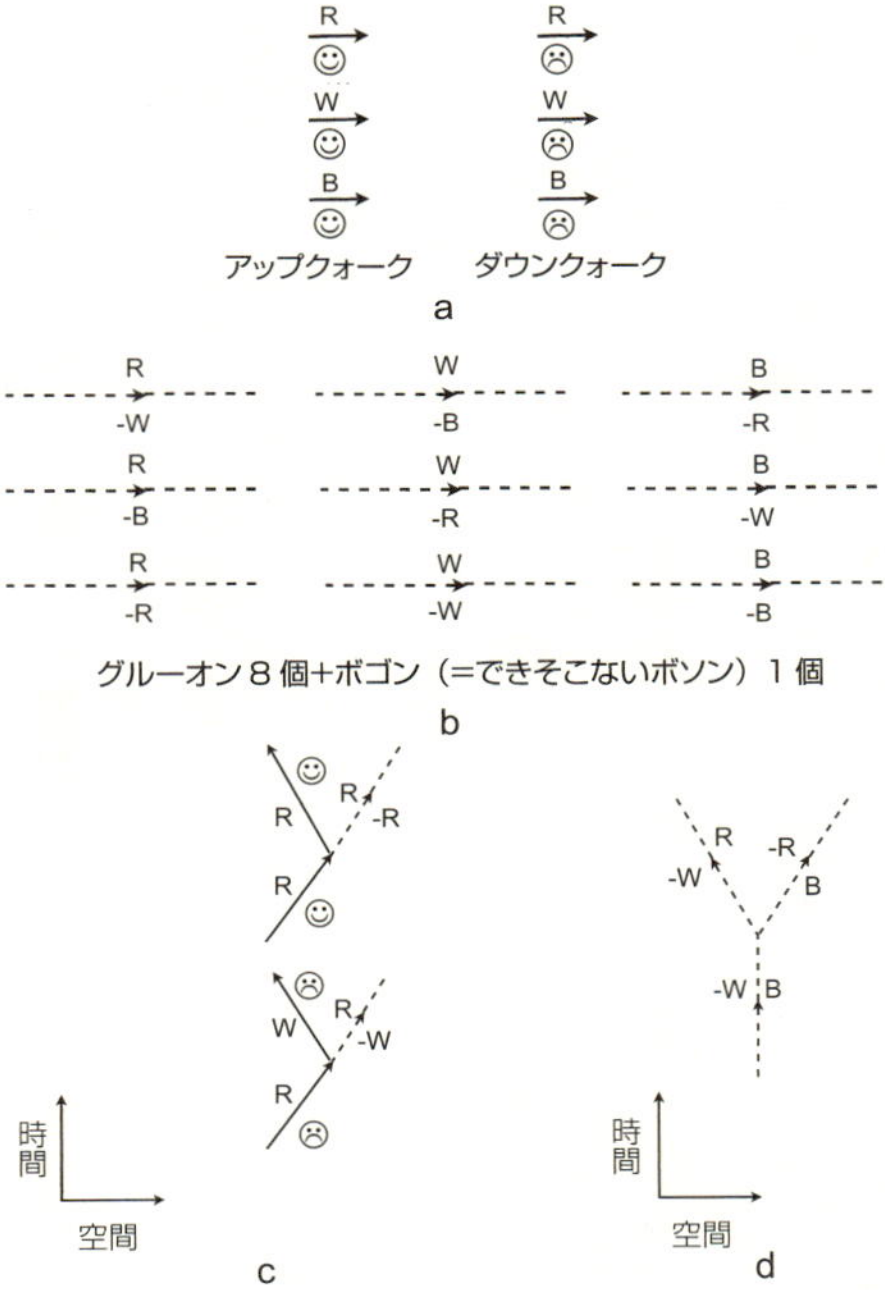

QCDはQEDとさほど変わらないが、より大きいことは確かだ。ダイアグラムは両者ともよく似ており、また、それらの確率を見積もる方法も同じである。だが、QCDのほうが棒とハブの種類が多い。もっと正確な言い方をすれば、QEDではチャージは一種類しかない——電荷だけである——が、QCDには三種類ある。

　QCDに登場する三種類のチャージは、これといった理由もなく、「色」と呼ばれている。この三種類の

「色」は、もちろん普通の意味での色とは何の関係もない。むしろ、深いレベルに至るまで電荷によく似ている。ともあれ、これらの「色」を、赤、白、そして青と名付けることにしよう。どのクォークも、色荷《カラー・チャージ》のいずれか一色を、一単位だけ持っている。さらにクォークは、「フレーバー」で種類分けされており、どのクォークもどれかのフレーバーを持っている。通常の物質のなかで役目を果たしているフレーバーは、「アップ」と「ダウン」を意味する、uとdの二種類しかない。[**] クォークの色がクォークの見かけとなんら関係ないのと同じように、クォークのフレーバーも、味覚とは一切関係ない。また、「フレーバーのアップ、ダウン」という言い方をするにしても（「上の味って何？」と訊きたくなる。まるで禅の公案である）、別にフレーバーが空間の方向と何か現実的な結びつきを持っているということではない。どうか、わたしを責めないでほしい。わたしにそんなチャンスが巡ってきたなら、粒子たちには品位ある、科学的に聞こえる名前を付けてやるので。たとえば、アキシオン（訳注：強い相互作用に関連して存在が予測されている粒子で、ウィルチェックが命名した。後述）とか、エニヨン（訳注：二次元に存在すると考えられる理論上の粒子。伝統的な、ボース粒子とフェルミ粒子の区別がなくなるとされる。これもウィルチェックの命名）などのように。

ＱＥＤとＱＣＤの類似点をさらに挙げると、ＱＣＤには、グルーオンと呼ばれる、光子と似た粒子が存在する。グルーオンは、色荷の存在や運動に対して、光子が電荷に対して示す反応によく似た反応を示す。

　このような次第で、赤の色荷を一単位持ったuクォーク、青の色荷を一単位持ったdクォークなど、合計六つの可能性が存在する。そして、QEDでは電荷に反応する光子は一種類しか存在しなかったが、QCDでは八種類のグルーオンがあり、それぞれ、異なる色荷に反応するか、もしくは、一つの色荷を別の色荷に変える。このように、棒《スポーク》の種類はなかなかたくさんあり、また、それらの棒を結びつけるハブにもいろいろな種類がある。こんなにたくさんの可能性があるのだから、さぞかし複雑で混乱した状況なのだろうと思われる。たしかに、QCD理論の圧倒的な対称性がなかったなら、そうだったろう。たとえば、いたるところで赤と青を入れ替えたとしても、ルールは同じでなければならない。QCDの対称性のおかげで、色を連続的に混合し、混合色を作ることができるが、混

＊これについて、じつに興味深い会話をファインマン本人と交わしたことがある。彼は、はじめのうちは、真空プロセスは理論から除外できるだろうと考えていたが、矛盾のないやり方ではどうしても除外できないとわかってとてもがっかりしたと言った。この会話については、第8章でさらに詳しく述べる。

＊＊さきに、第三のフレーバーを持つクォーク、ストレンジ・クォーク（s）のことを話した。クォークのフレーバーには、さらに三種類あって、それぞれ、チャーム（c）、ボトム（b）、トップ（t）である。これらのフレーバーを持ったクォークはストレンジ・クォークよりも重くて不安定だ。ここでは、これらすべてを無視する。

合色でもルールは同じでなければならない。この拡張された対称性は、とほうもなく強力で、すべてのハブの相対強度を定める。

QEDとQCDはさまざまな点でよく似ているが、非常に重要な違いがいくつかある。まず第一に、QCD結合定数として定量的に表現すると、色荷に対するグルーオンの反応は、電荷に対する光子の反応よりもはるかに強い。

第二に、図7・5cに示すように、グルーオンは色荷に反応するだけでなく、色荷を別の色荷に変えることができる。このような変化として可能なものはすべて許されている。しかし、グルーオンそのものはアンバランスな色荷を保持することができ、それぞれの色荷は保存される。たとえば、一個のグルーオンの吸収で、青の色荷を持ったクォークが赤の色荷を持ったクォークに変化したとすると、吸収されたグルーオンは、一単位の赤の色荷と、マイナス一単位の青の色荷を持っていたことになる。逆に、青の色荷を持ったクォークは、一単位の青色荷とマイナス一単位の赤色荷を持つグルーオンを放出することができる。これによってそのクォークは赤の色荷を持つクォークとなる。

QCDとQEDの第三の違いは、最も大きな違いでもあるが、第二の違いの結果として生じる。グルーオンが色荷の存在と運動に反応し、そして、グルーオンがアンバランスな色荷を保持することができるのなら、グルーオンは、互いに直接反応することになる。互いに直接反応しない光子とは大違いだ。

グルーオンとは対照的に、光子は電気的に中性である。光子は、互いに大々的に反応しあうことはまったくない。わたしたちはみんな、あまり深く考えたことはないにしても、このことはよく知っている。よく晴れた日にあたりを見回すと、光はあらゆる方向に反射されているが、わたしたちはその光を通して物を見ている。〈スター・ウォーズ〉の映画で、ライトセーバーというレーザーの剣で戦っているのをご覧になったことがあるかもしれないが、あんなことはあり得ない（説明できるとしたら、〈スター・ウォーズ〉は遠い彼方の銀河にある高度技術文明についての映画なので、登場人物たちはグルーオン・レーザーを使っているのだろう、というところだろうか）。

今挙げた違いのどれを取っても、その違いのおかげで、ＱＣＤから導き出される結果を説明するのは、ＱＥＤから導き出される結果を説明するよりもはるかに難しくなる。基本的な結合定数は、ＱＥＤよりもＱＣＤでのほうが強いので、ＱＣＤのどんなプロセスでも、内側にハブがたくさんあるような、ＱＥＤよりずっと複雑なファインマン・ダイアグラムが大きな影響を及ぼす。さらに、色の流れのルートにはさまざまな可能性があり、ハブの種類も多いので、複雑性のそれぞれのレベルで、もっとたくさんのダイアグラムが存在することになる。

漸近的自由のおかげで、実験で放射されるジェットのもつエネルギーと運動量、それぞれの全体としての流れをはじめ、いくつかの項目を計算することができる。それは、「ソフトな」輻射の多くは全体としての流れにあまり影響を及ぼさないので、計算では無視していいからだ。「ハードな」輻射が起こる、少数のハブだけに注目すればいい。そのため、鉛筆と紙を使って、それほど苦労せずに、異なる本数のジェットが異なる角度で、それぞれ異なる比率でエネルギーを分かちあって放射されるという事象の、相対的な確率を計算することができる（この計算を実行しようという人間に、ノートパソコンを与え、大学院に二、三年通わせれば、なお一層計算しやすくなるだろう）。だが一方で英雄的な努力の末、ようやく方程式が解かれる――それも、近似的にだけ――ということもある。質量を持たないクォークとグルーオンから始めて、陽子の質量が計算できるようになった――そして、その結果として質量の起源を特定することができた――ときの英雄的な努力については、第9章で説明する。

クォークとグルーオン　バージョン3・0――具現化した対称性

局所対称性と呼ばれる途方もない対称性を仮定することで、グルーオンを方程式に含めざるを得なくなり、そのため、グルーオンの存在と、そのすべての性質を予測せねばならなくなったことの意味を十分理解しようとしていたさなか、わたしは、ピエット・ハインのグルーク（訳注：ハインは二〇世紀デンマークの科学者、数学者、詩人で、短い警句的な詩の様式を作り出し、それをグルークと名付け、七〇〇〇以上のグルークを主にデンマーク語と英語で書いた）のなかで特に好きなものの一つを思い出した。こんなやつだ。

恋人たちは、散文と韻文のなかをあてもなくさまよう
言うよりも行なうほうが易しいことを
千回めの正直で
上手に言おうとして。

いずれにしても、散文や韻文を巡る人間の苦しみについて、これは核心を突いている。さきほど、色の付いた三角形とその対称性について議論したとき、違う三角形が違う場所にあることは無視するようにという、うるさい注釈を付けた。そうすることは、論理的にも数学的にも完全に筋が通っている。数学では、一番興味深い、本質的な特徴に集中し、重要ではない細部は無視することがよくある。たとえば、幾何学では、幅がゼロで、どちらの向きにもどこまでも続いている直線を、頭のなかに思い描いて取り扱うのは標準的な手順だ。だが、対称性を考えるときには物がどこにあるかは無視しなければならないというのは、物理学の観点からはちょっと妙である。具体的な例を挙げると、赤の色荷と青の色荷のあいだに対称性があるとき、宇宙のあらゆる場所で、赤の色荷を持ったクォークを

青の色荷を持ったクォークに置き換え、また、その逆の置き換えも行なわねばならないというのは、じつに妙だ。そのような置き換えは、宇宙の彼方のことなど心配せずに、局所的にだけ行なうことができるとするほうが、はるかに自然に思える。

この、物理的に自然な対称性は、局所対称性と呼ばれている。局所対称性は、もうひとつの対称性、大局的対称性よりも大きな仮定である。というのも局所対称性は、厖大な数の個別の対称性——大雑把《おおざっぱ》な言いかたをすれば、時空の各点についての個別の対称性——が集まったものだからだ。わたしたちの例で言うと、局所対称性とは、赤と青の色荷の置き換えを、すべての場所で、そして、すべての時間に行なえるということだ。したがって、それぞれの場所と瞬間が、それ自体の対称性を定義する。大局的対称性では、いたるところあらゆる時間で同じ置き換えを行なわねばならず、独立した無限に多くの対称性ではなくて、単一の、どの場所もどの時間も足並み揃えて同じことをするという、決まった対称性があるだけである。

局所対称性は、大局的対称性よりもはるかに大きな仮定なので、方程式、つまり、物理法則の形に、より大きな制約を課す。実際、局所対称性による制約はたいへん厳しく、一見すると、量子力学の諸概念ととても折り合いなどつけられまいと思えるほどだ。

この問題について説明する前に、問題となる量子力学の側面についてざっと概要を述べておこう。量子力学では、一個の粒子が異なる場所で、それぞれ異なる確率で観察される可能性を認めねばならない。これらの可能性をすべて記述するのが波動方程式だ。波動方程式は、確率が大きいところでは大きな値を、確率が小さいところでは小さな値を取る(定量的には、確率は波動関数の二乗に等しい)。それともうひとつ、滑らかな良い波動関数――時空のなかで緩やかに変化する波動関数のこと――は、急激に変化する波動関数よりもエネルギーが低い。

さて、問題の核心へと進もう。赤の色荷を持つ一個のクォークの、滑らかで良い波動関数があるとする。ここで、さきほどから例として使っている、ある一つの小さな領域において赤の色荷を青の色荷に置き換える局所対称性を適用しよう。この置き換えを行なうと、波動関数は突然変貌する。この小さな領域のなかでは、波動関数は青色の成分しか持たず、外側では、赤の成分しか持たない。こうして、急激に変化する点など一切なかった、低エネルギーの波動関数が急激な変化をし、高エネルギー状態に対応する波動関数へと変貌を遂げたのである。このように状態が変化したことで、この波動関数によって記述されていたクォークの振舞いも間違いなく変化するだろうし、もしそうなら、エネルギーの効果として検出可能なものはたくさんあり、たとえば、アインシュタインの第二法則を利用すれば、クォークの質量を測定して、そこからクォークのエネルギーを決定できるので、この変化は確かめられるはずだ。だが、対称性の本質は、それが変換する物の振舞いは変えない、ということにある。[*] わたしたちが欲しいのは、差異なき区別である。

このような次第で、局所対称性を持つ方程式を得るためには、波動関数のなかの急激な変化は、必ず大きなエネルギーを持たねばならないという規則を変更しなければならない。エネルギーは、波動関数の変化の急峻さによってのみ決まるのではないとしなければならず、したがって、波動関数に補正項を加えなければならない。ここでグルーオン場が登場する。補正項は、さまざまなグルーオン場（QCDでは八種類）と、クォークの波動関数の、異なる色に対応する成分との積を含んでいる。ちょうどうまい具合にやると、局所対称性による変換を行なったときに、クォークの波動関数が変化し、そして、グルーオン場も変化するが、波動関数のエネルギー——補正項も含めて——は変化しないようにすることができる。この手順に曖昧なところは一切ない。局所対称性は、必要な手順のすべてのステップをきちんと指図してくれる。

かたちが変化したときにそのエネルギーが変化しないような波動関数を作り上げる詳細なプロセスを、言葉で説明するのはとても難しい。ハインのグルークにあるように、ほんとうに「言うよりも行なうほうが易しい」。もしもみなさんが、式を操作してこれを実際にやるところを見たいとおっしゃるなら、専門の科学文献や教科書を見なければならない。比較的読みやすいものを巻末の付記に挙げておいた。さいわい、波動関数の構築法を逐一なぞったりしなくても、重要な哲学的意義は理解できる。それは、このようなことだ。

局所対称性を成り立たせるためには、グルーオン場を導入しなければならない。そして、これらのグルーオン場がクォークと、そしてグルーオン場どうしで、ちょうどそのように相互作用するよう、調整しなければならない。局所対称性というひとつの概念は、非常に強力で、しかも強い制約を課し、その強さゆえに、厳密に決まった一組の方程式を生み出す。言い換えれば、ひとつのアイデアを実施することで、現実《リアリティー》のひとつの候補がもたらされるのである。

グルーオンを含む現実《リアリティー》の候補たる方程式は、局所対称性を体現するという点では成功している。その方程式に導入されたグルーオン場という新しい要素は、この方程式に対応する、「世界の候補」を作るレシピの一部だ。ではそのグルーオン場は、わたしたちの世界のなかにほんとうに存在しているのだろうか？　ここまで論じてきたように、そして、〝超ストロボスコピックナノ顕微鏡〟などの写真でも見てきたように、まことに、グルーオン場は存在する。概念から生まれた現実《リアリティー》の候補は、現実《リアリティー》そのものなのである。

＊特殊相対性理論のブースト対称性は、粒子のエネルギーを変える——だがそれは、粒子を量るのにあなたが使う秤の振舞いも変え、秤はエネルギーの変化による効果を実質的に一切検出できなくなる。これとは逆に、わたしたちが検討している局所色対称性は、普通の秤（八百屋で使われているような秤）には何の変化ももたらさない。というのも、普通の秤は全体としてみたときに色荷を持っていないからだ。したがって、普通の秤は重さの変化をちゃんと読み取り、その変化の大きさに、わたしたちはびっくりするのである。

第8章　グリッド（エーテルは不滅だ）

　空間とは何だろう？　物質からなる物理的世界がドラマを演じる場所となっている、空っぽの舞台なのだろうか？　背景を提供すると同時に、それ自体の命を持っている、対等の演者なのだろうか？　それとも、空間のほうが主たる現実《リアリティー》で、物質は、それが形を取って現れただけの副次的なものにすぎないのだろうか？　この問いを巡る見解は、科学史のなかで進化を遂げ、激変したことも何度かある。今日《こんにち》では、今挙げた三つめの見解が優勢である。わたしたちの目には何も見えないところに、わたしたちの脳は、厳しく調整された実験が明らかにした事実を熟考することによって、物理的現実《リアリティー》に力を与えるグリッドを発見する。

世界は何からできているかについては、哲学思想も科学の見解も、常に変化しつづける。

現在最高の世界模型にも未解決の問題があれこれあり、そして大きな謎もまだいくつか残っている。決定的な言葉《ザ・ラスト・ワード》がまだ発されていないのは明らかだ。しかし一方で、わたしたちは多くのことを知っているというのも事実である。ばらばらの事実を超えた、驚くべき結論を導き出すに十分な知識が人間にはある。これらの結論は、伝統的には哲学や神学の領域だと考えられていた問いに応じ、何らかの答を提供する。

QCDからわたしたちが学んだ、自然哲学にとって最も重要な教訓は、わたしたちが空虚な空間と認識しているものが、実際には強力な媒体で、その活動が世界を形作っているということだ。現代物理学におけるほかの展開も、この教訓を補強し豊かにしている。本書でも、現在最先端ではどのような状況になっているかをあとで見るが、そのとき、「空虚な」空間は豊かでダイナミックな媒体であるという考え方が、力の統合をいかに実現するかを巡る現時点で最善の知見に、どれほど力を与えているかを実感していただけるだろう。

では、世界は何でできているのだろう？　科学では常にそうであるように、これにも、不足を補い、間違いを正すという作業を随時加える必要はあるが、現代物理学が提供する、多面的な回答をここに挙げよう。

●そこからほかのすべてが形成される、物理的現実《リアリティー》の第一の構成要素が、時空を満たしている。

●すべての断片、すなわち、時空を最小単位まで分解したときのすべての構成要素は、ほかのすべての断片と共通する基本的性質を持つ。

●現実《リアリティー》の第一の構成要素は、量子活動を盛んに行なっている。量子活動には、特殊な性質がある。すなわち、自発的であり、かつ予測不能であるということだ。しかも、量子活動を観察するためには、それを乱さざるを得ない。

●現実《リアリティー》の第一の構成要素は、また、長期にわたって存続するさまざまな物質的成分を含む。これらの物質的成分があるため、宇宙は、多層構造を持った、多色《マルチ・カラー》の超伝導体となる。

●現実《リアリティー》の第一の構成要素は、時空を堅固なものとし、重力を生み出す、計量場を含んでいる。

●現実《リアリティー》の第一の構成要素は、普遍的な密度を持ち、質量を持っている。

この、現代物理が理解する「空虚な」空間、現実《リアリティー》の第一の構成要素が持つ異なる側面を捉えて、さまざまな呼び名が使われている。「エーテル」というのは、これに最も近い昔の概念だが、廃《すた》れてしまったあれこれの考え方が染み付いており、新しい考え方の一部は含まれていない。「時空」は、どこにでも、そしていつも、不可避的に存在し、いたるところで同じ性質を持っている何ものかを記述するという目的には、論理的に適している。だが、「時空」は、余計な意味も含んでおり、とりわけ、空っぽだということを強く暗示している。「量子場」というのは、右に箇条書きした最初の三つの項目をまとめた専門用語となっているが、残りの三つは含んでおらず、しかも、あまりに科学技術に特化された言葉で、自然哲学ではちょっと使いづらい。

わたしは、この世界の第一構成要素を呼ぶのに、「グリッド」という言葉を使うことにする。この言葉には、いくつか利点がある。

●わたしたちは、層状構造を表現するのに、図8・1に示すような数学的なグリッドをよく使っている。

●わたしたちは、家電製品、照明、コンピュータなどに使う電力を、配電網《エレクトリック・グリッド》から引いている。わたしたちに見えている物理的世界は、そのパワーをおしなべてグリッドから引いている。

●ひとつには物理学からの要請もあって、*離れたところにある多数のコンピュータを結んで、ある機能を担ういくつかのユニットとしてまとめあげ、その総合的なパワーを任意

＊これについては、のちほど議論する。

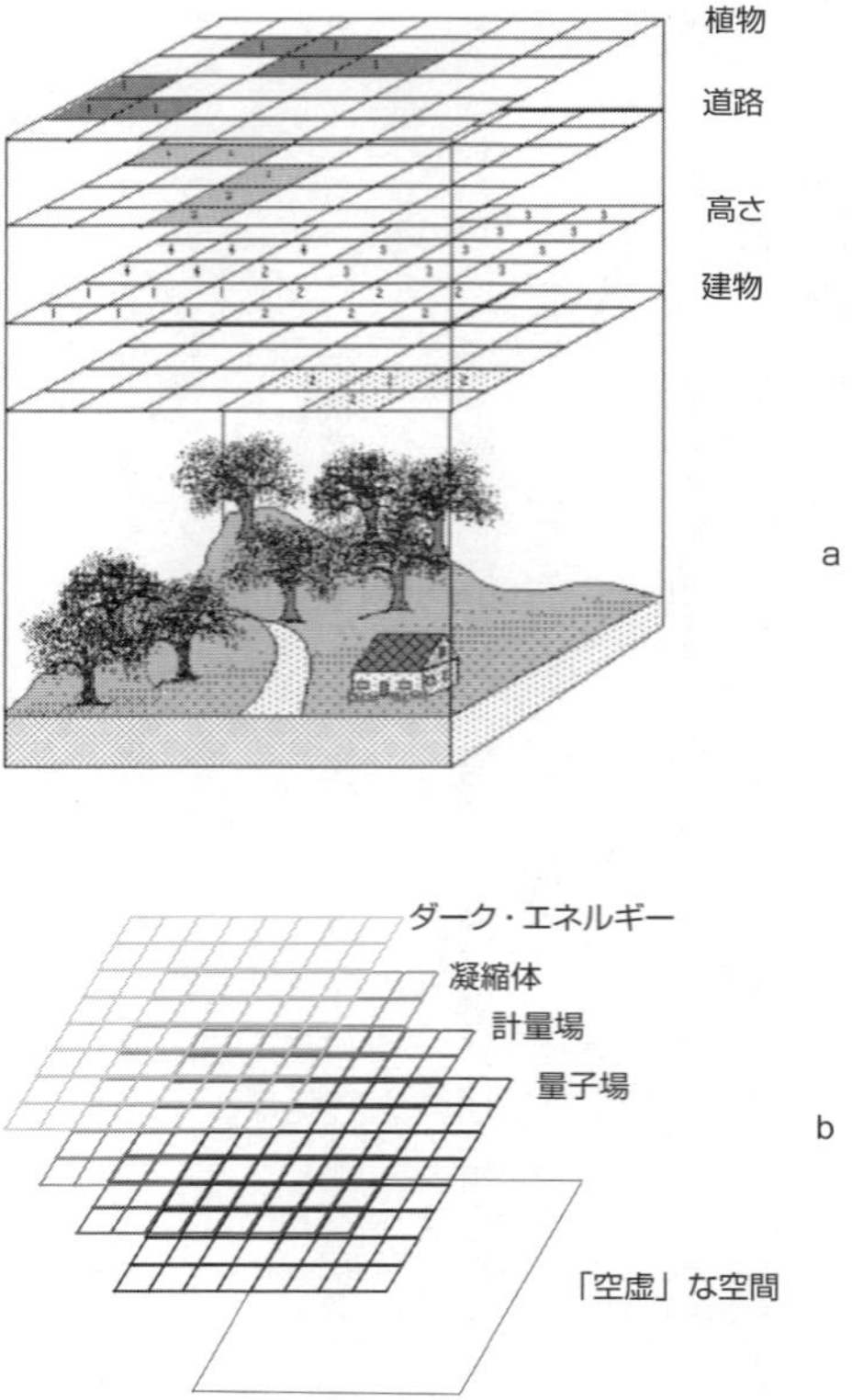

図8・1

新旧グリッド。a. グリッドは、空間のなかにさまざまなものがどのように分布しているかを記述するためによく使われる。b. わたしたちの一番成功している世界模型の根底に存在しているグリッドには、いくつかの相がある。これらの相を持ったグリッドが、常に、いたるところに存在している。普通の物質は、グリッドの励起のレベルを追跡している二次的な現れに過ぎない。

の場所から利用できるようにするための技術開発が大きなプロジェクトとして現在進行中である。これは、配電網《エレクトリック・グリッド》と同様、ネットワークの網状構造ということから、グリッド技術と呼ばれている。今、盛り上がっている分野であり、流行の話題でもある。つまり、ホットでクールな分野なのだ。

- 「グリッド」という言葉は短い。
- 「グリッド」は「マトリックス」ではない。残念だが、『マトリックス』の映画シリーズのおかげで、「マトリックス」という言葉に余計なニュアンスが加わってしまい、使えなくなった。また、「グリッド」は「ボーグ」（訳注：SFテレビドラマ、〈スター・トレック〉シリーズに登場する、架空の機械生命体の集合体）とも違う。

エーテル概史

空間の「空虚さ」、「空っぽであること」についての論争は、近代科学が始まる以前、少なくとも、古代ギリシア哲学にまで遡《さかのぼ》る。アリストテレスは、「自然は真空を嫌う」と書いた。一方、彼の論敵、原子論者たちの主張は、彼らを代表する詩人、ルクレティウスの言葉では、次のように表現されている。

だとすると、すべての自然は、自らを維持するものとして、
二つのものが撚り合わさってできている。物体と虚空の二つだ。
このなかにすべてはあり、すべてはここで動きまわっている。

この古代の思弁的な討論は、近代科学の夜明け、一七世紀の科学革命のさなかに再現された。ルネ・デカルトは、自然世界の科学的記述は、彼が第一性質と呼ぶ、延長（本質的には、形のこと）と運動を基礎として行なうべきだと提唱した。物質は、これ以外の性質を持たないとされた。この見解がもたらす重要な帰結のひとつに、「物質の小片《ビット》が別の小片《ビット》に影響を及ぼすのは、接触を通してのみである」というものがある。延長と運動以外になんら性質を持たないなら、物質の小片《ビット》は、接触する以外別の小片《ビット》について知る方法を持たないことになる。そのような次第で、たとえば、惑星の運動を記述するために、デカルトは、宇宙を満たしている、目には見えない物質からなる「充溢《プレヌム》」というものを導入せねばならなかった。夥《おびただ》しい数の渦がグルグル渦巻いている複雑な海が広がっていて、その上を惑星が波乗りするように運動しているのだと彼は想像した。

アイザック・ニュートンは、彼の運動法則と万有引力の法則を使って惑星の運動をうまく記述する方程式を作り上げ、デカルトが言うこれらグルグルした渦という、もしかしたら本当に存在するかもしれない複雑な構造をすべてなぎ倒した。ニュートンの万有引力の

法則は、デカルトの枠組みには当てはまらなかった。万有引力の法則は、接触によって影響が及ぶのではなく、遠隔作用として働くのだと仮定されていた。たとえば、ニュートンの法則によれば、太陽は地球に接触していないのに地球に重力を及ぼす。ニュートンの方程式は惑星の運動を詳細までじつにうまく説明できたにもかかわらず、彼自身は、力が遠隔作用をするということには不満だった。

ひとつの物体が、その作用や力がそれによって、また、それを通して伝えられる、ほかの何かに媒介されることなく、真空を通って別の物体に作用するというのは、わたしにとってはとてつもなくばかげたことであり、したがってわたしは、哲学的な問題を考察する能力に優れた人なら、そんな考えにとらわれることなど決してないだろうと確信する。

そう言いながらも、彼は、自分が作った方程式そのものが雄弁に語るに任せた。

わたしは、引力が持つこれらの性質の原因を、現象から発見するにはまだ至っておらず、また、仮説も一切構築していない。というのも、現象から導き出されたのでないものはすべて仮説と呼ぶべきであり、仮説は、形而上学的なものであれ、物理的なものであれ、また、超自然的《オカルト》なものであれ、機械的なものであれ、実験哲学にはふさわしくないからだ。

ニュートンに追従した者たちは、当然のことではあるが、彼が空間を空っぽにしてしまったことを見過ごしたりはしなかった。彼らは、ニュートンほどためらうこともなく、ニュートンよりもニュートン的になった。ヴォルテールはこう言っている。

ロンドンにやってきたフランス人は、ほかのあらゆるものと同様、哲学も大きく変わってしまったことに気づくだろう。出発したとき世界は充溢《プレヌム》していたのに、今見ると真空になっているのだ。

数学者や物理学者は、遠隔作用というものに次第に慣れ親しみ、また、それが目を見張るような成功を収めたことから、遠隔作用という概念に徐々に満足を感じるようになった。そんなわけで、このような状況が一五〇年以上も続いた。やがて、ジェームズ・クラーク・マクスウェルが、電気と磁気について知られていたことを統合したが、そうしてできあがった数個の方程式のあいだには矛盾があることに彼は気づいた。一八六四年、マクスウェルは、それらの方程式のなかに、あるひとつの項を導入すれば——言い換えれば、新しい物理的効果の存在を仮定すれば――矛盾は解決できることに思い至った。その数年前、マイケル・ファラデーが、時とともに変化する磁場が電場を生み出すことを発見していた。マクスウェルは、自分の方程式を修正するために、これとは逆の効果を仮定しなければならなかったのだ。この効果が加えられて、電場と磁場は、それ自体で独立した存在として歩みはじめた。変化する電場は（変化する）磁場を生み出し、その磁場が今度は変化する電場を生み出し、というサイクルが、自己再生産しながら続いていく。

マクスウェルは、自分の新しい方程式――今日マクスウェルの方程式と呼ばれているもの――がこのような、空間を光速で移動する、純然たる場である解を持っていることを見出した。彼はこれら、電場と磁場のなかで絶えず自己更新する擾乱こそ光であると結論し、偉大なる統一を成しとげた。この結論は、これまでのところ、時の試練に耐えている。マクスウェルにとって、すべての空間を満たし、それ自体の命を持っているこれらの場は、神の栄光が形となって現れた象徴であった。

惑星のあいだ、恒星のあいだにひろがる広大な領域は、創り主が、彼の王国の幾重にも重なる秩序の象徴で満たすに適すると考えなかった、宇宙の不毛の領域だとは、もはや見なされなくなるだろう。そこは、この素晴らしい媒体によってすでに満たされているということが発見されるだろう。それは、人間の力では、空間の極小の部分からも取り除くことができず、また、その無限の連続性のなかに極小の傷をつけることもできないほど、満ちているのである。

アインシュタインとエーテルとの関係は複雑で、時とともに変化した。それはまた、彼の伝記を書いた人々や、科学史家によってすら、あまりよく理解されていないとわたしは考えている（わたしにしても、きっと、ちゃんとは理解していないのだろう）。一九〇五年に彼が発表した、特殊相対性理論についての最初の論文*、『運動する物体の電気力学について』のなかで、彼はこのように書いている。

　ここでこれから展開される見解には、特別な性質を持った「絶対的に静止した空間」は必要なく、また、電磁プロセスが起こる空虚な空間の点に速度ベクトルを与える必要もないので、「輝くエーテル」を導入する必要のないことが明らかになるだろう。

アインシュタインがこんな強硬な宣言をしたことに、わたしは長年腑《ふ》に落ちない思いをしていたが、その理由は次のようなものだ。一九〇五年の時点で物理学が直面していた問題は、相対性に関する理論が存在しないということではなかった。問題は、互いに矛盾する相対性理論が二つ存在するということだった。一方には、ニュートンの一連の方程式が従う、力学の相対性理論があった。もう一方には、マクスウェルの方程式が従う相対性理論があった。

　どちらの対称性も、それに従う方程式はブースト対称性を持つと述べていた――つまり、すべてのものに一律に「全体としての速度」を加えても、方程式の形は変わらない、ということだ。物理の用語を使って説明すると、（方程式で述べられた）物理法則は、互いに一定の速度で運動する二人の観察者からは同じに見えるということである。しかし、ある観察者による世界の説明から、別の観察者による世界の説明へと移るには、位置と時間のラベルを貼り直さなければならない。たとえば、ニューヨーク発シカゴ行きの飛行機に乗っている観察者は、二時間もすればシカゴに「距離ゼロ」のラベルを貼るだろうが、ニューヨーク空港に残り地上にいる観察者にすれば、シカゴは依然として（概略で）「距離西方五〇〇マイル」である。問題は、力学的な相対性に必要なラベルの貼り替えは、電磁気学的な相対性に必要なものとは違っているということだ。力学的相対性の場合、空間的な位置にはラベル貼り替えが必要だが、時間には不要だ。ところが電磁気学的相対性では、両方にラベル貼り替えが必要で、しかもそれは、空間と時間を混ぜ合わせた、かなり複雑

＊二つめの論文で、彼はアインシュタインの第二法則を導出した。

な変換に対応する貼り替えとなる（電磁気学的相対性の方程式は、一九〇五年までには、ヘンドリック・ローレンツによって導き出され、アンリ・ポアンカレによって完成されていた。今日、その方程式は、ローレンツ変換と呼ばれている）。アインシュタインの偉大な革新は、電磁気学的相対性のほうが優位にあると断言し、それが物理学のほかの分野にどんな影響を及ぼすかを明らかにしたことであった。

そのような次第で、修正が必要だったのは、電磁気学というまだ登場したばかりの理論ではなくて、歴史があり尊敬されていたニュートン力学の理論のほうだったのである。道を譲ったのは、この、空虚な空間のなかを運動している粒子に基づいた理論のほうで、空間を満たしている、連続した場に基づいた理論ではなかった。マクスウェルの場の方程式は、特殊相対性理論によって修正されなかった。事実はその逆で、マクスウェルの場の方程式が、特殊相対性理論の基盤を提供したのである。マクスウェルを有頂天にさせた、空間を満たし、自己再生産しているという可能性を持った電磁場は、否定されていなかった。実際、特殊相対性理論のさまざまな考え方は、空間を満たす場を必要とすると言ってよく、その意味で、そのような場が存在する理由を説明する。これについては、すぐあとで論ずる。

だとしたら、アインシュタインがやっきになって、自分はその逆の立場だと主張したのはどうしてだろう？　たしかに彼は、ニュートンの法則に従う粒子でできた、力学的なエーテルの概念を弱体化させた——じつのところ、アインシュタインはニュートンの法則のすべてを弱体化させたのだ。だが、アインシュタインの新理論は、空間を満たしている場を撲滅したどころか、そのような場の地位を向上させたのであった。彼は、運動する観察者からは違って見えるエーテルという概念は間違っているが、一定の速度で互いに相対的に運動している観察者たちからは同じに見えるという修正されたエーテルは、特殊相対性理論のための自然な設定なのだという点を、もっと正当に強調してよかったのではないだろうか（と、わたしは常々思っている）。

一九〇五年に特殊相対性理論を生み出そうとしていたころ、アインシュタインは、のちに光量子《こうりょうし》として知られることになるものについての問題にも取り組んでいた。その数年前、一八九九年のことだが、最終的には量子力学となるものについての最初のアイデアをマックス・プランクが提唱した。プランクは、原子が電磁場とのあいだでエネルギーを交換するとき——つまり、たとえば光のような電磁放射を放出したり吸収したりするとき——、それは離散的な単位、すなわち、量子でしか交換できないという説を提案したのであった。プランクはこの考え方を使って、黒体輻射に関するいくつかの実験事実を説明することができた（ごく大雑把な説明をしておくと、これは、赤熱した火かき棒や、光り輝く恒星などの高温物体の色が温度とどのような関係にあるかという問題である。粗雑な点を多々残しながらではあるが、もう少し詳しく説明すると、こうだ。高温の物体はあらゆる波長の光を放射するが、強度は波長ごとに異なる。物理学者たちは、強度の全スペクトルを記述し、それが温度とともにどのように変化するかをひとつの式で表現しようと苦労していたのだが、この難題をプランクが解決したのである）。プランクの案は、うまく経験事実と一致したが、論理的にどう導き出されたか、という点では、あまり満足できるものではなかった。それは、ほかの物理法則にただ付け加えられただけで、それらの法則から導き出されてはいなかったのだ。実際、アインシュタインがはっきり認識していたように（しかし、プランク本人は認識していなかった）、プランクの考え方は、ほかの物理法則とは矛盾していたのである。

　言い換えれば、プランクの考え方は、実際面ではうまく機能するが、理論的には正しく構築されていない、最初のクォーク模型やパートンのような試案のひとつだった。あのスエットシャツを売っているシカゴ大学では通用しなかっただろうし、事実アインシュタインには通用しなかった。しかし、アインシュタインは、プランクの考え方が実験結果をじつに上手《うま》く説明してみせた、その威力に深い感銘を受けた。そして、それを新しい方向へと拡張し、原子が光（そして電磁放射一般）を離散的な単位からなるエネルギーで放出したり吸収したりするのみならず、光は常に離散的な単位からなるエネルギーとして存在し、さらに、離散的な単位からなる運動量を持っていると仮定した。このような拡張を行なうことによって、アインシュタインはさらに多くの事実を説明し、そのうえ新しい事実を予言することまでできた――そんな新事実のひとつが光電効果で、これは、一九二一年に彼がノーベル賞を受賞した際、受賞理由の筆頭に挙げられた業績である。アインシュタインは、頭のなかで難題を一刀両断に解決したのだった。プランクの考え方は、既存の物理法則と矛盾しているのにうまく機能する――ならば、既存の法則のほうが間違っているに違いない！ と考えたのだ。

そして、光がエネルギーと運動量の塊《かたまり》として伝播するのなら、これらの塊を――そして、光そのものも――電磁気学の粒子と考える以上に自然なことがあるだろうか？ 本書でもこのあと見るように、場のほうがもっと便利だったかもしれないが、アインシュタインは、便利さを原理より重んじたりは決してしない人間だった。この問題で頭が一杯になったアインシュタインは、普通はとても思いつかないような特殊な角度から特殊相対性理論に切り込んで、ある帰結を導き出したのだとわたしは想像している。彼にとって、有限の速度で通り過ぎるすべての観察者からまったく同じに見える（特殊相対性理論によれば、「輝くエーテル」はそのようなものでなければならない）実体が空間を満たしているという考え方は、直観に反しており、したがって疑わしかった。このような観点から見れば、マクスウェルによる光の電磁場理論のほうに疑念が生じ、そして、アインシュタインが、プランクの研究から、そして自分自身の黒体輻射と光電効果の研究から得た直観のほうがより信頼できるように感じられたのだろう。アインシュタインは、こういう展開――エーテルが直観と相容《あいい》れなくなったこと、そして、エーテルは物理的に塊としてのみ存在するらしい、ということ――は、包括的に見ると、場を放棄し、粒子に戻るべきだということを強く主張していると受け止めた。

一九〇九年のある講演で、アインシュタインは、このような線に沿った推論を公《おおやけ》に示した。

ともかく、わたしにはこのような考え方が最も自然だと感じられます。つまり、光の電磁波が形を取って現れるのは、特異点に限られている、とするのです。ちょうど、電気理論で静電場が現れる場合と同じです。このような理論においては、古い遠隔作用の理論と同じように、電磁場のすべてのエネルギーが、これらの特異点に局所的に集中していると見なせる可能性を排除することはできません。わたしは、自分ひとりでこんなふうに想像しています。つまり、それぞれの特異点は、本質的に平面波と同じ性質を持つ場によって囲まれており、その平面波の振幅は、特異点と特異点とのあいだでは距離とともに減少しているのだと。このような多数の特異点が、ひとつの特異点の場の広さに比べて、非常に短い距離で隔てられているのなら、これらの場は重ね合わさって、全体として、現在の光の電磁場理論で主張されている振動場とは、ほんの少ししか違わない振動場を形成することでしょう。

言い換えれば、一九〇九年までには——多分、早くも一九〇五年にはその見解に達していたのではないかと思う——、アインシュタインは、マクスウェルの方程式は光の深い現《リア》実《リティー》性を示しているとは考えなくなっていたのだ。彼は、場それ自体が現実《リアリティー》として存在するとは考えていなかった。場は、特異点の近くに小さな塊として集中しているのである。アインシュタインのこのような考え方は、もちろん、光は離散的な単位として——今日で言う光子として——出現するという彼の立場に強く結びついていた。

ニュートンが、自分の理論はその当然の帰結として空間を空っぽにしてしまったのではないか、という懸念を抱いていたのと同じように、アインシュタインは、自分の理論がその当然の帰結として空間を（実体で）満たしてしまったのではないか、という懸念を抱いていた。コロンブスは、旧世界たるインドへの航路を開こうと航海していたのに、代わりに新世界を発見してしまったが、それと同じく、予期せぬアイデアの大陸に上陸する知の探検家たちも、自分が発見したものが何かを受け入れる心構えができていないことが往々にしてある。彼らは、自分が探していたものをなおも探し続ける。

一般相対性理論を作り上げたあとになると、一九二〇年までにはアインシュタインの態度は変わっていた。「だが、より注意深く考えると、特殊相対性理論では、われわれをしてエーテルを否定させるに足りないことがわかる」。実際、一般相対性理論は、非常に

「エーテル的な」（つまり、エーテルに基づいた）重力理論である（わたしは、この点に関するアインシュタイン自身の宣言はここでは引用しない。本章の後半で登場させるまで取っておくことにする）。それにもかかわらず、アインシュタインは、電磁エーテルを完全に追放するのを決してあきらめなかった。

エーテル仮説の立場から重力場と電磁場を考えると、両者には著《いちじる》しい違いがひとつあることに気づく。重力ポテンシャルのない空間や空間の一部分というものはありえない。というのも、重力ポテンシャルこそが、それなしには空間を想像することのできない計量空間としての性質を空間に与えるからだ。重力場の存在は、空間の存在と不可分に結びついている。一方、電磁場のない空間の一部分は、容易に想像できるだろう……。*

一九八二年ごろ、サンタバーバラで、わたしは忘れがたい会話をファインマンと交わした。普段、少なくともあまりよく知らない人と一緒にいるときは、ファインマンは「スイッチが入り」、パフォーマンス・モードになった。しかしそのときは、丸一日華麗にパフォーマンスしまくったあとだったので、少し疲れもあり、彼はくつろいでいた。夕食前の二、三時間、わたしたちは二人きりで、物理学について広い範囲にわたるさまざまな議論をした。会話は必然的に、世界についての模型に含まれる最も不可思議なもの——一九八二年の時点でそうだったし、現在なおそうである——である、宇宙定数の問題にも及んだ（宇宙定数とは、ようするに空虚な空間にそなわった密度のことである。話の展開を少し先取りしてちょっとだけ触れておくと、現代物理学の大きな謎のひとつは、空虚な空間が、さまざまな機能を担っているにもかかわらず、わずかな質量しか持たないのはなぜか、ということだ）。

わたしはファインマンにこう尋ねた。「重力は、真空が持っている複雑な側面についてわたしたちがあれこれ学んだすべてをまるで無視しているように思えるんですが、あなたはそれが気になりませんか？」彼はこれに即座に応えた。「以前、その問題はわたしがうまく解決してしまったと思ったことがあったんだがね」。

そしてファインマンは、物思いに耽《ふけ》ったような様子になった。普段なら、彼は相手の目をまっすぐに見つめ、ゆっくりと、しかし見事に、完璧に作り上げられた文章やパラグラフを話すのだった。だが、このときは、目をそらして虚空を見つめていた。しばしのあいだわれを忘れたように黙っていた。

気を取り直してファインマンは、自分がやった量子電磁力学に関する研究の成り行きに

＊傍点はウィルチェックによる。

は、ずっとがっかりしていたと説明した。彼がそんなことを言うなんて、びっくり仰天してしまうようなことだった。というのも、その素晴らしい研究こそ、ファインマン・ダイアグラムを世にもたらし、また、場の量子論の難しい計算を実施するのに今なお使われているたくさんの方法を提供したものだったからだ。おまけに、この研究によって、彼はノーベル賞を勝ち取ったのだ。

ファインマンがわたしに話したところによると、光子と電子に関する彼の理論が、数学的には通常の理論と等価であると気づいたとき、彼の最も深い希望が打ち砕かれたのだそうだ。彼は、粒子が時空のなかで辿る経路を使って、彼の理論を直接定式化することによって——つまり、ファインマン・ダイアグラムを使って理論を定式化することによって——、場という概念を回避し、本質的に新しいものを構築することができるだろうという希望を抱いていた。そしてしばらくのあいだ、自分はそれを達成したのだと思い込んでいたのだった。

彼はどうして場なしで済ませたかったのだろう? 「わたしにはスローガンがあったのだよ」と彼は言った。そして、ブルックリン訛り*も丸出しに、声を張り上げて、そのスローガンを唱えた。

真空に重さなどない。（ドラマチックな間）なぜなら、そこには何もないのだから!

そして彼はにっこり微笑んだ。満足したようだったが、いつもより控えめな様子だった。彼の革命は、計画どおりには進まなかったが、ものすごくいい線を行っていた。

特殊相対性理論とグリッド

特殊相対性理論は、歴史的には、マクスウェルの場の理論で頂点に達した、電磁気学研究から出現した。その意味で特殊相対性理論は、すべての空間を満たしている実体――電磁場――という概念から生じたと言える。このような種類の記述は、ニュートンの古典力学と重力理論に触発されて生まれ、昔の物理学の主流となった世界模型とはまったく違っていた。ニュートンの世界模型は、空虚な空間を通して、互いに力を及ぼしあう粒子というものに基づいていた。

だが、特殊相対性理論の主張は、電磁気学の範囲を超えている。特殊相対性理論の本質は、対称性の仮定である。つまり、物理法則は、そのなかに登場するすべてのものの速度に、一律に同じ速度を加えた（ブーストした）あとも、まったく同じ形をしていなければ

＊実際には、強いクィーンズ訛り。ファインマンはファー・ロッカウェーの出身。

ならない、ということだ。この仮定は、その根っこは電磁気学にあったとしても、それをはるかに超えて成長し、普遍的な主張となったのである。言い換えれば、特殊相対性理論のブースト対称性は、すべての物理法則に適用される。さきに述べたように、アインシュタインは、電磁気学と同じブースト対称性に従うように、ニュートンの力学法則を変更せねばならなかった。

特殊相対性理論をしたためたインクもまだ乾ききらないうちに、アインシュタインは、この新しい枠組みのなかに重力も含めるにはどうすればいいかを検討しはじめた。それは、彼がのちに次のように振り返った、一〇年に及ぶ研究の始まりであった。

……感じてはいるのに表現することのできない真実を求めて、暗闇のなかを探る年月。すさまじく強い願望と、自信と疑念が交互に訪れる心理状態が、闇を打ち破って明晰な理解に到達するまで続くという状況は、自らそれを体験した人だけが知るものだ。

最終的には、彼は場に基づいた重力理論、一般相対性理論を作り上げた。この理論については、本章の後半でさらに多くを論じる。ほかに数名の聡明な人々、とりわけ、ポアンカレ、偉大なドイツの数学者、ヘルマン・ミンコフスキー、そしてフィンランドの物理学者、グンナー・ノルドシュトルムが同じものを追究しており、特殊相対性理論のさまざまな概念に矛盾しない重力の理論を構築しようとしていた。その全員が場の理論へと向かった。

特殊相対性理論と矛盾しない物理理論は場の理論であろうと期待する、十分な普遍的理由があった。それはこういうことだ。

特殊相対性理論の重大な結果のひとつが、制限速度が存在するということだ。それは通常cという記号で表される光速である。一つの粒子が別の粒子に及ぼす影響は、これより速くは伝達されない。遠く離れた物体からの力は、その物体の今この瞬間の距離の二乗の逆数に比例するというニュートンの万有引力の法則は、光速が制限速度だというこのルールに従っておらず、そのため、特殊相対性理論とは矛盾する。実際、「今この瞬間の」という概念そのものも問題だ。静止した観察者には同時に見える事象も、一定の速度で運動している観察者からは同時とは見えない。普遍的な「今」という概念が、アインシュタインによれば、特殊相対性理論を構築するうえで到達するのが最も難しいステップだったという。

このパラドックスを、満足できるようなかたちで解決する試みはすべて、時間が持つ絶対的な性質、すなわち、同時性という公理が、無意識のなかに気づかれぬまま埋め込まれているかぎり、失敗する運命にあった。この公理をはっきりと意識し、そして、それは恣意的なものにすぎないのだと認識できたなら、問題はもう解決されたも同然だ。

これは興味をそそられるテーマだが、何十冊にも及ぶ一般向けの相対性理論の解説書に詳しく書かれているので、ここではこれ以上立ち入らない。今の目的にとって重要なのは、制限速度 *c* が存在するということだけだ。

さて、ここで図8・2について考えよう。図8・2aには、数個の粒子の世界線が描かれている。水平方向の軸には粒子の空間内での位置が、垂直な軸には時間の値が示されている。時間が経過するにつれて粒子の位置は変化する。どれか一つの粒子に注目して、時間の経過にしたがってその位置を追跡すると、その粒子の世界線が得られる。もちろん、実際には空間には三つの次元があるが、平らなページのなかに収めるのは、次元が二つになっても無理であり、そしてさいわい、ここでの目的を果たすには一次元で十分なので、この図は一次元のものだ。図8・2bを見ると、粒子どうしの影響が有限の速度で伝わるなら、粒子A（仮にそう呼ぼう）から粒子Bに及ぶ影響は、粒子Aが過去にどこにあったかということに依存することがわかる。したがって、一個の粒子に及ぶすべての影響を総合した効果を得るためには、ほかのすべての粒子から過去の異なる時間に発された影響をすべて足し合わせねばならない。これを表現しようとすると、図8・2bからもよくわか

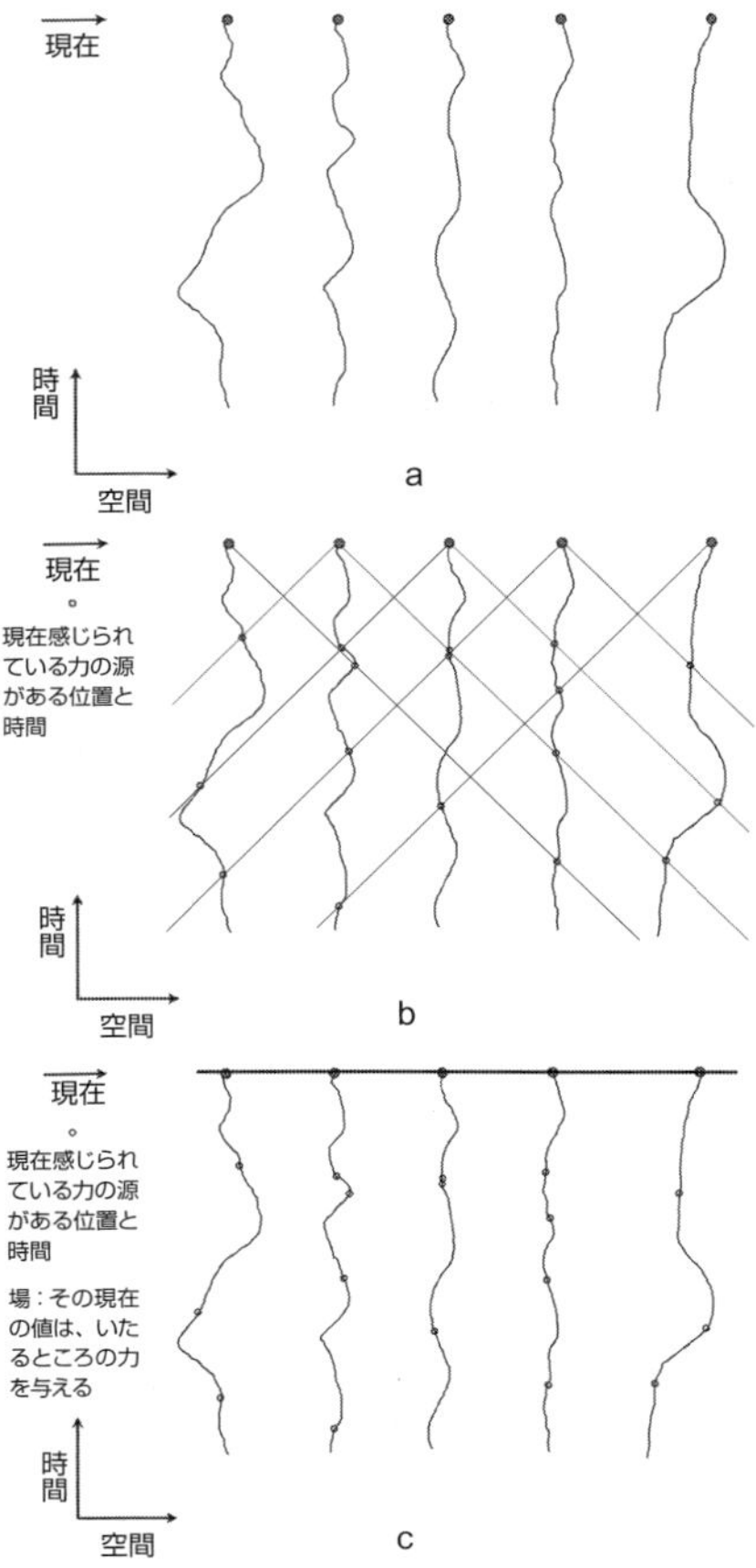

図8・2
特殊相対性理論が場という概念を導く様子。a. 数個の粒子の世界線。位置（横軸）が時間（縦軸）とともにどのように変化するかを示している。b. 制限速度があったとすると、任意の粒子が感じる総合的な力は、ほかの粒子が過去にどこにいたかに依存する。c には、制限速度 *c* で影響が伝わる様子に対応する「影響線」が描かれている。総合的な力を得るには、それぞれの粒子が過去にどこにいたかを追跡するか、あるいは、影響の和だけを考えるかという2つの方法がある。前者は粒子説に、後者は、それよりはるかに単純である可能性のある場の説に対応する。

るように、極めて複雑となる。これに代わる方法が図8・2cに示すもので、これは、個々の粒子の過去の位置を記録しつづけるのをあきらめ、代わりに、総合的な影響について注目するというやり方である。言い換えれば、総合的な影響を表す場を追跡しつづけるのである。

このように、粒子に着目した記述から場による記述に移行することは、場が従う方程式が単純で、場の未来の値を、過去の値を考慮に入れることなく、場が現在持っている値だけから計算できるときには特に有効である。マクスウェルの電磁気学理論、一般相対性理論、そしてQCDと、すべてがこのような性質を持っている。自然はどうやら、場を使って物事を比較的、つまり相対的に*単純に保てる機会を逃さなかったようだ。

グルーオンとグリッド

アインシュタインもファインマンも、物理の根本は必然的に場によって記述されるはずだという理屈に気づいていないわけではなかった。それなのに、すでに本書でも触れたように、二人とも粒子による記述に戻るつもりになっていた――というより、戻ろうとやっきになっていた。

これら二人の偉大な物理学者が、異なる年代において、異なる理由から、すべての空間を満たす場の存在（これはグリッドの重要な側面である）を疑問視することができたということは、そのような場の存在を示す証拠は二〇世紀に入ってかなり経ってからもそれほど圧倒的には見えなかったということを示している。場はそれ自体独立して存在しているという確固たる証拠は乏しかったので、疑いを容《い》れる余地があったのだ。図8・2を巡る議論のなかで、場は便利だということをわたしは論証した。だがこれは、場が究極の現実《リアリティー》に不可欠な内容だというのとはまったく違う。

　アインシュタインが電磁エーテルについて納得したことがあったかどうか、わたしにはわからない。理論物理学者としての彼の最大の長所のひとつである頑固さが、同時に弱点であった可能性もある。彼が力学的な相対性と電磁気学的な相対性の矛盾を、後者を優先して解決しようと懸命に努力したときも、また、プランクの考え方を、それが既存の理論と矛盾するにもかかわらず真剣に受け止め、拡張しようとやっきになったときも、そして、一般相対性理論の難解で馴染みの薄い数学と格闘したときも、頑固さは彼に良い結果をもたらした。その一方で、頑固さのおかげで、不確定性と非決定性が根付いた一九二四年以降の近代量子論の大成功をもたらした人々のなかに彼はいなかったし、また、自分の一般相対性理論の最もドラマチックな帰結のひとつ、ブラックホールの存在を受け入れようと

＊駄洒落を狙ったわけではありません。断じて駄洒落じゃありませんよ、みなさん。

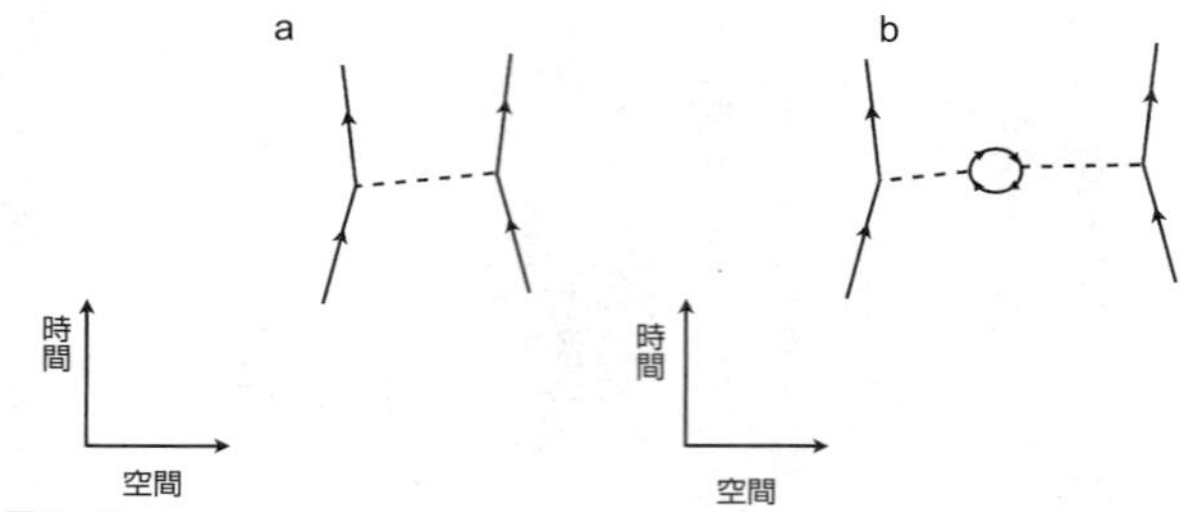

図8・3
帯電した粒子のあいだに働く力。a は、図8・2で描かれている物理をファインマン図によってまとめている。このレベルでは、電場と磁場はマクスウェル方程式によって与えられているが、これらの場も荷電粒子の影響にまで遡ることができる。場は便利だが、なしで済ますこともできるだろう。bでは、まったく新しいものが登場する。電磁場は力に寄与することによって、電場のなかの自発的な活動（仮想粒子 - 反粒子対）の影響を受ける。

しなかった。

アインシュタインにとっては、光子が量子として離散的な性質を持つということと、マクスウェル以来、光を記述するのに使われて大成功してきた、空間を満たす連続的な場とを両立させるのは極めて困難だったが、この困難は量子場についての新しい考え方のなかで克服されている。量子場はすべての空間を満たし、量子電場と量子磁場はマクスウェルの方程式に従う。* それでもやはり、量子場を観察すると、そのエネルギーは離散的な単位の塊、すなわち光子になっているのである。場の量子論の根底にある、奇妙ではあるが非常にうまく働いている概念については、次の章でさらに説明する。

ファインマンはというと、彼は、自分の考案した量子電磁力学の数学を構築しようとしていた最中に、便宜的に導入したはずの場が、それ自体独立して存在するものになっているのに気づいたときに、諦めてしまった。この数学と、実験事実の両方から、図8・3に示すような種類の真空偏極（訳注：つまり仮想粒子反粒子対の生成）による修正を電磁プロセスに加えざるを得ないと気づいたとき（彼はファインマン・ダイアグラムを使って、このことを見出した）、空間を空っぽにしようという自分の計画に自信がなくなってしまったのだと、ファインマンはわたしに語った。図8・3aは、図8・2で見たのと同じ物理現象をもっと洗練されたかたちにまとめたものに対応する。ここでは、ある粒子が別の粒子に及ぼす影響は光子によって媒介される。図8・3bには、新しいものが加わっているのに注目してほしい。ここでは、電磁場は、電場の自発的な揺らぎとの相互作用によって——言い換えれば、仮想電子-陽電子対《つい》との相互作用によって——変調を受ける。このプロセスを記述しようとすると、空間を満たす場を引き合いに出さずに済ますのはたいへん難しくなる。

仮想対は、電場のなかの自発的な活動の結果であり、どこででも生じうる。そして、それが生じたときはいつでも、電磁場はそれを感知する。これら二つの活動——揺らぎが至るところで起こっており、至るところで感知されていること——は、図8・3bを記述する数学的表現のなかに直接現れる。このため、マクスウェル方程式から計算される力には、

＊つまり、良い第一近似では従うということ。

大きさとしては小さいが極《ごく》きっちりと決まった、複雑な変更を加えねばならなくなる。これらの変更が完全に正しいことは、厳密な実験のなかで、高い精度で観察されている。

QEDでは、真空偏極は量的にも質的にも小さな効果だ。ところがQCDでは、真空偏極は極めて重要になる。第6章の「漸近的自由（荷なしに生まれる荷）」以降の部分で、真空偏極で生まれた仮想粒子の働きが、漸近的自由という効果をもたらすと考えると、ジェット現象がうまく説明できるようになったことを見た。次の章では、陽子やほかのハドロンの質量を計算する際にどのようにQCDを使うのかを見る。わたしたちの目は、その現象が起こっている現場の、極めて短い瞬間（10^{-24}秒）と距離（10^{-14}センチメートル）を観察できるような分解能を持つようには進化していない。だがわたしたちは、コンピュータの計算のなかを「覗いて」、クォークとグルーオン場が何をやっているかを見ることはできる。人間の目よりもはるかに敏《さと》い目には、空間はカラー口絵図版4に示す、超ストロボスコピック・マイクロナノの時間間隔で発するラーヴァ・ランプ（訳注：インテリア性の高い照明器具。透明な管の中に着色された水とさまざまな浮遊物が入っており、これが熱で対流を起こして面白い動きを見せる）の光に満ちているように見えるのかもしれない。

物質グリッド

量子場の揺らぎ活動のほかにも、空間は、もっと持続的で実質的な幾層かの物に満ちている。これらの物は、アリストテレスとデカルトが提唱した元々の考え方に近いエーテル——つまり、空間を満たす物質なのである。それが何でできているかを特定し、少量のサンプルを作りだすことまでできる場合もある。物理学者たちは、これらの物質エーテルを普通、「凝縮体」と呼んでいる。物質エーテルは、朝露のように、あるいは、すべてを包む霧が、目には見えないが湿気を含んだ空気から凝結するように、空虚な空間から自発的に凝縮する、という言い方をしてもいいだろう。

　これらの凝縮体についての最善の理解は、クォーク－反クォーク対を使った説明によって得られる。ここで論じているのは、自発的に現れては消えるはかない仮想粒子ではなくて、リアルな粒子である。この、空間を満たすクォークと反クォークの霧は、普通、「カイラル凝縮体」と呼ばれているが、ここでは、それがそもそも何からできているかに着目して、クォークと反クォークなのだから、$Q\bar{Q}$と呼ぶことにしよう（「キュー－キュー・バー」と読む）。

　$Q\bar{Q}$にも、ほかの凝縮体と同じ、次のような大きな問題が二つある。

- ●そのようなものがどうして存在すると考えられるのか？
- ●その存在は、どのようにすれば検証できるのか？

$Q\overline{Q}$の場合に限って、両方の問題にちゃんと答えることができる。

$Q\overline{Q}$が形成されるのは、完全に空虚な空間は不安定だからだ。クォーク－反クォーク対の凝縮体を取り除いて、空間を空っぽにしたとしよう。これは、研究室で実際に実験するよりも、方程式とコンピュータの助けを借りて、頭のなかでやるほうがはるかに易しい。そして、計算してみると、クォーク－反クォーク対は総エネルギーが負であることがわかる。これらの粒子を作るのに費やされるmc^2というエネルギーは、これらの粒子どうしが結合して小さな分子を作る過程で、粒子間の引力が解き放たれて放出されるエネルギーによって埋め合わされたうえにさらにお釣りが出る（この、クォーク－反クォーク分子の正式な名称は、σ《シグマ》中間子である）。したがって、完全に空っぽな空間は、爆発の起こりやすい環境で、どの瞬間にも、実在するクォーク－反クォーク分子が突如として現れてもおかしくないのである。

化学反応は、普通は、初めに何かの原料、A、Bがあって、それが何かの生成物C、Dを生み出すというプロセスで、これを次のような式で表す。

$$A+B\to C+D$$

このとき、エネルギーが放出されるのであれば、次のように書き表す。

$$A+B\rightarrow C+D+\text{エネルギー}$$

（これは爆発過程の式である）
この表記法に従うと、今議論しているクォークと反クォークの反応は、このように書ける。

［無］→クォーク＋反クォーク＋エネルギー

——この反応を始めるのに、何の原料も必要ない！　さいわい、この爆発は自己制御的なプロセスだ。クォーク‐反クォーク対は互いに反発しあうので、密度が高まるにつれて、新しい対が割り込むのはますます難しくなる。新たに一対のクォークと反クォークを生み出すために必要な総コストには、すでに存在している対との相互作用に必要な分の、余分な料金が含まれているわけである。純利益がもはやゼロになると、そこで生産は停止する。そのような次第で、$Q\bar{Q}$がちょうど空間を満たしている凝縮体の状態が、安定な終点となる。

面白い話でしょう？　みなさんにもそう感じていただけるといいのですが。では、これが正しいということは、どうすれば検証できるのだろう？

一つの答は、これは、ほかのさまざまな方法で確認できる方程式――すなわち、この場合はＱＣＤの方程式――からの数学的な帰結であるということだ。だが、これは論理的には完璧な答かもしれないが（これらの方程式の確認は、極めて詳細に行なわれ、非常に説得力がある）、最良のかたちの科学とはいえない。望むらくは、方程式にはその反映を物理的世界に見ることができるような帰結を持っていてほしいものなのである。

二つめの答は、$Q\bar{Q}$の帰結そのものを計算することができるので、それが物理的世界のなかでわたしたちが目にするものと一致するかどうかを確認すればいいというものだ。もっと具体的にいうと、$Q\bar{Q}$は、物質だと考えたときに、振動できるかどうか、そしてその振動はどのように見えるべきかを計算できるのだ。これは、かつて「輝くエーテル」――今では流行遅れにはなった、古き良きもの、電磁場よりもはるかに実体的なもの――の支持者たちが光に対して望んだものに非常に近い。$Q\bar{Q}$の振動は可視光ではないが、実際、極めて明確で観察可能なものである。それはすなわち、π中間子なのだ。ハドロンのなかでも、π中間子はユニークな性質を持っている。たとえば、ほかのハドロンに比べてたいへん質量が軽く、[*]クォーク模型にどうしてもうまく収まらない。そのような次第で、π中間子が、$Q\bar{Q}$の振動というまったく違うかたちで出現するのは、たいへんありがたいことであり、また、細部を深く検討してみると、それはひじょうに納得できることでもある。

三つめの答は、少なくとも理屈の上では、最も直接的かつドラマチックなものだ。わたしたちは、空間を空っぽにするという思考実験から始めた。それを実際にやってみてはどうだろう？　ロングアイランドにあるブルックヘブン国立研究所の相対論的重イオン衝突型加速器（ＲＨＩＣ）を使っている科学者たちは、実際にそれに取り組んでおり、ＬＨＣでもさらにその実験が行なわれる予定だ。彼らがやっているのは、逆向きに飛んでいる、クォークとグルーオンの巨大な集合二つ――たとえば金や鉛のような、重い原子核のかたちをしたもの――を極めて高エネルギーにまで加速し、衝突させるという実験である。これは、クォークとグルーオンの基本的な相互作用を研究する方法としても、新しい物理の精妙なしるしを探す方法としても、あまりいいものではない。というのも、このような衝突が膨大な数で同時に起こるからだ。実際、この手の実験で生じるのは、小さいけれどとてつもなく熱い火の玉なのである。そして、10^{12}度（このレベルになると、ケルビン、摂氏、華氏と、何でも好きな単位を選んでかまわない）を超える高温が測定されている。これは太陽表面の一〇億倍もの高温である。これほどの高温が宇宙で最も最近に生じたのは、ビッグバン直後の一秒以内（かなり余裕で「以内」）のことだ。このような高温では、$Q\bar{Q}$

＊専門家のみなさんに――低いエネルギーで崩壊するという性質もある。

凝縮体は蒸発してしまう。$Q\bar{Q}$を作っているクォーク-反クォーク分子が分解するからだ。このため、小さな容積の空間が短時間のあいだ、空っぽになる。その後火の玉が膨張して冷却するにつれて、対生成によってエネルギーを解放する例の反応が始まって、$Q\bar{Q}$が復活する。

これらすべてのことがほぼ確実に起こる。「ほぼ」という言葉が付くのは、わたしたちが実際に観察するのは、火の玉が冷却する過程で放り出される瓦礫《がれき》だからだ。カラー口絵の図版5は、その様子を写真に撮影したものである。もちろん、このけばけばしくごちゃごちゃな状態の、いろいろ特徴的な形状が何から生じているのかを教えてくれるような丸印やキャプションが付いた写真が最初から出てくるわけではない。人間が解釈しなければならないのだ。この写真の場合、第6章で議論した陽子内部とジェットの写真よりも、もっと（じつのところ、はるかに）解釈は複雑になる。今わたしたちが議論している$Q\bar{Q}$の分解と再形成のプロセスについて、最も正確で完全な解釈が目下徐々に構築されているが、それらの解釈にしても、理想的なものに比べればまだまだ不明瞭だし説得力に欠ける。実験と解釈の両面で、研究はいまだに続いているのだ。

二番めによく理解されている凝縮体については、それが存在するという十分な状況証拠はあるが、それが何でできているかについては、まだ推測することしかできない。その証拠というのは、本書ではまだ触れていなかった基本的な物理学の一部、いわゆる弱い相互作用の理論から得られるものだ。[*] 弱い相互作用に関しては、一九七〇年代前半から勝利に勝利を重ねている良い理論がある。とりわけこの理論は、Wボソンと Zボソンが実験で観察される前に、その存在、質量、そして詳細な性質を予言するのに利用された。この理論は、標準模型、あるいは、その構築に重要な役割を果たした、シェルドン・グラショウ、スティーヴン・ワインバーグ、アブドゥス・サラムにちなんで、普通、グラショウ－ワインバーグ－サラム模型と呼ばれる（彼らはこの業績を評価されて、一九七九年のノーベル物理学賞を共同で受賞した）。

標準模型では、Wボソンと Zボソンが主役を演じる。Wボソンと Zボソンは、量子色力学でグルーオンが満たすのと極めてよく似た方程式に従う。どちらも、量子電磁力学の光子の方程式（すなわち、マクスウェルの方程式）を対称性に基づいて拡張したものだ。光子場のなかでの活動が電磁気現象の原因であり、グルーオン場の中での活動が強い相互作用の原因であるのと同じように、Wボソン場と Zボソン場のなかでの活動は、弱い相互作用を生み出している。

表面的にはまったく異なる力についてのそれぞれの基本法則が驚くほど似ているという この事実は、これらの力をもっと包括的なある構造の異なる側面として統合できる可能性

＊弱い相互作用の詳細については、用語解説、第17章、補遺Bを参照されたい。

があることを示唆している。これらの力が示している各々異なる対称性は、それらの母型となるより大きな対称性の、下位対称性なのかもしれない。対称性が増えると、方程式を回転させて自分自身と重ねあわせる方法が増えてくる。つまり、「差異なき区別」を行なう方法が増えるということだ。このように、対称性が増えると、それまで無関係と思われていたパターンどうしを結びつける可能性が新たに生まれる。複数の基本方程式が、それぞれ何か部分的なパターンを記述しているとき、それらのパターンの対称性を何らかのかたちで増すことができるなら、じつはそれらのパターンは、統一されたもっと大きな構造の異なる側面に過ぎないのではないだろうかと考えたくなる。アントン・チェーホフの有名なアドバイスに、こういうのがある。

第一幕で、マントルピースの上にライフル銃を懸けておいたなら、それは第五幕までに発射されなければならない。

今わたしは、力の統一というライフルを懸けたわけだ。

さて、標準模型に戻ろう。WボソンとZボソンは魅力的な主役だが、彼らが演ずべき役にふさわしくなるには助けが必要だ。放っておけばWボソンとZボソンは、彼らを定義する方程式に従って、光子やグルーオンと同じく質量を持たぬままである。しかし、現実《リアリティー》という脚本は、彼らに質量を持てと指示する。これはまるでティンカー・ベルがサンタクロースの役をもらったようなものだ。この小さくか細い妖精が小太りのおじさんを演じられるようにするには、分厚い着ぐるみを着せなければならない。

どうすればそんなことができるか――つまり、どうすればWボソンとZボソンに質量を持たせられるか、物理学者たちはよく知っている。少なくともわたしたちはそう考えている。じつのところ、自然が実演して、どうすればそんなことができるか、すでに教えてくれているのである。熟達した著述家で、助言の泉でもあるわたしの妻が、避けたほうがいい陳腐な単語の一覧をくれたことがあった。素晴らしい、驚くべき、見事な、息をのむような、並外れた、とか、みなさんもお察しであろうその他いろいろな単語が挙がっていた。わたしもたいていの場合は、妻のこの助言はちゃんと守っている。だが、わたしがこれからみなさんにお話ししようとしていることは、素晴らしく、驚くべきことであり、見事で、しかも、そう、息をのむようなことだと、申し上げずにはおれない。

力を運ぶ粒子にどうやって質量を持たせればいいかという手本として自然が示してくれているのは超伝導だ。というのも、超伝導体の内部では光子が質量を持っているからである。これを巡る詳細な議論は、補遺Bに譲るが、ここでその骨子をお話ししておきたい。すでに論じたように、光子は電磁場のなかを移動する擾乱《じょうらん》である。超伝導体の内部では、電子は電磁場に激しく応答する。電子は平衡を取り戻そうとして必死にがんばり、場の運動に対して、それを引っ張って邪魔するような作用を及ぼす。したがって、超伝導体のなかにいる光子はいつもの光速では運動できず、もっとゆっくりと動かざるを得ない。まるで慣性を獲得したかのようだ。方程式をじっくり調べてみると、超伝導体のなかで速度を落とした光子は、ほんとうの質量を持っている粒子と同じ運動方程式に従うことがわかる。

もしもあなたが生まれつき超伝導体のなかで暮らしている生物だったとしたら、あなたが見る光子は質量を持った粒子であるはずだ。

では、ここで論理の流れをひっくり返してみよう。人間はその生まれつきの環境のなかで、光子に似た*W*ボソンと*Z*ボソンという粒子を質量を持った粒子として観察している。だとすると、わたしたちは、自分は超伝導体のなかで暮らしているのではないかと疑ってみたほうがいいだろう。もちろん、光子にとって重大な関心の対象である電荷を極めて良く伝導するという、普通の意味での超伝導体ではなく、*W*ボソンと*Z*ボソンにとって重大な関心の対象である荷《チャージ》を極めて良く伝導する超伝導体である。じつは、標準模型は、このような考え方に基づいているのである。そして、すでに述べたように、標準模型は現実《リアリティー》──わたしたちがそのなかで生きている現実《リアリティー》──を非常にうまく記述することができる。このような次第で、今やわたしたちは、空虚な空間と呼ばれる実体は、風変わりな超伝導体なのかもしれないという考えに至ったのである。

超伝導があるのなら、伝導を担っている物質があるはずだ。わたしたちの風変わりな超伝導はいたるところで起こっているので、その仕事を担うものとしては、すべての空間を満たす物質としてのエーテルにご登場願わねばならない。

ここで大きな疑問が生じる。すべての空間を満たすその物質とは、正確に言うと何なのだろう？ 通常の超伝導体に対して電子が演じている役割りを、宇宙の超伝導体に対して演じているものは何なのだろう？

残念なことに、わたしたちが良く理解している「物質エーテル」、$Q\overline{Q}$ではありえない。じつのところ、$Q\overline{Q}$は、風変わりな超伝導体として定性的にはふさわしい性質を持っており、実際WボソンとZボソンの質量に寄与している。しかし、それは量的に言ってしかるべき値の一〇〇〇分の一でしかないのである。

現在知られているどのようなかたちの物質も、定量的な意味まで含めて適合する性質を持ってはいない。したがって、この新しい「物質エーテル」が何なのか、わたしたちには皆目わからないのである。その名称だけはわかっている。ヒッグス凝縮体というのがその名で、これらの考え方の一部を誰よりも先んじて提唱した、スコットランド人物理学者、ピーター・ヒッグスにちなんで命名されている。付け足すものをできるだけ少なくすることを単純であると考えるなら、それは未発見の新しい粒子からできているというのが最も単純な可能性である。その新しい粒子が、いわゆるヒッグス粒子だ。だが、宇宙の超伝導体は、数種類の物質の混合物かもしれない。実際、先ほども触れたように、ごく小さな役割りとはいえ、$Q\bar{Q}$が話にからんでいることはすでにわかっている。このあと見るが、それだけでひとつの世界と言えるほどたくさんの新粒子が発見されるべく待っているかもしれない、そして、その新粒子のうちの数種類が、宇宙の超伝導体――またの名をヒッグス凝縮体――に対して、少しずつ伝導の仕事を担っていると考える十分な証拠がある。

額面どおりに受け取ると、最も見込みのある数種類の統一理論*は、まだまったく観察されたことのない、さまざまな種類の粒子が存在することを予言しているようだ。いくつか凝縮体が加えられることで、一発逆転、困難を打開できるかもしれない。新たに登場した凝縮体は、あらずもがなの粒子の質量をものすごく重くしてくれるかもしれない――ヒッグス凝縮体が*W*ボソンと*Z*ボソンに対して行なっているのと同じことを、ただもっと激しくやってくれていればいいなあ、ということなのだが。非常に大きな質量を持つ粒子は、観察するのが難しい。それらの粒子をリアルな粒子として作りだすには、それだけ多くのエネルギーが必要となり、したがって、もっと大型の加速器を建造せねばならない。それらの粒子が持っているはずの、仮想粒子としての間接的な影響も、小さくなってしまい、検出は極めて困難であろう（訳注：補遺Bにあるように、*W*ボソン、*Z*ボソンは一種の超伝導体のなかにあるために質量が重くなり、その影響も抑制されていると考えることができる。同様の考え方を、これらのまだ理論上の存在でしかない粒子にも当てはめられるとすると、その実在を検証するには、超高エネルギーが必要なだけでなく、それらの粒子の抑制された効果を検出するのもひじょうに困難になるということであろう）。

もちろん、それが観察できないときにどう言い訳すればいいかわかっているからという理由で、方程式に新しい項やパラメータを加えるのはいかにも安易なやり方だ。統一場の理論が興味深いのは、わたしたちが観察している世界の特徴を説明し、さらに、なお良いことに、新しい特徴を予言してくれるからだ。さあ、これで今わたしは、さっきのライフルに弾丸が装塡されましたよ、とみなさんに告げたことになる。

わたしたちが空虚な空間と認識する実体は、じつは、多層構造で、多色《マルチ・カラー》の超伝導体なのだ。なんと素晴らしい、驚くべき、見事な、息をのむような、考え方だろう。並外れてもいるではないか。

すべてのグリッドの母――計量場《けいりょうば》

さて、さっき出し惜しみしていたアインシュタインの言葉をここでご披露しよう。彼は一九二〇年に、このように書いた。

＊最も見込みがあると、わたしが考えている数種類の理論のこと。第17章から21章で論ずる。

一般相対性理論によれば、エーテルのない空間は考えられない。というのも、そのような空間では、光が伝播しないだけでなく、空間と時間の基準（物差しと時計）が存在する可能性もまったくなく、したがって、物理的な意味を持つ時空の間隔もありえないからだ。

このアインシュタインの文章は、すべてのグリッドの母、計量場《けいりようば》を導入するのにじつにもってこいである。

まず、単純で馴染み深いもの、世界地図から始めよう。地図が描くべきもの——地球の表面——は（ほぼ）球形なのに、地図は平らなので、地図を見るときには当然解釈が必要になる。描くべき表面の形状を地図が表現する方法にはさまざまなものがある。だが、基本的な戦略はすべて同じだ。重要なのは、局所的な形状を二次元に表す幾何学的な指示を規定するグリッドをどのように決めるかである。もっと具体的に言うと、地図を小さく区分けしたそれぞれの部分で、どの向きが北に対応し、どの向きが東に対応するか（もちろん、それぞれの逆が南と西である）をはっきりと決めなければならない。また、それぞれの向きで、地図上のどれだけの間隔が、地球上での一マイル——または、キロメーター、光ミリ秒、など、任意の距離の単位——に対応するかも決めなければならない。

たとえば標準的なメルカトル図法では、常に北を垂直方向に、東を水平方向に取ることに決まっている。この方法を使うと、地球の表面は長方形のなかに収まる。西から東へ「世界一周」するには、地図の片側から始めて水平方向に反対側まで進めばよく、赤道に沿って行こうが、北極圏で進もうが、世界一周には変わりない。ところが、実際の地球の上では、赤道沿いに行くと北極圏で進むよりもはるかに長い距離になる。このように、地図をそのとおりに受け取ると、相当歪《ゆが》んだ形を実際の形状と思い込むことになってしまう。つまり、北と南の極地域は、地球上での実際の姿よりも、地図上でははるかに大きく表現されているのである。だが、グリッドは、正しい距離を知る方法を教えてくれて、こんな問題をたちどころに解決してくれる。極地域では、大きな物差しを使えばいいのだ！（そうはいってもじつのところ、北極、南極の真上では、ちょっとおかしな状況になる。地図の一番上の線全体が、北極という地球上の一点を表し、地図の一番下の線全体が南極を表すことになるのだ）

一枚の地図から地球の表面形状を再構成するのに必要なすべての情報は、指示グリッドに含まれている。* たとえば、その地図が球をどのように描くかは、このようにすればわか

＊専門的なポイント。局所的な東西、または南北以外の方向に伸びている経路の長さを測るには、その経路を短いステップに分割し、それぞれのステップにピタゴラスの定理を適用し、その長さを足し合わせればいい。ステップを細かくとればとるほど、測定の精度は上がる。

る。まず、地図上の一点を選ぶ。次に、これを参照点として、そこから四方八方にある一定の距離rを測って、その点にしるしをつける。このように地図の上にしるされた点の集合は、地球上で参照点から距離rだけ離れた点の集合に対応する。それぞれの点をつないでみよう。たいていの地図の場合（たとえば、メルカトル図法の地図の場合）、そうして得られた図形は円ではない――その図形は、確かに地球上の円を表しているのだが。このように形は一致しないけれども、地図上に描かれたその図形を使って、地球上の円の周の長さをちゃんと測定することができる。そうやって測定すると、その長さは$2\pi r$よりも短い（専門家のみなさんへ――測定した長さは、地球の半径をRとすると、$R \sin (2\pi r/R)$ である）。もしも地図が描いているのが平らな表面だったなら――歪んだグリッドを使っている場合、即座に平らかどうかは判定できないこともあるが――、きっかり$2\pi r$となるはずだ。また、周の長さが$2\pi r$よりも長い場合もある。そのときは、あなたの地図は鞍《くら》型の表面を描いていることになる。球は、もちろん正の曲率を持っており、平らな面の曲率はゼロ、そして、鞍型の面は曲率が負となる。

　思い描くのはもっと難しくなるが、これと同じ考え方が三次元空間にも適用できる。平らな紙の上で幾何形状を把握するときの「指示グリッド」の代わりに、三次元の領域全体を満たす指示グリッドを考えることができる。このように高さ方向に厚みを持った「地図」には、つい今しがた議論した二次元の地図と同じようなものが（スライスとして）含まれており、さらに、それらのスライスをつないで立体にできる空間とが含まれている。これらのものから三次元空間を定義することができる。

このような次第で、（最善の場合でも）思い描くのがものすごく難しい複雑な三次元形状を直接相手にするのではなく、指示グリッドを使って、通常の空間のなかで作業することができる。情報をまったく犠牲にすることもなく、これらの地図を使うことができるのだ。

局所的な幾何形状を得るための指示グリッドのことを、科学用語では「計量場《メトリック・フィールド》」と呼ぶ。地図から得られた教訓は、曲面の幾何（あるいは、高次元の場合は、湾曲した空間の幾何）は、局所的に方向を設定したり距離を測定したりするための指示グリッド（または指示場《フィールド》）と等価であるということだった。地図の根底にある「空間」は、多数の点からなる行列でも、コンピュータ内部の、演算の一時記憶用のレジスター・アレイでも構わない。適切な指示グリッド（すなわち計量場）があれば、これらの抽象的な枠組みはどれも、複雑な幾何を忠実に表現できる。地図製作者もコンピュータ・グラフィックス作家も、この可能性を利用しているのである。

これに時間を加えることもできる。特殊相対性理論では、ある人にとっての時間は、別の人にとっては空間と時間の混合物なので、空間と時間を対等に扱うのは自然なことだ。そうするためには、四次元アレイが必要になる。各点の指示グリッド（すなわち計量場）

は、どの三つの向きを空間の向きと見なすべきなのかを――これらの三つの向きを、北、東、上と呼んでもかまわない。遠い彼方の宇宙空間の地図を作っているのなら、こういう呼び方は妙な感じがするのはたしかだが*――、そして、それぞれの向きでの標準の長さを指定する。

アインシュタインは一般相対性理論で重力の理論を構築するのに「湾曲した時空」という概念を使った。ニュートンの運動の第二法則によれば、物体は、外部から力が働かないかぎり、一定の速度で直線上を運動しつづける。一般相対性理論は、この法則を修正して、物体は、可能な最も直線に近い経路（いわゆる測地線）を通って時空のなかを運動すると主張する。時空が湾曲しているとき、可能な最も直線に近い経路さえもでこぼこありの曲がりくねったものとなる。それは、局所的な幾何の変化を反映させねばならないからだ。これらの事柄すべてをまとめて、「物体は計量場に反応する」と言い表すことができる。一般相対性理論によると、物体が時空を運動する経路の凹凸や湾曲――もっと無味乾燥な言い方では、物体の方向の変化および速度の変化――を使えば、かつては重力と呼ばれていた効果を、より正確に記述する別の方法が得られる。

一般相対性理論を記述するには、数学的には等価な二つの考え方の、どちらでも好きなほうを使うことができる。数学者、神秘主義者、一般相対性理論の専門家は、エレガントさを重視して、幾何学的な方法を好む傾向がある。高エネルギー物理学や場の量子論のような、もっと経験的な側面の強い伝統のもとで訓練を受けてきた物理学者は、（人間もしくはコンピュータが）具体的な計算をどのようにやるかにより即していることから、場による方法を好む傾向がある。もっと重要なのは、このあとすぐにみるように、場による方法を取ると、アインシュタインの重力法則が、基本的な物理学の理論として成功を収めているほかの理論とよく似てくるため、完全に包括的な、すべての法則の統一的な記述を目指す研究がやりやすくなるということである。みなさんもうおわかりかもしれないが、わたしは場による方法を支持している。

　計量場の言葉で表現してみると、一般相対性理論は電磁力学の場の理論に似ていることがわかる。電磁力学では、電場と磁場が帯電した物体や電流を含んでいる物体の軌跡を曲げる。一般相対性理論では、計量場がエネルギーや運動量を持つ物体の軌跡を曲げる。ほかの基本的な相互作用も、電磁気学のものと似ている。QCDでは、色荷を運ぶ物体の軌跡がグルーオン場によって曲げられる。弱い相互作用の場合は、また違う種類の荷《か》と場《ば》が関係している。だが、いずれの場合も、方程式の根本的な構造はたいへんよく似ている。

　これらの類似性は、それだけにとどまらない。電荷と電流は、近くにある電磁場の強さ

＊数学者や物理学者は、普通これを x_1、x_2、x_3 と呼ぶ。妙な感じは薄らぐが、直感的に意味が捉えられなくなる。

——すなわち、量子揺らぎを無視した平均の強さ——に影響を及ぼす。これが、荷を持った物体への「作用」に対応する、場の「反応」である。これと同じように、計量場の強さは、エネルギーと運動量を持つすべての物体（知られているすべての形の物質は、エネルギーと運動量を持っている）から影響を受ける。したがって、物体Aの存在は計量場に影響を及ぼし、その計量場は別の物体Bの軌跡に影響を及ぼす。これが、ある物体が別の物体に及ぼす重力とかつて見なされていた現象に対して、一般相対性理論が新たに与える説明である。こうして、遠隔作用を直感的に拒否したニュートンは正しかったことが証明されたのだ。たとえそのことで、ニュートンの理論が王座から引きずり下ろされたのだとしても。

一貫性を保つためには、計量場もほかのすべての場と同じように量子場でなければならない。言い換えれば、計量場は自発的に揺らがねばならない。この、計量場の揺らぎについて、満足できる理論はまだない。計量場の量子揺らぎは、普通——わたしたちの経験では、これまでのところ常に——実際にはごく小さいと断言できる。その理由は単に、それを無視してもいろいろな理論が非常にうまくいっているからというだけのことである。微妙な生化学から、加速器内部の風変わりな現象や、恒星の進化やビッグバン初期の状況などにいたるまでのさまざまな事柄が、計量場で起こっているであろう量子揺らぎを無視したままで、正確に予言したり、厳密に検証したりできているのだ。おまけに、最新のＧＰ

Sシステムは空間と時間の地図を、量子重力の効果など無視して、計量場の揺らぎなど加味せず、じかに作っている。それでもたしかに極めて良好に機能しているわけである。実験家たちは、計量場のなかの量子揺らぎによるもの、すなわち、量子重力だと解釈できるような現象を見つけ出そうと懸命に努力を続けている。それを発見できれば、ノーベル賞と永遠の栄光が与えられるだろう。これまでのところ、それはまだ見つかっていない。*

とはいえ、あのシカゴ大学のスエットシャツの異議申し立て——「それは現実にはうまく合っているが、理論的にはどうなんだ？」——はやはり的を射ている。ここでも、さきにクォーク模型で見た問題、とりわけ、第6章のパートン模型で見た問題と非常によく似た問題が生じる。クォーク模型の場合は、これらの問題に頭をひねった結果、漸近的自由という概念と、クォークと（新たに予言された）グルーオンについての極めてうまく機能する理論が生まれた。量子重力を巡る類似の問題はまだ解決されていない。超弦《ひも》理論は勇気ある試みだが、たぶんにまだ進行中の研究だ。現状ではまだ、厳密なアルゴリズムと予測を提供する具体的な世界模型というよりもむしろ、ある理論はどんな姿をしているだろうかというヒントを集めたものである。だいいち、弦理論には、基本的なグリッド概念がまだ深く組み込まれていない（専門家のための付記——弦場理論は、よくて不体裁、とい

＊だが、本書巻末の原注のなかで、見込みの高い機会が存在することを宣伝してある。

ったところだ）。

この章の冒頭にかかげた引用のなかで、アインシュタインは、計量場のない時空など「考えられない」と言っていた。額面どおりに受け取れば、それは明らかに間違っている――計量場のない時空について考えるのは、ちっとも難しくない！　地図の議論に戻ろう。指示グリッドが消されたり失われたりしても、地図はなおも情報を提供してくれる。どの国がどの国の隣にあるか、などのことは依然としてわかる。国の大きさがどれぐらいかや、どんな形をしているかについては、信頼できる情報を与えてくれなくなるというだけのことだ。大きさや形についての情報はなくても、いわゆる位相についての情報はちゃんと地図に含まれている。それだけでも、判断の材料としては十分すぎるほどだ。

アインシュタインが言いたかったのは、計量場がなければ、物理的世界がどのように機能するかを想像するのは難しい、ということだ。計量場がなければ、光はどちらの方向へ、どんな速度で運動すればいいかわからない。定規や時計は何を測定すればいいかわからない。アインシュタインが、光について、そして、定規や時計を作るのにも使える物質について書き上げた方程式は、計量場なしには定式化できないのである。

確かにそうだが、現代物理学に出てくる事柄の多くは想像するのが難しい。概念や方程式がわたしたちを導くに任せるほかない。これについてヘルツが述べたことは極めて重要で（しかもじつにうまく表現されているので）、ここで繰り返しておかねばなるまい。

これらの数学的な式は、独立した存在であり、それ自体の知性を持っていると感じずにはおれない。これらの式のほうが、われわれよりも知恵深いのだ、発見者よりもなお知恵深いのだ、という気持ちから逃れることができない。これらの式に元々込められたものよりもはるかに多くを、われわれはこれらの式から取り出しているように思えてならない。

別の言い方をすれば、わたしたちの方程式は――そして、もっと一般的に、わたしたちの概念は――、わたしたちが生み出したものであるのみならず、わたしたちを教える師でもある。

この考え方でいくと、グリッドは数種類の物質（または凝縮体）で満たされているという発見から、当然ある疑問が生じる。「計量場は凝縮体なのだろうか？　もっと基本的なものからできているのではないのだろうか？」という疑問だ。そしてこの疑問から、また別の疑問が生じる。「計量場は、$Q\bar{Q}$と同じように、宇宙の起源、ビッグバンの最初の瞬間に、蒸発してしまったのだろうか？」という疑問である。

この疑問の答が肯定的なものだったら、聖アウグスティヌスが悩んだ、「神は世界を創造する前には何をなさっていたのだろう？」という疑問（この背後には、「神は何をぐずぐずされていたのだろう？　もっと早く創造をお始めになったほうがよかったのではなかろうか？」という疑問がある）に新たな答が提供できる。聖アウグスティヌスが出した答はこの二つだ。

第一の答　世界を創造する前、神は、愚かな疑問を問いかける人間のために地獄を準備されていた。

第二の答　神が世界を創造なさるまで、「過去」は存在しなかった。したがって、そのような疑問は意味をなさない。

第一の答のほうがユーモラスだが、アウグスティヌスの『告白』の第十章に長々と詳細に説明された第二の答は興味深い。アウグスティヌスは基本的に、それより過去は存在しないが、未来もまだ存在していない、と言っているのだ。厳密に言うと、現在しか存在しないのである。だが、過去というものには、精神のなかにある、現在における記憶という、一種の存在としての側面がある（もちろん未来にも同様に、現在における期待という、精神のなかにおける一種の存在という側面がある）。このように、過去が存在するかどうかは、精神が存在するかどうかに依存しており、したがって、精神がないところには「～の前」というものもありえない。精神が創造される以前、「〜の前」というものは存在しなかったのだ！

アウグスティヌスの問いを現代の非宗教的な問いとして表現しなおすと、「ビッグバンの前には何が起こったのだろう？」となる。これに対する答としては、アウグスティヌスの第二の答を物理学に基づいて述べたものがふさわしいだろう。時間には精神が必要だという意味ではない——多くの物理学者が「時間には精神が必要だ」ということを受け入れるとは思えない（物理の方程式は、そんなものは絶対に受け入れないだろう）。だが、計量場が蒸発すると、それとともに時間の基準もなくなってしまう。時計が一切存在しなかったなら（これは、時間をはかる精巧に作られた装置が存在しないというだけでなく、時間を記録するのに使えるすべての物理的プロセスも存在しないという意味である）、「〜の前」という概念そのものと同時に時間そのものも、一切意味を失ってしまう。時間の流れは計量場の凝縮体とともに始まるのである。

計量場が、たとえば、ブラックホールの中心近くで圧力を受けた場合などにほかに何らかの変化を起こす（たとえば、結晶化するなどの変化が考えられるのでは？）ことはないのだろうか？（クォークが圧力のもとで、奇妙な凝縮体を形成することはすでに知られている。これは、カラー・フレーバー・ロッキング超伝導相など、妙な面白い名前で呼ばれており、$Q\bar{Q}$とはまた異なる状態である）

「計量場を作っている、より基本的な物質は、ほかのさまざまな力を統一するのに必要な物質と同じものである」ということがありえるのだろうか？

これはじつにいい疑問だ。みなさんも同意してくださると思うのだが。残念ながら、これにふさわしい答はまだ見つかっていない（わたしも今、この答を求めようと努力している最中なのだが……）。しかし、アインシュタインが「考えられない」と言った可能性について、問いを立て、真剣に検討することができるのは、わたしたちが進歩し、より大きな野心を持つようになっているという証拠である。より豊かになった概念を手に、よりよい疑問を掲げ、わたしたちはこれらの概念と問いに導かれながら前進しよう。

グリッドには質量がある

質量は、物質を物質たらしめる決定的な性質であると伝統的に見なされてきた。質量こそ、物質に実体を与える比類ない特性だと。したがって、グリッドには質量がある――つまり、わたしたちが空虚な空間と見なしているものが、ゼロでない密度をいたるところで持っている――という最近の天文学の発見は、グリッドは物理的現実《リアリティー》であるという強力な証拠となる。本書の主な目的からするとそれほど重要ではないのだが、少しページを割いて、この発見がどのようなものか、そして、それが宇宙論的にどのような意味を持つかを説明しよう。というのも、これは根本的な意義をもつ重要なことであり、また、ものすごく面白いからだ*。

グリッド密度という概念は、本質的にはアインシュタインの宇宙項と同じであり、したがって、宇宙項と本質的に同じである、「ダーク・エネルギー」とも本質的に同じだ。それぞれ、解釈と、どこを強調するかは微妙に異なるが（この違いは、このあとその都度《つど》説明していく）、これら三つの言葉はすべて、同じ物理現象を指している。

一九一七年、アインシュタインはその二年前に一般相対性理論の方程式として最初に提案したものに修正を加えた。修正の動機は、宇宙論から来たものだった。アインシュタインは、宇宙は時間的にも、そして（平均では）空間的にも、密度が一定だと考えた。そこで、そのような解を見つけようとしたのだった。だが、二年前の元々の方程式を宇宙全体に当てはめてみても、そのような解は見つからなかった。その根底にどんな問題があるかは、すぐにわかった。それは、一六九二年にニュートンが、リチャード・ベントレーに宛てて送った有名な手紙のなかで予測していたのと同じものだ。

＊一度に複雑な事柄をたくさん導入するのを避けるために、「ダーク・マター」という、もうひとつのすこぶる面白い天文学の発見について議論するのは控えてきた。これについてはあとで論じよう。

もしも、わたしたちの太陽と惑星の物質、そして、宇宙のすべての物質が、天空全体に均一にばら撒《ま》かれたとし、また、どの粒子も、ほかのすべての粒子に向かう重力を元々から持っているとし、さらに、この物質がばら撒かれた空間は有限であるとすると、この空間の外にある物体は、その重力のために、全空間の中心に向かって落下して、そこでひとつの巨大な球形の塊となるだろうと、わたしには思われます。しかし、もしも物体が無限の空間の全域に均一にばら撒かれたなら、集まってひとつの塊になることは決してなく、一部の物体が一つの塊に収束し、また別の一部の物体が別の塊に収束し……という状況になるでしょう。

わかりやすく言えばこうなろう。重力は、物体どうしが引き付け合う普遍的な力なので、物体がばらばらなままでは気がすまない。重力は常に物体を集めようとしているのだから、宇宙が常に均一な密度であるような解が見つからなくても、それほど驚くべきことではない。

アインシュタインは自分が望んだ解を得るために方程式を変更した。だがそのとき彼は、方程式の一番優れた特徴、すなわち、特殊相対性理論と矛盾しないかたちで重力を記述するという特徴を損なわないような、特別なやり方で変更を施したのだった。そんな変更をする方法は、基本的には一つしかない。アインシュタインは重力の方程式に一つの項を新しく加え、それを「宇宙項」と呼んだ。この項を物理的にどう解釈すべきかということについては、彼は実質的に何も言わなかったが、現代物理学では説得力のある解釈が行なわれている。それについては、このあとすぐ説明しよう。

アインシュタインが宇宙項を加えたのは、静的な宇宙を記述したかったからだが、そんなせっかくの熱意もすぐに意味を失ってしまった。というのも、エドウィン・ハッブルの研究を中核とするさまざまな取り組みによって、一九二〇年代には宇宙は膨張しているという証拠が固まったからだ。アインシュタインは、自分が間違った考えに固執して宇宙の膨張を予言し損ねたことを、「最大の失態」と呼んだ（それはほんとうに失態だった。なぜなら、彼が提案した宇宙の模型は、式を修正したあともなお、静的ではなかったからだ。密度が厳密に均一な宇宙というのは一つの解だったが、均一性がどんなにわずかでも破れたなら、その不均一性は時間とともに増大する）。それはともかく、一般相対性理論の方程式に、理論を損なうことなく新しい項を加えることができるという着眼点は、予言的であった。

宇宙項には二つの見方ができる。$E=mc^2$ や $m=E/c^2$ のように、これら二つの見方は数学的には等価だが、異なる解釈を示唆している。一つの見方（アインシュタインの見方）は、宇宙項は「重力の法則に加えられた修正」だというもの。だが、これとは別に、宇宙項は、宇宙のいたるところで常に、質量の密度が一定で、しかも圧力も一定であることの結果であると見ることもできる。質量密度と圧力がどこでも同じなら、それは宇宙そのものの本質的な性質と見なすことができる。これはグリッドの観点でもある。宇宙がこのような性質を持っているということを前提と考え、それが重力にどのような影響を及ぼすかということだけに注目すれば、アインシュタインの観点に戻ってくるわけだ。

宇宙項の物理は、宇宙の密度ρ《ロー》を、宇宙が持つ圧力pに、光速cを使って結びつける、要《かなめ》の関係によって支配されている。この方程式には決まった呼び名はないが、何か呼び名があったほうが便利だ。わたしは、「良く調整された《ウエル・テンパード》方程式」と呼ぶことにしよう。グリッドを適切に調整《チューニング》するにはどうすればいいかを規定しているからだ。「良く調整された方程式」は、次のような形をしている。

$$\rho=-p/c^2$$

この式はいったいどこから来たのだろう？　何を意味するのだろう？

「良く調整された方程式」は、アインシュタインの第二法則、$m=E/c^2$のクローンが突然変異したような姿をしている。mがρに、Eがpに変わって、pにはマイナスの記号―もついているが、似ていると思わずにはいられない。そして実際、両者には深い関係がある。

アインシュタインの第二法則は、孤立した物体が静止しているとき、そのエネルギーと質量の関係を表すものだ（第3章と補遺Aを参照のこと）。一目でそうとはわかりにくいが、これは特殊相対性理論から導き出される関係だ。じつのところ、この式は相対性理論に関するアインシュタインの最初の論文には登場しない。彼は、あとになって本文とは別に、これについて注を書いて添えたのだった。

「良く調整された方程式」も、やはり特殊相対性理論から導き出される結果だが、この場合、理論は孤立した物体に適用されるのではなくて、宇宙を満たしている均一な実体に対して適用されている。ゼロでないグリッドの密度が特殊相対性理論と矛盾しないということは、直感的に明らかではない。ここにどんな問題があるのか実感するには、第6章で登場した、あの有名なフィッツジェラルド‐ローレンツ収縮について考えていただくといい。一定の速度で運動している観察者には、物体は運動の方向に収縮しているように見える。したがって、運動する観察者には、グリッド密度がより高く見えるはずだ。だがこれは、相対性理論の「ブースト対称性」、つまり、運動する観察者にとっても、物理法則は同じだという要請に反する。

ここで「良く調整された方程式」が記述する、密度とともに変化する圧力が、抜け道を提供してくれる。運動する観察者の量《はか》りは、特殊相対性理論の方程式によれば、静止していたときの密度と圧力が混ぜ合わされた――この混ぜ合わせについては、運動する観察者の時計が、静止していたときの時間間隔と空間間隔を混ぜ合わせた新しい時間間隔を記録するのと同じだ。時間についての話のほうが、いろいろな解説書でよく紹介されており、みなさんもより親しんでおられるだろう――、新しい密度を記録する。静止していたときの密度と圧力が、「良く調整された方程式」が記述するとおりの関係にあれば、そして、そのような関係にある場合のみ、運動する観察者が観察する密度（と圧力）は、静止している観察者が観察するものと同じになる。

「良く調整された方程式」がもたらす、これと密接に関係したもう一つの帰結は、グリッド密度の宇宙論にとって極めて重要だ。膨張する宇宙のなかでは、普通の物質なら、どんな種類のものでも、その密度は減少する。だが、「良く調整された」グリッドの密度は一定のままだ！　大学一年生の物理学と代数学を少しやってみれば、この密度の一定性は、アインシュタインの第二法則に、美しい関係式で結ばれていることがわかるはずだ（大学の物理と数学などご免、という方は、次のパラグラフは飛ばして進んでください）。

宇宙の体積Vが、グリッド密度ρによって満たされているとする。体積がδVだけ膨張するとしよう。普通、物体が圧力のもとで膨張すると、その物体は仕事をするので、その分エネルギーを失う。しかし、「良く調整されたグリッド」の方程式には、マイナスの記号、－が含まれているので、$p=-\rho c^2$と、この方程式が与える圧力は負になる。したがって、膨張することによって、わたしたちの「良く調整されたグリッド」は、$\delta V\times\rho c^2$

というエネルギーを獲得する。したがって、アインシュタインの第二法則により、その質量は$\delta V \times \rho$だけ増加する。そしてこの質量は、増加した体積δVを密度ρで満たすにちょうどいい大きさであり、こうしてグリッドの密度は一定に保たれる。

これまで議論してきたグリッド成分はどれも――いろいろな種類の揺らぐ量子場、$Q\bar{Q}$、ヒッグス凝縮体、統一を助けてくれる凝縮体、時空計量場（これも凝縮体か？）――、良く調整されているという性質を持っている。これら空間を満たす実体はどれも、特殊相対性理論の「ブースト対称性」に整合しており、「良く調整された方程式」に従っているといえる。

宇宙の密度と圧力は、異なる技法を用いて別々に測定することができる。密度は空間の曲率に影響を及ぼすが、この曲率が遠方の銀河を撮影した画像をどのように歪めているかを調べれば、あるいは、宇宙マイクロ波背景輻射を詳しく調べれば――これは強力な新技法である――天文学者たちは空間の曲率を測定することができる。新技法のほうを使って、二〇〇一年までにいくつかのグループが、宇宙のなかには通常の物質だけで説明できるよりもはるかに大きい質量が存在すると証明するのに成功した。宇宙の総質量の約七〇パーセントが、空間的にも時間的にも極めて均一に分布している。

圧力は宇宙の膨張速度に影響を及ぼす。宇宙の膨張速度は遠方の超新星を調べることによって測定できる。超新星の明るさから太陽系からどれだけ遠くにあるかがわかるし、スペクトル線の赤方偏移を調べればどれだけの速度で遠ざかっているかがわかる。光の速度は有限なので、わたしたちが遠方の超新星を観察するときは、それらの天体の過去を見ていることになる。このようなわけで、超新星を使えば宇宙膨張の歴史を再構築できるのだ。一九九八年、二つの辣腕《らつわん》観測チームが、宇宙の膨張速度は徐々に上がっていると報告した（訳注：アメリカのパールムッター博士らのチームと、オーストラリアのシュミット博士らのチームが、Ia型超新星の観測によって宇宙の膨張が加速していることを確認）。これは大きな驚きだった。というのも、宇宙全般で普通作用している重力の引き付け合う力は、膨張を阻止する傾向があるからだ。何か新しい効果が生じているのだった。最も単純な可能性は、膨張を促《うなが》す、普遍的な負の圧力が存在するというものだ。

「ダーク・エネルギー」という用語は、これら二つの発見——質量はもっと大きいということと、宇宙の膨張は加速しているということ——の両方を省略表記するものとなった。そもそも「ダーク・エネルギー」というのは、密度と圧力の相対的な値については不可知論的な立場を取ろうというつもりでの命名だった。密度と圧力、両方を宇宙項と単純に呼んでしまえば、これらの相対的な規模について先入観を持つことになる。だが、そうしてもどうやら間違いではなさそうだ。なぜなら、宇宙の質量密度と宇宙の圧力という、まったく異なる方法で観察されている、まったく異なる二つの量は、$\rho = -p/c^2$ という関係で結ばれているらしいからだ。

宇宙には質量があり、「良く調整された方程式」に従っているらしいという天文学での発見は、わたしたちがこれまでに構築した最善の世界模型の基盤に使った深い構造が正しいという輝かしい確証なのだろうか？　この問いの答は、イエスであると同時にノーである。正直に言うと、「イエスであると同時にノーである」と書かねばならないだろう。

問題は、天文学で測定されている総密度が、これまで可能性として挙がっているどの凝縮体についての単純な密度推測値よりもはるかに小さいことだ。ここに、可能性のある実体それぞれの、単純な密度推測値が、天文学者たちの実測値の何倍に当たるかを列挙してみよう。

- クォーク－反クォーク凝縮体　10^{44}
- 弱い力の超伝導凝縮体　10^{56}
- 統一超伝導凝縮体　10^{112}
- 超対称性のない量子揺らぎ　8
- 超対称性のある量子揺らぎ*　10^{60}
- 時空計量場　?（これに関する物理は、単純な推測値が出せないほどまだ混乱している）

これらの単純な推測値のどれかが正しいというのなら、宇宙の進化は、観察されているよりも、もっとずっと速くなければならない。

実際の宇宙の密度が推測値よりもはるかに小さいのはなぜなのだろう？　たぶん、これらのものが、おそらく別の要素と共に、大々的な共謀を行ない、それぞれが単独でもたらすよりも、合計した密度がはるかに小さくなるように操作しているのだろう。きっと、数値に対して負の貢献を行なっているものもいくつかあるに違いない。あるいは、重力がグリッド密度に対してどのように反応するかについて、わたしたちはまだ重要なことを理解していないのかもしれない。もしかしたら、この両方なのかもしれない。今のわたしたちにはわからない。

ダーク・エネルギーが発見されるまでは、宇宙密度を単純に見積もった値が、現実の値からとんでもなくかけ離れているのを見た多くの理論物理学者たちは、真の答がゼロ（訳注：宇宙定数の観測値が10^{-120}以下であるということ）であるのはなぜかについて、十分な理由を提供してくれる見事な洞察が、なにか登場してくれないかと願っていた。ファインマンの、「なぜなら、それは空っぽだからだ」という答が、わたしが聞いた、そのような意味の答のなかでは最善のものだった――少なくとも、一番面白かった。答がほんとうにゼロでないのなら、考え方を変えねばならない（最終的な密度はゼロで、宇宙はごくゆっくりとその値に向かっているという可能性は、論理的にはまだある）。

今のところ、宇宙の密度は、さまざまな凝縮体からの寄与分の総和として決まっており、その寄与分には、正の値のもの、負の値のもの、両方があるという説が広く支持されている。宇宙がちょうどいい具合にゆっくりと進化していて、観察者にとってじつに観察しやすい状態になるのは、いろいろな凝縮体からの寄与のプラス、マイナスが、ほぼ完全に釣り合って打ち消しあう場合だけである。（この説にしたがえば）このような理由で、わたしたちが観察しているグリッドの全体としての密度はありえないぐらい小さくなっているわけだ。さもなければ、そんな観察を宇宙でしている者など誰もいないはずである。この考え方はおそらく正しいのだろうが、厳密な理論にするのも、検証するのも難しい。場合によっては、多数のサンプルを集めて不確定性を厳密な経験則にまで引き上げられることもある。保険の数値表を作成したり、量子力学を応用するときには、そんな方策を取っている。だが、宇宙について調べるとき、サンプルサイズは一、つまり、サンプルは一つしかないので、この方策は使えない。

ともあれ、わたしたちが検討してみた一つの宇宙では、グリッドは質量を持っている。ありがたいことに、この結論を確証するには、一つの宇宙で十分である。

＊超対称性については、あとで統一理論との関連のなかで、もっと深く議論する。ここで注意すべき最大の事柄は、時空計量場も、ほかのすべての候補者と同じく、ばかばかしいほど大きな密度を持っていると示唆される、という点である。

まとめ

この章の冒頭では、物理的現実《リアリティー》の根底に存在する元-物質であるグリッドの主要な性質を列挙してみなさんに宣伝させていただいた。もう一度繰り返しておこう。

- グリッドは空間と時間を満たしている。
- グリッドの部分は、どれを取っても——どの時空要素を取っても——、基本的な性質はほかの部分と同じである。
- グリッドでは量子活動が活発に行なわれている。量子活動には自発的でかつ予測不可能であるという特別な性質がある。そして、量子活動を観察するためには、それを乱さざるをえない。
- グリッドは、持続性のある物質的な成分も持っている。その側面から見れば、宇宙は多層構造を持った多色《マルチ・カラー》の超伝導体である。
- グリッドは、時空を堅固なものとし、重力を生み出す、計量場を持っている。
- グリッドには質量があり、普遍的密度を持っている。

さて、セールストークはこれで終わりですが、みなさんもグリッドというアイデアをぜひとも買ってくださいますように！

第9章　物質を計算する

情報《ビット》の活動《プレイ》が物質《イット》を出力する。

ジョン・ホイーラーは、奥深いアイデアを記憶に残る印象深い言葉で捉える才能に恵まれていた。彼が作り出した言葉で最も有名なのは、おそらく「ブラックホール」だろうが、わたしが好きなのは「物質《イット》は情報《ビット》から」だ。この言葉は、理論科学の理想を感動的なまでに見事に捉えている。わたしたちは、意味ある側面を一つも漏らすことなく、現実《リアリティー》を完全に映し出す、数学的な構造を見出そうと努力している。そんな数学的構造がもたらす方程式を解けば、何が存在するのか、そして、それはどのように振舞うのかを知ることができるはずである。そのような数学的構造と現実《リアリティー》の対応がほんとうに実現できれば、頭のなかで操作できる形で現実《リアリティー》を捉えたことになる。

哲学の実在論の立場を取る者は、物質こそが第一の存在で、脳（精神）は物質から作られており、概念は脳から出現すると主張する。観念論の立場を取る者は、概念のほうが第一の存在だと考え、概念操作機械である精神が物質を作りだすのだと主張する。「物質《イット》は情報《ビット》から」は、これら二つの立場のどちらかを選ぶ必要はないと述べている。どちらの立場も同時に正しい。同じことを違う言葉で記述しているに過ぎないのだ。

「物質《イット》は情報《ビット》から」の正しさを試す究極の課題は、人間意識が行なう経験と人間特有と思われている柔軟な知性を反映する数学的構造を見出すこと――一言で言えば、思考するコンピュータを作りだすことである。この課題はまだ実現されておらず、そんなことがほんとうに可能なのかという議論がいまだに続いている。*

これまでに実際に実現された「物質《イット》は情報《ビット》から」の最も見事な例を、これからこの章で紹介する。QCDのアルゴリズムの威力を利用すれば、陽子、中性子、そして、強い相互作用をするさまざまな粒子を生み出すようにコンピュータをプログラムすることができる。これぞまさに、情報《ビット》からの物質《イット》だ！

おまけにボーナスとして、「質量なしに生まれる質量」という、ホイーラーの別の言葉も実現することもできる。第6章で論じたような実験で明らかになったように、陽子や中

---

*もちろん可能だ。

性子の構成要素は、まったく質量を持たないグルーオンと、ほとんど質量を持たないクォークである（陽子と中性子を構成するクォークは、uとdで、陽子の約一パーセントの質量しかない）。

ロングアイランドのブルックヘブン国立研究所と、世界各地にあるほかの数カ所の研究施設には、人間がめったに足を踏み入れない特別な部屋がある。それらの部屋のなかでは、目に付くような動きは一切なく、聞こえてくるのも、室温を一定に保ち、湿度が上がらないようにするためのファンが回転する微《かす》かな音だけで、たいしたことなど何も起こっていないように見える。だが実際には、これらの部屋では約10^{30}個の陽子と中性子が働いている。この厖大な数の陽子と中性子は、数百台のコンピュータに作り上げられて、共同作業させられているのだ。この陽子・中性子チームは、テラフロップ・レベルの高速で作業している。ちなみにテラフロップとは、一秒間に10^{12}回——一兆回——の浮動小数点演算（フローティング・ポイント・オペレーション、FLoating point OPeration = flop、フロップ）を行なう速度である。チームには数カ月間、つまり10^{7}秒間にわたって働いてもらう。作業が終わるころには、一個の陽子が10^{-24}秒ごとに一回行なっていることが完了している。それは、グリッドを満足させ続け、安定な平衡を実現するために、クォーク場とグルーオン場を可能な最高の状態に調整するという仕事だ。

この仕事、どうしてそんなに難しいのだろう？

グリッドが「無慈悲な女王」だからだ。

もっと正確に言えば、グリッドは複雑な女主人なのだ。彼女の気分はいろいろに変化し、しかも気性が激しい。

量子力学で扱う波動関数は、場が取りうるいくつもの可能な状態を一度に表現している。しかし、コンピュータは古典的な装置で、一度に一つの状態しか扱えない。量子力学的記述では同時に並存している多数の状態が互いに相互作用する様子を真似るには、古典的なコンピュータは、

1 長い時間をかけて計算し、すべての状態を作りだす
2 計算で得られたそれらの状態をデータとして保存する
3 メモリに保存されている過去のデータ（つまり過去の記憶）と、今保存したばかりのデータとの対応を付ける

という作業をしなければならない。ようするに、果たそうとする目的に比べて、あまりにも煩雑な作業が必要とされる仕事なのである。量子コンピュータが利用できるようになったなら、もう少しましな状況になるかもしれないが。おまけに、わたしたちが計算しようとしているのは——それすなわちわたしたちが観察している粒子なわけだが——揺らぐグ

リッドの荒海のなかの、小さなさざなみに過ぎない。数値の姿をした粒子を見出すためには、海全体のモデルを構築し、そのなかで小さな擾乱《じょうらん》を探し出すという仕事が必要なのである。

三次元の玩具模型《トイ・モデル》

子どものころ、わたしはロケットのプラモデルを組み立てたり分解したりするのが好きだった。プラモデルのロケットは、誰かを月に運んだり、人工衛星を打ち上げたりはできなかった。だが、そういう模型は手に持って遊ぶことができたし、いろんな想像に耽るきっかけともなった。一定の縮尺で作られており、おかげで、それぞれの要素がどんな比率の大きさでできているのかや、インターセプターと打ち上げ機の違いや、ペイロードやら取り外し可能ステージなどの重要な概念を漠然とながら学ぶことができた。玩具模型《トイ・モデル》は楽しくて、役に立つ。

これと同じように、複雑な概念や方程式を理解しようとするとき、玩具模型《トイ・モデル》があるといい。良い玩具模型《トイ・モデル》は、現物が持っている意味合いをそこそこうまく捉える一方、十分小さくて、わたしたちはその全体像を頭に入れた状態で、それについていろいろ考えられるものである。

　ここからしばらく、いくつかのパラグラフにわたって、量子的現実《リアリティー》の玩具模型《トイ・モデル》をご紹介しよう。それは大胆に単純化された模型だが、量子的現実《リアリティー》の広大さを感じていただけるだけの複雑さは十分保っていると思う。一番のポイントは、量子的現実《リアリティー》は、とにかくとんでもなく広大だということだ。* ここでは、たった五種類の粒子が持っているスピンが、社会生活と呼べるほど複雑な関係を呈する様子を記述する玩具模型《トイ・モデル》を作ることにしよう。その玩具模型《トイ・モデル》は、じつに、三二次元の空間に対応しているのをみなさんにも見ていただこう。

　まずは、最小単位のスピンを持つ一個の量子的粒子から始めよう。ほかの性質はすべて無視する。こうして出現するのが、量子ビット、もしくは、キュビットと呼ばれるものだ（ある程度知識をお持ちの読者へ――適切な電場などによって、きっちり決まった空間状態に捉えられた超低エネルギー電子は、実質的にキュビットである）。キュビットのスピンは、いろいろな向きを持つ可能性がある。キュビットのスピンが混じりけなしに上向きであるとき、これを次のように表記することにしよう。

＊わたしの言うことを信用して、目まいがするような詳細に深入りするのはやめたいという方は、ここから「膨大な量の数値演算処理」のセクションへ直接進んでくださってかまいません。

$$|\uparrow\rangle$$

一方、キュビットのスピンが混じりけなしに下向きの状態は、

$$|\downarrow\rangle$$

と表記する。

キュビットは、そのスピンが横を向いた状態になることもあって、じつは話が面白くなるのはここからだ。まさにここから、量子力学最大の奇妙さが姿を現しはじめるのである。スピンが横向きの状態は、新しい独立した状態ではない。スピン横向きの状態も、そして、キュビットが持つほかのすべての状態も、わたしたちがすでに手にしている、$|\uparrow\rangle$と$|\downarrow\rangle$という二つの状態の組み合わせになっている。

具体的に言うと、たとえば、スピンが東を向いている状態は、

$$|\rightarrow\rangle=\frac{1}{\sqrt{2}}|\uparrow\rangle+\frac{1}{\sqrt{2}}|\downarrow\rangle$$

である。スピンが真東を指している状態は、北向き（上向き）と南向き（下向き）の状態

が一対一で交じり合ったものだ。この状態のキュビットのスピンを水平方向に測定すれば、常に東を向いているという結果が得られる。だが、スピンを垂直方向に測定すると、北を向いているという結果と、南を向いているという結果が五分五分《ごぶごぶ》の確率で得られる。これが、この奇妙な式の意味である。もっと詳しく言えば、垂直方向にスピンを測定したときに、所定の結果（スピンが上向きか、あるいは下向き）が得られる確率は、その結果に対応する状態を表す項に掛かっている係数を二乗すれば得られる、というルールがあるのだ。今の例で言うと、スピンが上向きの状態には係数 $1/\sqrt{2}$ が掛かっているので、スピンが上向きであることを見出す確率は、$(1/\sqrt{2})^2 = 1/2$ となる。

この例は、量子論に従ってひとつの物理的な系を記述する際に登場する要素を、いわば縮小版で示している。系の状態は、その波動関数によって特定される。ここまででみなさんは、三つの具体的な状態に対するそれぞれの波動関数をご覧になったのだ。波動関数は、記述されている物体の、可能な状態の一つひとつに掛けられているすべての係数からなる（係数はゼロである可能性もあるので、細かいところに気を遣って、$|\rightarrow\rangle = 1|\rightarrow\rangle + 0|\leftarrow\rangle$ と書いてもいい）。ある状態に掛かっている係数は、その状態の確率振幅と呼ばれている。確率振幅の二乗は、その状態が観察される確率である。

では、スピン西向きの状態についてはどうだろう？　対称性から、この場合もやはり、上向きスピンと下向きスピンが同じ確率でなければならないはずだ。だが、スピン東向きの状態とまったく同じではいけない。西向き状態の式はこうだ。

$$|\leftarrow\rangle=\frac{1}{\sqrt{2}}|\uparrow\rangle-\frac{1}{\sqrt{2}}|\downarrow\rangle$$

マイナスの符号が付いているが、二乗するので、確率には影響しない。東向きと西向きの状態で、確率は同じだが、確率振幅は異なる（このあとすぐに、数個のスピンを一度に考慮する際に、マイナスの符号がどんな影響を及ぼすかをご説明する）。

では、二個のキュビットについて考えてみよう。二つとも東向きスピンという状態を得るには、東向きスピン状態の式二つを掛け合わせる。その結果、

$$|\rightarrow\rightarrow\rangle=\frac{1}{2}|\uparrow\uparrow\rangle+\frac{1}{2}|\uparrow\downarrow\rangle+\frac{1}{2}|\downarrow\uparrow\rangle+\frac{1}{2}|\downarrow\downarrow\rangle$$

となる。両者のスピンが上向きである確率は、$(1/2)^2=1/4$である。また、一つめのスピンが上向きで二つめが下向きである確率をはじめ、残るすべての状態の確率も同じ1/4だ。これとまったく同じように、二つのキュビットの両方がスピン西向きであるという状態を表す式は、

$$|\leftarrow\leftarrow\rangle=\frac{1}{2}|\uparrow\uparrow\rangle-\frac{1}{2}|\uparrow\downarrow\rangle-\frac{1}{2}|\downarrow\uparrow\rangle+\frac{1}{2}|\downarrow\downarrow\rangle$$

である。ここでも、スピン上向き、下向きのすべての組み合わせについて、確率は同じである。

キュビットが二つというだけで、その振舞いはもうこんなにややこしくなる（専門用語では、量子が示すこのような古典論では説明しがたい振舞いを「もつれている」と呼ぶことがある）。さて、二個のキュビットのスピンがどちらも東向きという状態と、どちらも西向きという状態を組み合わせて得られる二つの状態について考えてみよう。

$$\frac{1}{\sqrt{2}}|\rightarrow\rightarrow\rangle+\frac{1}{\sqrt{2}}|\leftarrow\leftarrow\rangle=\frac{1}{\sqrt{2}}|\uparrow\uparrow\rangle+\frac{1}{\sqrt{2}}|\downarrow\downarrow\rangle$$

$$\frac{1}{\sqrt{2}}|\rightarrow\rightarrow\rangle-\frac{1}{\sqrt{2}}|\leftarrow\leftarrow\rangle=\frac{1}{\sqrt{2}}|\uparrow\downarrow\rangle+\frac{1}{\sqrt{2}}|\downarrow\uparrow\rangle$$

これら二つの式において、左辺は、水平方向にスピンを測定すると、スピンはどちらも東を向いているか、あるいは、どちらも西を向いているかのいずれかだ、ということを表している。それぞれの可能性が実際に起こる確率はどちらも1/2だ。一方が東向きでもう一方が西向きになっていることは絶対にない。つまり、水平方向の測定に関する限り、これら二つの式で表される二つの状態はまったく同じに見える。左右色がそろった靴下が一足あるのはわかっているが、それが白なのか黒なのかはわからない、というのと似ている。これが上記二つの式の左辺が伝えている内容である。

右辺のほうは、それら二つの状態のスピンを垂直方向に測定したならどうなるかを示している。垂直方向の話は、水平方向のときとはまったく違う。一番めの式が表している状態では、どちらのスピンも上向きか、あるいは、どちらも下向きかのいずれかで、どちらの可能性も現実に起こる確率は1/2である。二番めの式が表している状態は、先ほど(「一つ前」のパラグラフ、という、ほんとうについさっきである!)は、一番めの式と同じに見えた。だが、今ここで、違った角度から見ると、それ以上違いようがないというぐらい違っている。すなわち、二番めの式が表している状態では、二つのスピンが垂直方向に同じ向きを向いていることは絶対にない。一方が上向きなら、もう一方は必ず下向きである。

どちらの状態にしても、アインシュタイン、ポドルスキー、ローゼンが見たなら、彼らは頭を悩ませたことだろう。なにせ、これらの二つの状態は、彼らが行なった思考実験にちなんでEPRパラドックスと呼ばれている有名な矛盾の本質を示しているのである。一つめのキュビットのスピンを測定すれば、二つめのキュビットを測定したときにどんな結果が得られるかが自動的に決まってしまう、それは、これら二つのキュビットが物理的にはとほうもない距離で隔てられていたとしても変わらない、というのが、これら二つの状態が示しているパラドックスの要点である。表面的には、アインシュタインが「気味悪い遠隔作用」と呼んだこの状況では、情報が光速よりも速く伝達できるように見える（つまり、二つめのスピンに、どちらを向いていろと教えているように思える）。しかし、それは思い違いというものだ。なぜなら、二つのキュビットを限定されたある状態にさせるには、まずそれら二つのキュビットを接近させておいて、そこから始めなければならないからだ。そのあと、二つを遠く引き離してもいいが、キュビットが光速よりも速く移動できないのなら、キュビットたちが運ぶメッセージにしても、それ以上の速度で伝わることはない。

　話をさらに一般的に拡張すれば、二つのキュビットが取りうるすべての状態を記述するには、二つのキュビットの状態がとりうる四つの可能性$|\uparrow\uparrow\rangle$、$|\uparrow\downarrow\rangle$、$|\downarrow\uparrow\rangle$、$|\downarrow\downarrow\rangle$のそれぞれに異なる数を掛けたものを足し合わせるという作業をする。これによって、ひとつの四次元空間が定義される——四つの異なる方向に、まちまちな距離を進むことで、二個のキュビットのスピン状態の四つの可能性が、異なる確率で起こる、あらゆる状態を表現できる四次元空間というものを考えることができるわけだ。*

＊生じそうな混乱をあらかじめ避けるために申しておくと、この四次元空間では、北と南は同じ一つの方向となる。つまり、南に一マイル進むのは、北にマイナス一マイル進むのと同じである。

五つのキュビットが取りうる状態を記述する場合は、キュビットのそれぞれに対して、上向きか下向きかのいずれか、という選択肢がある（たとえば、|↑↓↑↑↓〉や|↑↑↓↓↑〉などのように）。可能性は全部で、2×2×2×2×2＝32通りだ。五つのキュビットが取りうる状態を一般的に表記すると、これら三二種類の状態のそれぞれにある数字を掛けたものを、すべて足し合わせたものになる。こうしてわたしたちは今、三二次元の玩具模型《トイモデル》を手にしているわけである。なんてすごい模型だ！

ラプラスの悪魔VSすべての悪魔の住処《すみか》たるグリッド

ピエール・シモン・ラプラスの傑作、『天体力学』は、一七九九年から一八二五年にかけて出版された五巻からなる大著だ。この本は、ニュートンの原理に基づいた数理天文学を、新しいレベルの優美さ、厳密さへと引き上げた。ラプラスは、天体の運動が非常に正確に計算できることにたいへん感激して、すべてのことを完璧に知っている悪魔がいたなら、そいつはどんなことができるだろうかと想像してみた。そして、そんな悪魔なら、計算によって未来を予測し、過去を再現することができるはずだという結論に達した。

　与えられた瞬間に、自然のなかに生じている運動の原因となるすべての力と、自然を構成しているさまざまな存在の個々の状況を知ることができる知性があったとして、さらにその知性が、これらのデータを解析できるほど大きなものであり、宇宙最大の物体の運動も、最も軽い原子の運動も、同じ形の方程式で捉えることができるならば――、この知性にとっては、不確実なことなど一切なく、この知性は、過去と同じく未来さえも、その眼前に出現させることができるだろう。

もちろん、ラプラスの頭の中にあったのは、ニュートン力学に基づいた世界だった。彼の言う悪魔は、今日ではどれぐらい現実味が感じられるだろう？　現在についての完璧な知識と無限の数学的能力があれば、過去と未来を計算によって完全に把握できるのだろうか？

実際には、すべての悪魔の住処と呼べるほどやっかいなグリッドがラプラスの悪魔を圧倒してしまう。

まず、悪魔が取り組んでいる問題は一体どういうものなのか考えてみよう。ラプラスは、世界のすべての原子の位置と速度を特定すれば、世界を特定したことになると考えた。それ以外に知らねばならないことなどないはずだ、というのだ。そして彼は、ある時間における位置と速度のすべてに対して、のちの（または前の）別の時間における位置と速度のすべてを対応させる方程式は、物理学ですでにちゃんとわかっていると考えた。このようなわけで、ある時間 t_0 における世界の状態を知っていれば、任意の別の時間 t_1 における世界の状態を計算することができるというのである。

ところが、新たに量子力学が登場すると、世界はラプラスに想像できたよりはるかに広くなってしまった。わたしたちの玩具模型は、一握りのキュビット*を扱っているだけなのに、三次元の世界を覆っている。前の章でわたしたちが到達した、現実《リアリティー》についての最も深い理解を体現している量子グリッドには、時空の各点において、膨大な数のキュビットが必要だ。各点のキュビットは、その点で起こっているかもしれないさまざまなことを記述する。たとえば、あるキュビットは（もしもあなたが見たとしたら、）スピンが上向きまたは下向きの電子一個をあなたが観察する確率を記述し、また、（もしもあなたが見たとしたら、）スピンが上向きまたは下向きの反電子一個をあなたが観察するという別の確率を、そしてさらに、（もしもあなたが見たとしたら、）スピンが上向きまたは下向きの赤の u クォーク一個をあなたが観察するという、これまた別の確率を記述し……という具合である。ほかにも、あなたがもしも見たとしたときに、陽子やグルーオンや、ほかのいろいろな粒子を観察する確率を記述している。おまけに――現在存在している物理法則が仮定しており、これまでのところそれで問題が生じていないように――空間と時間が連続なら、時空の点の数はとてつもなく無限である。

世界はもはや、空虚な空間のなかに存在する原子に基づいたものではない。したがって、世界の状態ももはや多数の原子の位置と速度で決まるものではなくなっている。世界は、今述べたような、キュビットの無限が幾重にも重なった、気が遠くなるようなものに変貌しているのである。そして、こんな世界の状態を記述するには、可能なキュビットたちのさまざまな状態の組み合わせの一つひとつに対して、一つの数を、確率振幅として与えなければならない。わたしたちの五キュビット玩具モデルでは、可能なすべての状態が三二次元空間を満たしていることを先ほど見た。わたしたちの世界であるグリッドの状態を記述するには、無限がまた無限個集まったような空間を使わねばならないのである。

一グーゴルは、10^{100} である。グーゴルとはつまり、一のあとにゼロが一〇〇個続く数だ。グーゴルとはそもそも、狂気じみたほどに大きな数という意味で作られた言葉だった。たとえば、一グーゴルは、観測可能な宇宙のなかに存在する原子の数よりも多い。しかし、仮に、各方向に一〇個しか点のない格子で宇宙を置き換え、各点にキュビットを一個ずつ置いたとしても、この世界の単純な模型を量子力学的に表現すれば、その次元は一グーゴルよりも大きくなる。じつのところ、この空間の次元は、グーゴルのグーゴル倍よりも大きいのである。

このように、ラプラスの悪魔の仕事の最初の部分、「世界を構成しているさまざまな存

＊片手の、指一本に一キュビットずつ。

在のそれぞれの状況を知る」ということからして、そもそも大変なことになる。世界の状況を知るために、悪魔は、ほんとうにとんでもなく広大な空間のなかで、特定の点がどこにあるかをきっちり把握しなければならない。この仕事に比べれば、干草の山のなかで一本の針を見つけるほうがはるかにたやすい。

事態はなお悪くなる。さきに、グリッドの自発的な活動について触れた。グリッドには、量子揺らぎ、すなわち、仮想粒子が満ちている。さきに使っていたこれらの言葉は、この現実《リアリティー》を指す正式な用語ではないので、ここではもっと厳密な言葉を使わねばならない。グリッドに自発的な活動があるというのは、グリッドの状態は単純ではないということだ。わたしたちが空虚な空間と呼ぶ実体のなかで実際何が起こっているかを見極めようと、空間と時間を高分解能で見るならば（たとえば、LEPで実験家たちがやっているように）、そこでは、起こりうる可能性のあるたくさんの結果が実際に起こっているのが見出される。見るたびに、何か違うものが見えるのである。観察するたびに、波動関数の、典型的な微小空間領域を記述する一つの部分だけが現れる。各回の観察に、その波動関数のなかで起こるひとつの可能性が体現される。その可能性がどれくらいの確率で起こっているかは、そこにかかった確率振幅で決まっている。

そのようなわけで、わたしたちが探している針は、干草の一番下に近いところや、ほかのどこかわかりやすい場所にあるわけではない。その針は、端のほうに、いや、というよりも、こちらの端とあちらの端と、また別の端……と、グーゴルのグーゴル倍カ所の端に、さまざまな量で分布している。

ラプラスが思い描いた悪魔には、世界の状態に関する完璧な知識が与えられている。彼は針がどこにあるかを知っている。しかし、この悪魔は空想のなかにしか存在しない。世界の状態に関する完璧な知識が与えられているわけではないが、それでも未来について何か予測したいと考える人間は、いくつかの問題に直面する。必要な知識をどうやって得ればいいのだろう？　知識が欠けている部分からは、どんな影響が生じるのだろう？　などの問題である。

ヤンキース往年の名選手で、意味深い数々の発言でも有名なヨギ・ベラが、ニールス・ボーアから学んだのではないかと思わせる、「予測するのは難しい。特に、未来については」という発言をしたことがあるが、まさにそのとおりだ。必要な方程式がすべてわかっているとしてもなお、未来を予測するのが極めて困難になる根本的な理由が二つある。ひとつはカオス理論だ。おおざっぱに言うと、カオス理論とは、時間t_0における世界の状態についての知識にごく小さな不確定性があると、それは、そこからかなりあとの別の時間t_1における世界の状態について導き出せる事柄に対して、非常に大きな不確定性をもたらす、というものだ。

そしてもうひとつの理由は、量子論である。これまでにも見てきたように、量子論は一般的に、確率を予測するのであって、確実なことを予測するのではない。実際、量子論は、ある系の波動関数が時間とともにどのように変化するかを表す完全に明確な方程式を提供する。しかし、何が観察されるかを予測するために波動関数を使うとき、方程式を解いて得られるのは、さまざまに異なる結果がどのような確率で起こるか、その確率の組でしかない。

このような事柄をすべて考慮に入れると、わたしたちは、そもそも理論の段階においてさえ、自分たちに一体何が計算できるのかについて、ラプラスの時代よりもはるかに謙虚な認識を持つようになった。だが、その一方で、わたしたちは実際には、ラプラスには想像しはじめることすらできなかったような問いに対して、ラプラスが夢想だにできなかったような方法で答を出している。たとえば……

厖大な量の数値演算処理

十分な情報を与えられて計算を行なう現代の悪魔たちは、ラプラスの悪魔のようにすべてを単純に計算することなどできないと承知している。だが彼らは、自分に使える技で捉えて解くことのできるような現実《リアリティー》の側面を、うまく見つけ出している。さいわいなことに、偶然、不確定性、そしてカオスは、自然界のあらゆる側面に巣食っているわけではない。わたしたちが一番計算したいと思う事柄の多く――たとえば、医薬品として使いたい分子の形状や、航空機製造に使いたい材質の強度や、陽子の質量などは、現実《リアリティー》のなかでも安定してはっきり決まっている事柄である。おまけに、これらの系は孤立していると見なすことができる。つまり、これらの系の性質は、世界全体の状態にはあまり依存しない。* 計算する悪魔の技能をもってすれば、安定した孤立系は詳細な特徴を文句なしに明らかにできる対象である。

このようなわけで、物理学のヒーローたちは、困難が待ち構えていることは十分承知のうえで一発奮起し、助成金に申し込み、何台ものコンピュータを購入し、半田付けし、プログラムを作成し、バグをつぶし、さらに知恵を絞って考える――グリッドの混沌からなんとか答を引き出すために必要なことは何でもやる。

では、陽子一個のポートレートは、どうすれば計算できるのだろう？

まず、連続な時空を、コンピュータで扱える有限の構造――点からなる格子――に置き換えなければならない（訳注：このパラグラフでは、格子ゲージ理論の解析手法のあらましを述べている。格子ゲージ理論は、時空を格子〔この理論ではラティスと呼ぶ〕で近似して、数値解析手法を用いて量子場を解析する取り組み。ウィルチェックの言うグリッド概念には、この格子《ラティス》も含まれており、この

＊少なくとも、これは実際的な仮定としてうまく機能しており、その成功によって正当化されている。

章で「グリッド」というときは、格子ゲージ理論の格子を指していると考えてよいだろう）。もちろん、これは近似だが、点と点の間隔が十分小さければ誤差は小さくなる。次に、ほんとうにとてつもなく大きな量子論的現実《リアリティー》を、古典的な計算機械になんとか押し込まなければならない。グリッドの量子力学的状態は、広大な空間のなかに生息していて、その波動関数は、その空間のなかで、厖大な数にのぼる可能な活動パターンを網羅している。しかしコンピュータは、一度に二つか三つのパターンしか操作できない。ひとつの活動パターンが時間とともにどのように進化するかを表す方程式には、ほかのすべてのパターンが入ってくるので、古典的コンピュータはおびただしい数のパターンを、その確率振幅とともに、厖大な量に及ぶデータとしてメモリーのなかに保存しなければならない。現在のパターンを時間を進めて進化させるためにコンピュータは、すべての古いパターンに関する必要な情報を一歩一歩立ち止まりながら取り出していく。そして、保存されている個々のパターンに対して、それがどう変化するかを計算する。最後に、現在のパターンが進化したときに持つ確率振幅を保存し、次のパターンを進化させる作業を始める。そして、このサイクルが延々と繰り返される。グリッドは「無慈悲な女王」なのだ。

　人間の目は、10^{-14}センチメートルのオーダーの短い距離を見分けられるようには進化しなかったし、人間の脳にしても、10^{-24}秒というオーダーのとてつもなく短い時間を感じられるようには進化しなかった。そんな能力があったとしても、捕食者を避けたり、望ましい番《つがい》の相手をみつけるのに役立ちはしない。だが、コンピュータは、同じサイクルを黙々と繰り返してグリッドが取りうる状態を虱潰《しらみつぶ》しに計算していきながら、もしも人間の目がこれらの短い距離と時間を区別できる能力を持っていたなら見えるはずの、さまざまなパターンを逐一作り上げているのである。人間は頭を使って視覚を向上させることができる。こうして得られるのがカラー口絵の図版4だ。

「空っぽ」な空間をブンブン、活発に活動させられたなら、そのなかから、安定な状態を選び出す手法がじつはある。つまり、新たに何かの活動を導入して、グリッドを乱し、その後、乱れがおさまるのを待って、何が現れるかを見るのである。出現したもののなかにエネルギーが局所的に安定に集中している場所を見つけることができたなら、安定な粒子を見つけたことになる。つまり、そのような粒子を計算したことになる。それらの粒子が、陽子p、中性子n、等々の粒子のどれに当てはまるか特定することができる（理論が正しければだが！）。一方、エネルギーが局所的に集中しているのを見つけたが、そのエネルギーのかたまりは、しばらくは存続しつづけるけれども、やがては消散してしまうなら、見つけたのは不安定な粒子だということになる。そのような粒子は、ρ《ロー》中間子、Δ《デルタ》バリオン、あるいはその仲間に対応するはずだ。

これがどのような状況なのか、カラー口絵の図版6とその解説を見て実感していただきたい。これが、p、n、ρ、Δ……が何であるかについてわたしたちが到達した、現時

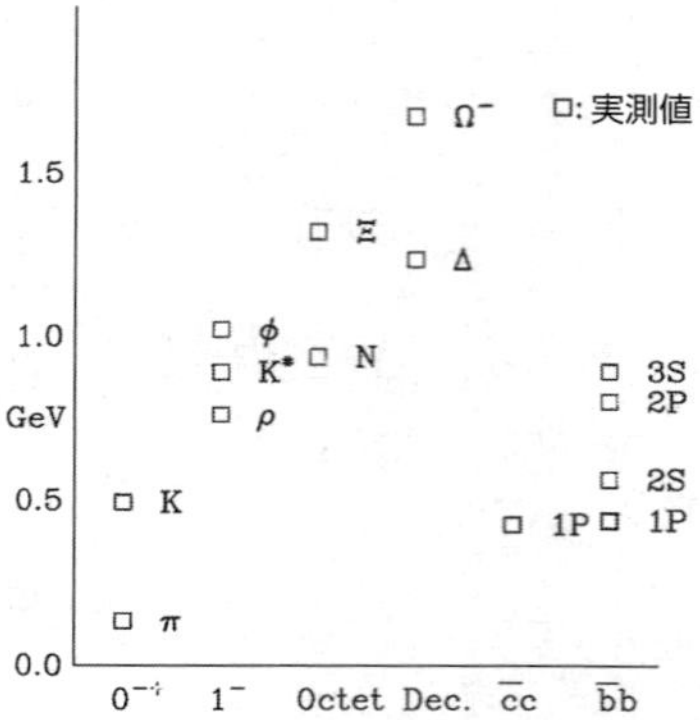

図9・1
QCDが説明せねばならない強い相互作用をする粒子の調査《センサス》。それぞれの点は、観察された粒子を示している。点の高さは、粒子の質量を表す。最初の2列は中間子で、それぞれスピン0のπとK、スピン1のρとK*、ϕ。3つめと4つめの列は、バリオンで、それぞれスピン1/2のN、Ξ、スピン3/2のΔ、Ω。5つめと6つめの列は、さまざまなスピンを持つ「チャーモニウム」と「ボトムニウム」の中間子。これらの中間子は、それぞれ、重い*c*(チャーム)クォークとその反クォークが結合した状態と、*b*(ボトム)クォークとその反クォークが結合した状態と解釈されている。これらの列の高さは、その粒子と、チャーモニウムもしくはボトムニウムで可能な最も軽い状態との質量の差を示している。

点で最も深い理解である。
図9・1は、わたしたちが今取り組んでいる難題を極めて具体的に示している。これは、これまでに観察されている強い相互作用をする粒子、ハドロンの一部である。ハドロンは、質量とスピンを見れば、すぐに種類を特定できる。図9・1の説明文には、この図に正方形で示されている粒子について、専門的な説明が正確に与えられている。この図に示された細かい内容は(そして、このほかにもたくさんの性質、たくさんの粒子がある!)、複雑で、専門家

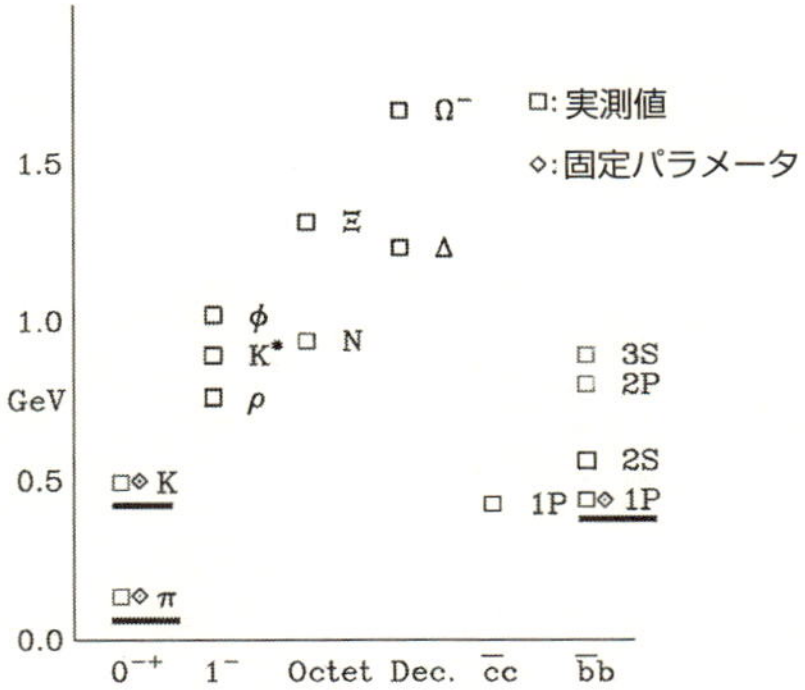

図9・2
QCDの未決パラメータを決定するために3つの質量が使われている。つまり、これら3つの質量は、予測されたのではなく、調整に使われたのである。しかし、いったんこの作業が終われば、それ以上操作する余地はない。

にとってはじつにさまざまな意味を持っているが、ここでみなさんに納得していただきたいのは、この理論が説明せねばならない興味深い事実が山ほどあるということ、それだけである。

図9・2は、米国のMILCコラボレーションという、解析的・数値的手法を使ってQCDを格子ゲージ理論として研究しているプログラムで、測定された三つの中間子の質量を利用して、QCD理論の自由パラメータ（uとdクォークの平均質量、ストレンジクォークの質量、結合定数の三つ）が決定された過程を示している。これは計算をするまでは、個々のクォークがいくらの質量を持っているとすべきかも、全体としての結合定数もわからないとして取り組まれた試みである。これらの値を決定

する最も正確な方法は、計算しかない。そこでわたしたちは、いろいろ違う値を試してみて、観察に最も良く合うものに決めるのである。

　理論にたくさんのパラメータが登場する場合、データを参照して、できるだけ多くのデータに合うようにそれらのパラメータの値を調整する。このときこの理論は、これらのデータが示している事柄を予測しているのではなくて、データのほうを基準にして、そちらに合うように自分の側を調整しているのである。このような操作を指して科学者たちは、「曲線あてはめ《カーブ・フィッティング》」とか、「補正因子《ファッジ・ファクター》」などと称している。これらの言葉は、決して実際より良く聞こえるようにという魂胆で使われているわけではない。一方、ある理論が二、三個のパラメータしか持たないのにたくさんのデータに一致する場合、その理論の威力は本物だ。厖大な測定のごく一部だけを使って、パラメータを微調整することができる。そのあと、ほかのすべての測定は、一意的に予測できる。

　このような客観的な意味において、ＱＣＤはまことに強力な理論である。単にたくさんのパラメータを必要としないというだけではなく、パラメータがたくさんになるのを許さない。それぞれの種類のクォークの質量と、ひとつの普遍的な結合強度のみが、ＱＣＤのパラメータである。さらに、わたしたちに可能な精度で図のなかの粒子の質量を計算するのに、ほとんどのクォークの質量は必要ない。ほかの効果によって、はるかに大きな不確定性が入ってくるからだ。必要なのは、最も軽いuクォークとdクォークの平均質量

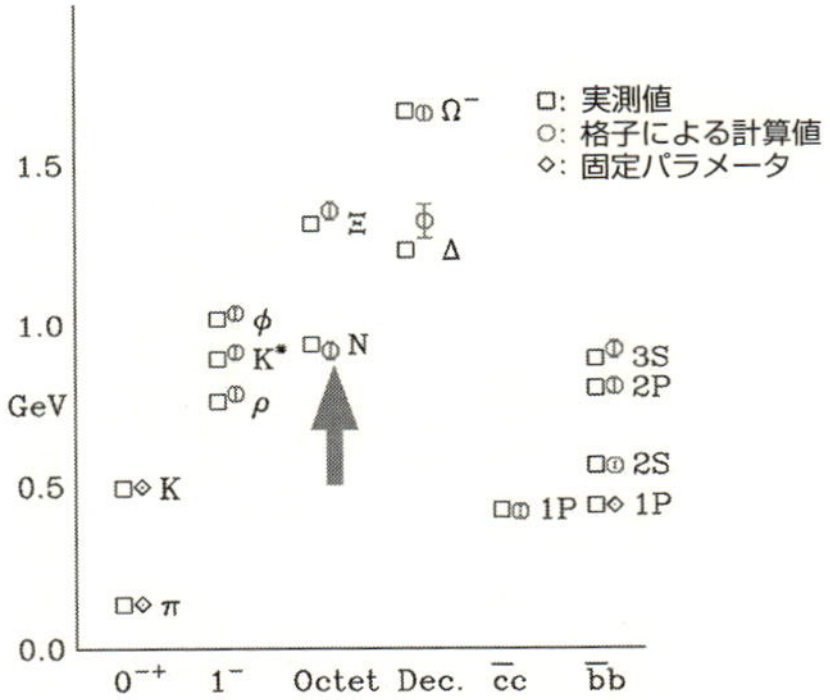

図9・3
粒子のスピンと質量の、予測値と観察値の比較。成功が確認された。

m_{light}と、ストレンジ・クォークの質量m_s、そして結合定数だけである。この三つを特定すれば、それ以上操作できる余地はもうない。補正因子《ファッジ・ファクター》も、言い訳も使えず、隠れる場所もない。理論が正しければ、計算は現実《リアリティー》と一致するだろう。逆に計算が現実《リアリティー》と一致しなければ、理論は修正不可能なまでに間違っているということになる。

図9・3は、質量とスピンの計算値——QCDによる明確な予測——を、観測値と比較するとどうなるかを示している。スピンは離散的な値で現れるので、正確に一致するか、それとも一致しないかのいずれかしかない。そこで、観測された粒子のなかなら、予測された粒子ときっかり同じスピンを持ち、質量はそれに近い値をしているものだけを見つけ出せばいい。それぞれの「実測値」の正方形の傍に、「計算値」の

円か、「微調整されたパラメータ」のダイヤモンド型か、いずれかがあるのがわかって、一安心である。質量の計算値が、観測値とよく一致していることがおわかりいただけるだろう。計算値には、垂直方向を向いた「誤差バー」が重ねてあるのにもお気づきだろう。これは、計算に残っている不確定性を反映している。現在使えるコンピュータの能力は、すばらしく大きいとはいえ、やはり有限なので、さまざまな近似と妥協が必要であった。

この図で一番注目していただきたいのは、Nという文字が添えられた点である。Nは、核子(nucleon)——すなわち、陽子または中性子——を意味する(この図の尺度では、陽子と中性子の質量は区別できない)。図9・3を見れば、QCDは第一原理から陽子と中性子の質量をうまく説明するということがよくわかる。そして、この陽子と中性子の質量が、普通の物質の質量の圧倒的大部分を説明している。前にわたしは、この普通の物質の質量の九五パーセントの起源を説明するとお約束したが、これでそれが果たせたわけだ。

もうひとつ注目すべきなのが、コンピュータから出てこないものだ。理論的に予測されているものの、まだ実際には観察されていない粒子に対応するような、余分な円は描かれていない。とりわけ特筆に値するのが、計算に入力されたものは基本的にクォークとグルーオンだったのに、計算の結果出力されたもののなかには、クォークとグルーオンは見当たらないという点だ。こうなると、奇妙なやけくその策と見えた「閉じ込めの原理」が、ここでは完全で包括的な現実《リアリティー》との適合についての脚注のように見えてくる(訳注:二三九ページで「計算するまではクォークがいくらの質量を持っているとすべきかも……わからない」と述べているのと、ここの「入力されたものは基本的にクォークとグルーオンだった」という記述は矛盾しない。格子QCDではクォークがグルーオン場のなかを伝搬する様子を行列で表現して解析する。このような手法を使い、三つの中間子の測定データを固定パラメータとして使って、QCDの自由パラメータ〔uとdクォークの平均質量、ストレンジクォークの質量、結合定数の三つ〕を決定し、これらの値を用いてQCD理論で計算されたいろいろな中間子とバリオンの質量の値を実測値と比較したのである）。

もちろん、何かを計算すること——あるいは、巨大な超高速コンピュータに何か計算させること——は、それを理解することとは違う。理解することは、次の章の目的である。だが、この章を終える前に、簡潔な図9・3と、それを作り出した物理学者のコミュニティーに敬意を表するためにしばし立ち止まらせていただきたい。現代コンピュータ技術のすべての力を要求する、情け容赦ない高精度の困難な計算を通して、高度な対称性を持った一徹な方程式が、陽子と中性子の存在と、その性質の詳細についてを納得のいくかたちで、しかも定量的に説明するということを彼らは示したのである。彼らは、陽子の質量の起源を説明し、それによって、宇宙に存在する普通の物質の質量の大部分について、その起源を説明したのである。これは史上最大の科学の成果のひとつだとわたしは確信している。

第10章　質量の起源

何かをどう計算すればいいかを知ることと、それを理解することとは同じではない。コンピュータに質量の起源を計算させられたことで、質量の起源に関するその説に説得力があると示せたかもしれないが、それではまだ不十分だ。さいわいなことに、わたしたちは質量の起源を理解することもできる。

コンピュータに、厖大な量の、しかもまったく中身の見えない計算をさせた挙句に答を吐き出させても、理解したいというわたしたちの欲求を満たすことはできない。どうすればこの欲求は満たされるのだろう？

ポール・ディラックは普段は寡黙だったが、口を開いたときには、意味深い言葉をたくさん発したものだった。彼は、「ある方程式を解くことなしに、その解がどのように振舞うかを予測することができるとき、わたしはその方程式が理解できたと感じる」と言ったことがあった。

このような理解の価値とは、どのようなところにあるのだろう？

方程式を「解く」ことは、方程式を使って仕事をするための一つの方法に過ぎず、しかも不完全な方法である。一つ前の章で紹介した計算は教育的な例として、クォークとグルーオンのなすグリッドの方程式は、陽子、中性子、そしてその他のハドロンの質量をきっちりと説明するということをはっきりと示した。そしてさらに、これらの計算は、QCDの方程式はクォークとグルーオンを隠し続けるということも示している（クォークやグルーオンの仮想粒子の雲も考慮に入れると、クォークやグルーオンが孤立した状態で現れないということを、クォークやグルーオンの質量を計算したのと同じことと解釈してかまわない――答は無限大である！）（訳注：仮想粒子の雲のエネルギーは質量を生み出すので、これを考慮に入れるとクォークやグルーオンの質量は無限大になってしまう。これを回避するのが「クォーク閉じ込め」の原理だ。前章のＭＩＬＣの計算結果の表にクォークやグルーオンが載っていないことを、この「クォーク閉じ込め」のあらわれと解釈して、ウィルチェックは、ならばやはりクォークやグルーオンの質量は無限大だという言い方をしているものと思われる）。

前章の計算が示したこれらの結果は、人間と機械の英雄的な奮闘の末に得られた輝かしい成果と言える。だが、英雄的な奮闘が必要だということこそ、方程式を「解く」という仕事の最大の難点である。高価なコンピュータ資源をこの仕事のために占領して、ほんの少ししか違わない質問をするたびに、答が出るまで長いあいだ待ったりはしたくない。それより何より、高価なコンピュータ資源を占領して、なお一層複雑な計算をさせようと、質問を与えたあと、答が出るまでものすごく長いあいだ待機させられたりは絶対したくない、ということだ。たとえば、陽子一個や中性子一個の質量を予測するだけではなくて、数個の陽子と中性子を含む系——原子核——の質量だって予測したい。原理的には、わたしたちはそのために必要な方程式を知ってはいるが、それらの方程式を解くのは事実上は不可能だ。これと同じようなことはじつは化学の分野でもあって、わたしたちは、化学のどんな質問に対しても適切に答えられる方程式を原理的には知っている。だからといって、化学者たちは失業もしていなければコンピュータに置き換えられてもいない。そのわけはと言えば、実際には計算があまりに大変だからだ。

原子核物理学でも化学でも、使いやすさと柔軟性のためなら、わたしたちは極端な正確さなど喜んで犠牲にする。大量の計算をやって、しゃにむに方程式を解くのではなく、単純化した模型を作り、複雑な状況のなかで実用的な指針を与えてくれる経験則を見つけ出す。このような模型と経験則は、方程式を解く経験のなかから生まれてくることもあるし、そうするのがほんとうに実用的な場合には、方程式を解いて検証することもできるが、模型と経験則にも、独立したそれ自体としての機能がある。こう書いていて、わたしの頭のなかに、大学院生と教授の違い、ということがふと思い浮かんだ。大学院生は、実用的な模型や経験則をすべて頭に詰め込んでしゃにむに計算して、すべてを知っていると思い込んでいるけれども、その大元の方程式が表している深い真実についてはまだ何も知らない。一方、教授のほうは、あらゆる事柄について、自分はまだ何も知らないことを自覚している。方程式を解くのが大学院生の仕事なら、方程式を理解するのが教授の仕事である。

方程式を解いてみたら、まったく予期していなかった振舞いが現れて、まるで奇跡のように思えるとき、わたしたちは、それ以上ないほど理解から遠いところにいる。コンピュータは質量を計算してくれた——しかも、それはただ何かの物体の質量というのではなくて、わたしたちの質量、すなわちわたしたちを構成している陽子と中性子の質量を、それ自体は質量を持たない（もしくは、ほとんど持たない）クォークとグルーオンから計算してくれた。QCDの方程式は、「質量なしに生まれる質量」を解として出してくる。だがこれは、「無料《ただ》で何かを得る」というのと、とてもよく似た話に聞こえて、眉に唾を付けたくなる。どうしてそんなことが起こったのだろう？

ありがたいことに、この一見奇跡と思えるような現象について、教授が達すべき理解に近い理解を、大雑把ながら得ることができる。これまでに本書で別々の箇所で論じた三つの考え方を一つにまとめればそれでいいのである。ざっとおさらいして、組み合わせてみよう。

一番めの考え方――発達する嵐

クォークの色荷は、グリッドに――とりわけグルーオン場に――擾乱《じょうらん》をもたらし、その擾乱は距離とともに大きくなる。それはまるで、中心部では薄い霧なのに、外側ではおどろおどろしい積乱雲に成長している奇妙な嵐雲のようだ。場を擾乱するとは、場をよりエネルギーの高い状態に押し上げるということである。場を無限の体積にわたって擾乱しつづければ、それに費やされるエネルギーは無限大になる。あのエクソン・モービルだって、自然がその代償を払うに十分な資源を持っているとは主張できないだろう。* したがって、クォークは孤立して存在することはできない。

二番めの考え方――高く付く相殺

発達する嵐は、反対の色荷を持つ反クォークをクォークのそばに持ってくれば回避できる。こうすれば、擾乱の源が二つ、互いに打ち消しあって、静けさが戻ってくる。反クォークがクォークの真上に置かれたなら、相殺は完璧となる。この場合、グルーオン場の擾乱は、起こりうる最小のもの――すなわち、ゼロ――となる。だが、この完璧な相殺には、支払うべき別の代価がある。それは、クォークと反クォークの量子力学的性質から生じるものだ。

ハイゼンベルクの不確定性原理によれば、一個の粒子の位置を正確に知るためには、その粒子の運動量は広い範囲で広がっていることを許さねばならない。とりわけ、その粒子がものすごく大きな運動量を持っている場合も受け入れなければならない。だが、運動量が大きいということは、エネルギーも大きいということだ。というわけで、粒子の位置をより厳密に定めるには（専門用語では「局所化《ローカライズ》する」という）、それだけ多くのエネルギーがかかる。

（クォークの色荷は、相補的な色荷を持つ別のクォーク二個を使って相殺することもできる。陽子や中性子をはじめとするバリオンではこうなっている。一方中間子は、クォーク－反クォーク対で色荷が相殺されているが、原理は同じである）

三番めの考え方――アインシュタインの第二法則

このように、反対向きに作用する二つの効果がせめぎあっている。場の擾乱を正確に相

＊もしかしたら、わたしはこの点については世間知らずなのかもしれない。

殺して、攪乱で費やされるエネルギーを最低に抑えようとして、自然は、反クォークをクォークの真上に局所化《ローカライズ》させて載せたいと考える。しかし、位置を局所化《ローカライズ》することの量子力学的代価を最低限に抑えるために、自然は反クォークを少し広がった範囲で存在させたいと考える。

そこで自然は妥協する。攪乱されたくないというグルーオン場の主張と、自由に動きまわりたいというクォークと反クォークの主張のあいだにうまくバランスを取る道を見つけ出す（家族の集《つど》いを考えてみるといいかもしれない。グルーオン場は気難しい年寄り、クォークと反クォークはやんちゃな子供たち、そして自然は責任ある大人、と対応付けられないだろうか）。

どんな妥協でもそうだが、結果は——やはり妥協である。自然は両方のエネルギーを同時にゼロにはできない。したがって、総エネルギーはゼロにはならない。

じつのところ、ある程度安定な状態がほかにいくつか存在しうる。どの状態も、それぞれゼロでないエネルギーEを持っている。そのため、アインシュタインの第二法則により、それぞれがそれぞれの質量、$m=E/c^2$を持っている。

そして、これが質量の起源である（少なくとも、普通の物質の質量の、九五パーセントの起源である）。

スコリウム（付加的説明）

このようなクライマックスには説明が必要だ。まさに、「スコリウム」と題するにふさわしい。スコリウムとは、「説明」をラテン語で言っただけなのだが、それだけで重みが出てくる。

1　ここに述べた質量の起源についての説明は、質量を持つクォークやグルーオンには一切言及しておらず、また、それらのものに依存していない。わたしたちは、ほんとうに「質量なしに生まれる質量」を得た。

2　量子力学なしにはうまくいかない。量子力学を考慮に入れない限り、あなたは自分の質量がどこから来ているのか理解することはできない。言い換えれば、量子力学なしには、あなたはライトウェイト（訳注：「体重が軽い」と、「取るに足らない」という両方の意味がある）にならざるをえない。

3　原子のなかでも、もっと単純ではあるが、よく似た機構が働いている。負の電荷を持つ電子は、正の電荷を持つ原子核から電気的引力を受ける。この観点からすると、電子は原子核の真上に擦り寄りたいと思っているはずだ。だが、電子は波動としての性質も持つウェービクルなので、それは禁じられている。その結果、ここでも、一連の妥協的解決がはかられる。そうして生まれるのは、原子のエネルギー準位である。

4　アインシュタインが最初に発表した相対論の論文の題は、問いかけであり、挑戦であった。

『物体の慣性はそのエネルギー内容に依存するか？』

というのがそれである。

この物体が人間の体なら、その質量の大部分は、そこに含まれる陽子と中性子から生じているので、アインシュタインの問いに対して、今やはっきり決定的な答が与えられる。

「この物体の慣性は、九五パーセントの精度で、そのエネルギー内容である」。

第11章　グリッドの音楽——二つの方程式のなかの音楽

粒子の質量は、もしも演奏されたなら、空間振動の振動数に相当する音を立てる。このグリッドの音楽は、「天球の音楽」という古代神秘主義の重要な要素であった概念を、幻想と現実主義の両面において一段と洗練させたものだ。

アインシュタインの第二法則、

$$m = E/c^2$$

を、もうひとつの基本的方程式、プランク－アインシュタイン－シュレーディンガー方程式、

$$E=h\nu$$

と結び付けよう。

プランク‐アインシュタイン‐シュレーディンガー方程式は、ある量子力学的状態のエネルギーEを、その波動関数の振動数ν《ニュー》に関係付けるものだ。ここで、hはプランク定数である。プランクがこの定数を導入したのは、彼が一八九九年に提案し、世に量子論をもたらした、革命的な仮説のなかである。その仮説は、原子は、離散的なエネルギー$E=h\nu$を持つ光（νは光の振動数）しか放出したり吸収したりしないというものだった。アインシュタインは、これをさらに大きく一歩進めた光子仮説を発表した（一九〇五年）。光子仮説とは、振動数νの光は常に$E=h\nu$というエネルギーの塊になっている、という仮説である。そして最後にシュレーディンガーが、これを基盤として、波動関数の基本方程式を、すなわちシュレーディンガーの方程式を構築した（一九二六年）。こうして、現代に通じる、普遍的な解釈が生まれた。エネルギーEの任意の状態を表す波動関数は、$\nu=E/h$によって与えられる振動数で振動するという解釈である。*

アインシュタインとシュレーディンガー、両者の方程式を結びつけることによって、すばらしい詩の一片に到達する。

（＊）　$\nu = mc^2/h$　（＊）

古代人たちには、「天球の音楽」という考え方があったが、これは大勢の科学者（注目すべきひとりがヨハネス・ケプラーだ）に、そしてもっと大勢の神秘主義者に、インスピレーションを与えた。楽器は周期的な運動（振動）によって音色を持続させているのだから、惑星が軌道を周回するという周期的な運動にも、ある種の音楽が伴っているはずだというのがこの考え方である。うっとりする光景だし、今で言う「サウンドスケープ」的な趣も感じさせるが、このマルチメディアを先取りした刺激的な考え方は、厳密な、あるいは、実り多い科学的概念となることはついぞなかった。あいまいな比喩以上のものとなったことはなく、したがって常に「天球の音楽」と、括弧付きで使われていた。

わたしたちの方程式（＊）は、これと同じインスピレーションをもっと幻想的に、しかし同時にもっと現実的に表現したものだ。弦を爪弾《つまび》いたり、リードに息を吹きかけたり、太鼓の皮を叩いたり、ゴングを打ったりするのではなく、わたしたちは、クォーク、グル

＊注意深い読者のみなさんは、これがプランク－アインシュタイン－シュレーディンガーの第二法則であることにお気づきになるだろう。

ーオン、電子、光子……などのさまざま異なる組み合わせ（つまり、これらの物質《イット》を代表する情報《ビット》）を「爪弾く」ことによって、空虚な空間という楽器を演奏し、グリッドの自発的な活動のなかで、それらの粒子の組み合わせが平衡に達して落ち着くに任せる。惑星も、その他どんな物質の構造物も、わたしたちの楽器が持つ純粋な観念性《イデア》を傷つけることはない。この楽器は、わたしたちがどんな粒子の組み合わせをどんなやり方でポンと出すかに応じて、振動数νがそれぞれ異なる、可能な振動運動のいずれかに落ち着く。（＊）によれば、これらの振動は、異なる質量mを持つ粒子に対応している。つまりは粒子の質量が「グリッドの音楽」を奏でるのである。

第12章　深遠な単純さ

物理的世界についてのわたしたちの最善の理論が複雑で難解に見えるのは、それが深遠なまでに単純だからである。

アインシュタインが「すべてをできる限り単純にしなさい。でも、あまり単純にはしすぎないように」と助言したという話はよく語られる。だが、アインシュタインの一般相対性理論か、彼の統計力学における揺らぎの理論か、どちらか一つでも学んでみると、彼は自分の助言にちゃんと従ったのだろうかと訝《いぶか》りたくもなる。たしかに、これらの理論は、普通「単純」というときの意味では単純ではない。

現代の物理学者は、QCDはほぼ理想的に単純な理論だと考えているが、それでも、QCDを日常的な言葉で記述するのがどんなにややこしいか、そして、この理論に取り組む

（解くのではなくて）のがいかに困難かということは、わたしたちも本書で見てきたとおりだ。ボーアの言う「深遠な真実」のように、深遠な単純さには、その逆の要素、深遠な複雑さが含まれている。これは一種のパラドックスだが、それは深遠なまでに直接的に解決できる。これからそれを見てみよう。

複雑さを支える完全性——サリエリ、ヨーゼフ二世、モーツアルト

わたしは完全性とはどういう意味かを、凡庸なことで名高い作曲家、アントニオ・サリエリから学んだ。* わたしの好きな映画のひとつ、『アマデウス』のなかの、わたしが好きなシーンのひとつで、サリエリは、驚きに目を見張りながらモーツアルトの手書き楽譜を見て、「音符をひとつ動かせば損なわれる。フレーズをひとついじれば構造全体が崩壊する」と言う。

この言葉のなかに、サリエリは完全性の本質を捉えている。彼の二つの文章は、理論物理学を含むさまざまな分野で、完全性というときわたしたちが何を意味しているかを厳密に定義している。完全な定義と呼んでもいいかもしれない。

理論は、それにどんな変更を加えても元より悪くなって初めて、完全なものと言えるようになる。これはすなわち、先ほどのサリエリの最初の文章を音楽から物理学に翻訳した

ものである。そして、これは核心を突いている。だが、サリエリの天才がほんとうに現れているのは二つめの文章だ。理論は、その全体を損なうことなく、大きな変更を加えることができなくなったとき――つまり、理論を大きく変更すれば意味をなさなくなったとき――、隅々まで完全になる。

同じ映画のなかに、皇帝ヨーゼフ二世がモーツアルトに音楽について助言をする場面がある。「お前の作品は独創的だ。質の高い作品だ。ただ、音符が多すぎる、それだけだ。二つ、三つ削れば、それで完全な作品になる」。皇帝は、モーツアルトの音楽の表面的な複雑さに当惑したのだった。どの音符にも役目があること――ある音の先触れとなったり、その先触れを実現したり、あるパターンを完成させたり変更したりする――はわからなかったのだ。

これと同じように、基礎物理学に初めて出あった人は、その表面的な複雑さに当惑することが多い。グルーオンが多すぎる！　と感じるのだ。

しかし、八つのグルーオンの一つひとつが、目的があって存在している。グルーオンたちはともに協力しあって、色荷のあいだに完全な対称性を成立させる。グルーオンを一個

＊サリエリは凡庸だということに異議を唱える真剣な音楽評論家もいる。それでもやはり、彼は凡庸であることで名を馳せている。

取り去ったり、その性質を変えてしまったりすると、構造全体が崩壊してしまう。具体的に言うと、そんな変更を加えたなら、それまでQCDと呼ばれていた理論は、でたらめな予測を始める。負の確率を持った粒子が生み出されたり、一より大きな確率を持った粒子が誕生したりするのだ。このように、一貫性を保ったまま変更を施すことが絶対に不可能な、ガチガチに堅固な理論は、極めて脆《もろ》い。予測のどれかが間違っていても、それを隠せるようなところがない。補正因子《ファッジ・ファクター》や調整は使えない。その一方で、そうしたガチガチに堅固な理論は、そこそこの成功を収めだすと、じつに強力になる。ほぼ正しく、そのうえ変更できないなら、それは完全に正しいに違いない、ということになる。

サリエリが挙げた完全性の基準を考えれば、対称性が理論構築の原則としてどうしてこれほど魅力的なのかがわかってくる。対称性を持った系は、サリエリの言う完全性への道を着実に進むものだ。対称性を持った系のなかでは、異なる物体、異なる状況を支配するいろいろな方程式は、厳密な関係で結びついていなければならない。さもないと、対称性が損なわれてしまう。乱れが何カ所でも生じると、すべてのパターンが失われ、対称性は崩れる。このように対称性は、わたしたちが完全な理論を作り上げるのを助けてくれるのである。

したがって、問題の核心は、音符の数や、粒子もしくは方程式の数ではなく、それらのものが体現しているデザインの完全性である。どれか一つでも取り去ってしまうとデザインが台無しになってしまうなら、その数は、しかるべきものなのだ。モーツァルトが皇帝に応えた言葉が、これを見事に言い表して秀逸だ。「どの二、三個のことをおっしゃっているのでしょうか、陛下？」

深遠なまでの単純さ――シャーロック・ホームズ、再びニュートン、そして若きマクスウェル

完全性を回避する確実な方法のひとつが、必要のない複雑さを加えることだ。不要な複雑さがあれば、それはほかを損なうことなく動かせるし、全体を破壊することなく取り除くことができる。不要な複雑さは、注意をそらすこともある。名探偵シャーロック・ホームズと彼の友ワトソン医師についての次の物語に見られるとおりだ。

シャーロック・ホームズとワトソン医師はキャンプ旅行に出かけた。満天の星の下でテントを張り、二人は眠りに就《つ》いた。真夜中、ホームズはワトソンの体を揺すって彼を起こし、こう尋ねた。「ワトソン、星を見上げてごらんよ！　彼らは僕らに何を語っているんだろう？」

「星は僕たちに謙虚さを教えているんだよ。何百万個の恒星があるだろうし、もしもそのごく一部にだけでも地球のような惑星があれば、知性を持った生物が住む惑星が

何百個もあることになる。なかには、われわれよりも頭のいいやつらもいるだろうさ。彼らは巨大な望遠鏡で地球を見下ろして、その何千年も昔の姿を眺めているかもしれない。ここで知性を持った生物が進化したことはあるだろうかと思い巡らせているかもしれないよ」

少し間を置いて、ホームズが応じた。「いや、ワトソン、星たちは僕らに、誰かがテントを盗んだと教えてくれているんだ」

これは笑い話だが、至高の科学研究の話に戻ると、みなさんは、サー・アイザック・ニュートンが、何もない空間を通って作用するという、彼自身の重力理論に満足していなかったことを思い出されるかもしれない。しかし、この理論はすべての観察と一致しており、しかも、彼は具体的な改善策をまったく見つけられなかったので、ニュートンは、哲学的な迷いを脇に押しやって、理論をそのまま提示することにした。彼は『プリンキピア』の最後のまとめ《ジェネラル・スコリウム》で、名高い宣言を行なった。*

重力にこれらの性質が備わっている理由を、現象から見出すことは、わたしにはまだできていない。だがわたしは、仮説を俄《にわ》か作《づく》りしたりはしない。なぜなら、現象から演繹《えんえき》されたのではないものはすべて、仮説と呼ばねばならないからだ。形而上学《けいじじょうがく》的であれ物理的であれ、超自然的《オカルト》な性質に基づいているのであれ、仮説は実験哲学のなかに存在の場を持たない。

「わたしは仮説を仮か作りしたりしない」という要《かなめ》の言葉は、元々のラテン語では、*Hypothesis non fingo* である。*Hypothesis non fingo* は、エルンスト・マッハが、大きな影響を及ぼした著書、『マッハ力学史』に載せたニュートンの肖像の下に恭《うやうや》しく書き記したことでも伝説的な言葉となっている。あまりに有名で、ウィキペディアにも“*Hypothesis non fingo*”という項目があるぐらいだ。この言葉の意味は、何も複雑なことではなく、ニュートンは彼の重力理論に観察可能な内容をまったく持たない憶測を入れるのを避けたということである（しかし、これ以前の論文では、ニュートンは空間を満たしている媒体の証拠を見出そうと執拗に努力している）。

もちろん、不要な複雑さを避ける最も容易な方法は、何も言わずに黙っていることだ。だが、何も言えなくなってしまうなどという落とし穴に落ちないために、若きマクスウェルがどんなふうに取り組んだかを、ここでちょっと見てみる必要がある。初期の伝記作家によれば、少年時代のマクスウェルは、「スコットランドのギャロウェイの訛りと方言

＊既視感《デジャ・ビュ》をお感じになるかもしれません。第8章でも引用しましたので。

で」、「これ、どうして動いてるの？」としょっちゅう尋ね、満足のいく答が聞けないと、「でも、はっきりいうと、これどうして動いてるの？」とまた尋ねる、というのを繰り返していた。

つまり、わたしたちは野心的にならねばならないのだ。常に新しい問いを投げかけ、具体的で定量的な答を得ようと努力せねばならない。「科学革命」という言葉は、あまりにいろいろな事柄に対して使われてきたので、価値が下がってしまった。厳密な数学的世界模型を作ろうという野心、そして、それを成し遂げることができるという信念が出現したこと、それこそが、決定的で倦《う》むことのない、真の「科学革命」であった。

仮定する事柄は最小限にせよという要求と、具体的な答をできるだけ多くの問いに提供せよという要求とのあいだには緊張関係があるが、この緊張は実《みの》り多いものだ。深遠なまでの単純さは、入力側でけちけちと倹約的、出力側で太っ腹で出し惜しみしない。

圧縮、解凍、そして、扱い易さ（にくさ）

データ圧縮は通信・情報技術の中心問題だ。これについて考えてみることで、科学における単純さの意味と重要性を、これまでと違う重要な方向から捉えなおすことができるだろう。

情報を伝達するとき、利用できる処理能力を最大限に活用したいとわたしたちは考える。そこで、メッセージを要約し、重複している情報や不必要な情報を取り除く。MP3やJPEGなどの略語は、iPodやデジタル・カメラを使っている人には馴染み深いものだ。MP3は音声圧縮の一形式で、JPEGは画像圧縮形式のひとつである。もちろん、情報を受け取る側の人は、受信した圧縮データを解凍して、意図されたメッセージを再現しなければならない。情報を保存しようとするときにも、同じ問題が生じる。データはなるべく小さくコンパクトにしておきたいが、すぐに解凍できないのも困る。

もっと広い視点から見ると、世界を理解しようとして人間が直面する難問の多くが、データ圧縮の問題であることがわかる。外界についての情報は、わたしたちの感覚器官に大量に入ってくる。わたしたちはまず、その情報を、脳のなかにある使用可能な容量に合わせねばならない。わたしたちはあまりに多くを経験するので、それをすべて正確に記憶することはできない。「フォトグラフィック・メモリー」と呼ばれる鮮明な記憶力など、持っている人は珍しいし、せいぜい限られたものでしかない。そこでわたしたちは世界についてのごくわずかな表象が、そのなかでうまく機能するような実用模型《ワーキング・モデル》や経験則を構築する。「トラが来るぞ！」という叫びは、何ギガバイトもの光学情報に、トラから聞こえる、数メガバイトほどの音声信号を足したものに、さらに、二、三キロバイトの臭い信号とトラが空気をかき乱して生じる風の信号――最後の二つは、やばい、という意味だ――

を加え、小さなメッセージに凝縮したものだ（専門家のために――ASCIIで二三バイト）。多くの情報が削除されているが、この叫びに含まれているわずかなものから、極めて有用な結果を引き出すことができる。

物理学の深遠なまでに単純な模型を構築することは、データ圧縮のオリンピア競技*である。目標は、解凍されたときに物理的世界の詳細で正確な模型をもたらす、最も短いメッセージ――理想的には、一つの方程式――を作ることだ。すべてのオリンピア競技と同様、これにもルールがある。そのうち最も重要なのは、次の二つだ。

- 曖昧だと芸術点が減点される。
- 誤った予測をする理論は失格となる。

これがどのような競技か理解できれば、その奇妙な特徴のいくつかは、それほど不思議ではなくなる。とりわけ、究極のデータ圧縮には、ややこしく解読困難な暗号が登場することを覚悟しておかねばならない。たとえば、「Take this sentence in English（この英語の文章を読んでみろ）」という文章を考えてみよう。母音を取り除いて、短くしてみる。

Tk ths sntnc n nglsh.

読みにくくなるが、これがどんな文章を表しているかについては、じつのところ曖昧さはない。ゲームのルールに則《のっと》った、正しい方向への一歩だ。もう一歩進んで、スペースを取り除いてみるとどうだろう。

Tkthssntncmnglsh.

こうなると、ちょっと問題が生じてくる。次のような文章と誤解されてしまうかもしれない。

Took those easy not nice ogles, he.（彼はそのあまり感じの良くない流し目を受け入れた）

もちろん、このような暗号は、曖昧さがゆえに芸術点を大幅に減点される。どのような

＊もちろん、オリンピックにこのような競技はない。したがって、これはオリンピック競技ではない。しかし、ギリシアの神や女神にふさわしい難問という意味で、オリンピア競技である。

性質の文章がまっとうな文章なのか、はっきりと理解するのは難しい。深遠なまでの単純さという競技では、厳密に定義された数学的手順を使って解凍作業をしなければならない。だが、この単純な例からもわかるように、短い暗号は、元のメッセージよりもわかりにくくなるだろうし、また、それらの暗号を解読するには、知恵と努力が必要だろうと覚悟せねばならない。

何世紀にもわたる開発を経て、最も短い部類の暗号は、極めてわかりにくいものとなっている。それらの暗号を使いこなすには、何年もの訓練が必要だし、どんなメッセージを解読するにも、読むためには相当な努力が必要だ。こう見てくると、現代物理学がどうしてそんな姿になっているかがおわかりいただけるだろう。

じつのところ、事態はもっと悪かったかもしれないのだ。任意のデータの集合を圧縮する最適な方法を見出すという一般的な問題は、解決不可能であることが知られている。その理由は、ゲーデルの名高い不完全性定理と、（とりわけ）「〝あるプログラムがコンピュータを無限ループに陥れるかどうかを判定する〟という問題は解決不可能だ」という、チューリングの証明に関係している。事実、究極のデータ圧縮を追求すると、正面からチューリングの問題にぶつかってしまう。短い暗号を構築する素晴らしいトリックを考え付いたとしても、それが暗号自動解読装置を無限ループに陥れないかどうか、あなたにははっきりとはわからないのである。

しかし、自然のなかに見出されるデータの集合は、とてもでたらめに集められたとは思えない。わたしたちは、現実《リアリティー》の大部分を網羅的かつ正確に記述する短い暗号を作ってきた。それだけではない。昔、暗号をもっと短く、もっと抽象的にしようという努力がされていたころ、新しい暗号を解読すれば、メッセージが拡張されたかたちで現れ、しかもそのメッセージは現実《リアリティー》の新たな側面に対応しているということが発見されたのである。

例をひとつ挙げよう。ニュートンがケプラーの惑星の三法則を暗号化して自分の万有引力の法則へとまとめあげたとき、その法則も、そんな新しい暗号のひとつだった。解読してみると、潮の満ち干、春分点歳差、さらに、その他さまざまな傾きや揺れについての説明が、こぼれるように出てきた。一八四六年、ニュートンの万有引力が二〇〇年近くにわたって勝利につぐ勝利をおさめてきたあとに、天王星の軌道に小さな乱れが現れはじめた。ユルバン・ルヴェリエは、新しい惑星の存在を仮定すれば、これらの不一致を説明できることに気づいた。そして、驚いたことに、彼が見てみよと言った方角に観測者たちが望遠鏡を向けると、そこには海王星があったのだ！　つまり、これが万有引力の法則という新しい暗号を解くことによって見つかった現実《リアリティー》の新たな側面というわけである（現在のダーク・マター問題は、奇妙なほどこれと似ている。これについてはあとで説明する）。

深遠なまでに単純な方程式がますます圧縮されていき、それを解凍する計算がますます複雑になると、そこから出力される模型は、ますます豊かになって、しかも世界がそれに合致していることが確認される。これこそが、アインシュタインが、「主は老獪《ろうかい》だが意地悪ではない」と言ったときのほんとうの意味だったのだとわたしは思う。さらなる統合を目指して努力するわたしたちは、わたしたちの幸運はこの先も続くと信じている。

第２部　重力の弱さ

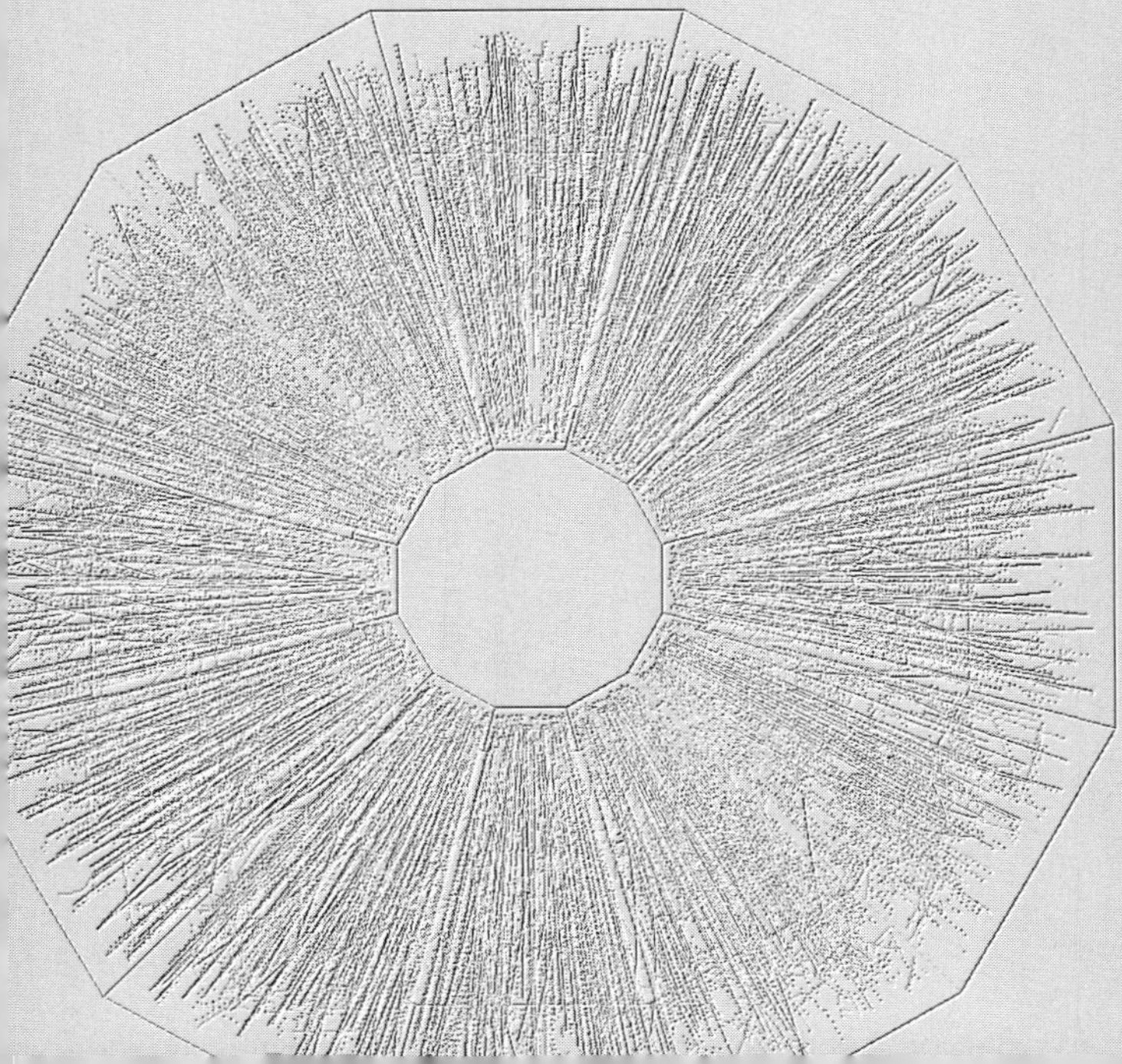

天文学では、重力は最も重要な力である。しかし、存在の根源的なレベルにおいて素粒子のあいだで作用するとき、重力は電気力や強い相互作用に比べてとんでもなく小さい。これほど力の大きさに差があることは、すべての力を同じ足場の上に置くという統一理論の理想にとっては、大きな困難となる。だが、わたしたちが新たに到達した、質量の起源についての理解が、答を示唆してくれる。

第13章　重力は弱いのだろうか？　実際にはそうだ

公平に比べると、基本粒子のあいだで作用するとき、重力はほかの基本的な力に比べてとんでもなく弱い。

もしもあなたがたった今、やっとこさベッドから抜け出したばかりだったとしたら、あるいは、丸一日働いてようやく、大好きな本を手に、やれやれ、と安楽椅子に倒れこむように座ったばかりだったとしたら、重力は弱いと聞いてもなかなか納得できないだろう。それでも、存在の根源的なレベルでは、重力は実際に弱い。とんでもなく弱い。

ほかの力と少し比較してみよう。

原子は電気力によって一体に保たれている。正に帯電した原子核と負に帯電した電子のあいだに電気的な引力が働いているのである。この電気力を消してしまえると想像してみよう。それでもなお、重力が作用して両者を引き付けあわせているはずだ。重力は、原子核と電子をどのくらいきつくまとまらせることができるだろう？　重力によって一体にまとめられた原子は、どのくらいの大きさになるだろう？　蚤《のみ》くらいだろうか？　いいや、違う。ネズミくらい？　違う。超高層ビルくらい？　いいや、違う。あなたが答だと思うものを、どんどん言ってみて。地球くらい？　まだまだ正解には程遠い。じつは、重力によって一体に保たれている原子は、半径が観察可能な宇宙の一〇〇倍にもなるのだ。

太陽によって光が曲げられるという現象が重力による効果だということはよく知られている。イギリスの観測隊が一九一九年にこの現象を確認したことは、一般相対性理論の勝利と認められ、おかげでアインシュタインは一躍世界的な有名人となった。太陽全体が、その近くにある光子に作用を及ぼすと、光子の経路は一・七五分角――一度の約三パーセント――曲がる。ではこれを、グルーオンに強い相互作用の力がどんなふうに作用するかと比べてみよう。二、三個のクォークは、グルーオンが元々進んでいた直線の経路を大きく曲げてしまい、グルーオンは陽子の半径のなかでぐるりと回転し、外に出ることはない（訳注：グルーオンは強い相互作用を担う粒子だが、グルーオン自身も色荷を持っているので強い相互作用を受ける）。

数値で比較することもできる。電気力も重力も、距離が長くなるにつれ、同じように弱まる（すなわち、距離の逆二乗に比例する）ので、どの距離でも両者の比は同じだ。陽子一個と電子一個のあいだの電気力と重力を比較してみよう。電気力のほうが、約10,000,000,000,000,000,000,000,000,000,000,000,000,000 倍強い。科学的表記法では、これは10^{40}となる（科学者たちが科学的表記を好む理由がおわかりになっただろう）。「そんな説明ではだめだ！」と批評家は咎《とが》めたてる。「陽子なんて、すごく複雑な物体じゃないか。基本的なものどうしで比べなきゃだめだ」。よろしい、賢いお方。だが、おおせのとおりにしても、状況は悪くなる一方なのだ！ 電子どうしのあいだで働く重力と電気力を比べたなら、数字はさらに大きくなり、約10^{43}倍となる。その理由は、電子の質量は陽子より小さいのに、電荷の大きさは同じだからだ。

ベッドから抜け出すとき、あなたは昨夜の夕食から発生した化学エネルギーのごく一部を使って地球全体からの引力を克服する。重力に抵抗することによって（ダンベルを上げ下げしたり、柔軟体操をしたりして）カロリーを消費しようとがんばったことのある人なら誰でも証言できるように、重力はじつは大した抵抗はしないのである——たったの数カロリーが相当長持ちするのだ。

重力の弱さがいかほどのものか実感できるもうひとつの例を挙げよう。電磁放射は、電波天文用パラボラアンテナから、光学望遠鏡、X線観測衛星に至るまで、現代天文学の主力だ。また、従来からの無線通信や衛星通信に至るまで、現代通信技術の主力でもある。これとは対照的に重力放射、すなわち重力波は、多大な労力が払われているにもかかわらず、まだ検出すらされていない。

　重力は、天文学では主要な力だが、これにしても不戦勝みたいなものでしかない。つまり、こういうことだ。ほかの相互作用は、重力よりもはるかに強いが、それらの作用には引力と斥力《せきりょく》の両方がある。普通物体は、さまざまな力が相殺しあったときに平衡に達する。複数の電気力のあいだに一時的な不均衡（あくまでも小さな不均衡である）が生じると、雷雨が起こる。強い相互作用をするいくつかの力のあいだに一時的な不均衡が生じると、核爆発が起こる。全体として徹底的に平衡が崩れるときは、もうどうしようもない状況となってしまう。しかし重力は、常に引力だ。個々の基本粒子のレベルでは弱くても、他の力とは違って、重力だけはどんどんどこまでも加算されていく。だからこそ、聖書の言い草ではないが、柔和なるものが平衡に近い状態に保たれた宇宙を受け継ぐのである。

第14章　重力は弱いのか？　理論的にはノーだ

重力は普遍的な力である。重力は時空の基本構造を形作る。重力は世界の根底に存在する。したがって、重力をほかのものの尺度として使うべきであって、ほかのものを重力の尺度として使ってはならない。それゆえ重力は、絶対的な意味で弱いということはありえない。重力は重力である、それだけだ。だが重力が弱く見えるという事実は、理論にとってはうろたえてしまうような大問題だ。それはまた、統一への道にふさがる巨大なハードルでもある。

アインシュタインの重力理論である一般相対性理論は、重力があるのは時空の構造ゆえだとする。この理論によれば、わたしたちが重力として目撃する効果は、湾曲した時空の地形をできるだけまっすぐ進もうとして、物体が最善を尽くしている結果にすぎない。この逆の、物体が時空を湾曲させるという効果もある。物体Aによって生じた湾曲は、物体Bの運動に影響を及ぼし、ニュートン的な表現では、「重力の力」と呼べるものを生み出す。*

アインシュタインによる重力の描像のなかでも特に大きな影響力を持っているのが、その力の普遍性だ。湾曲した時空のなかを直線で移動しようと最善を尽くしている任意の物体は、ほかの任意の物体が取るであろう経路と同じ経路で進む。最善の経路は時空の湾曲によって決まり、物体の具体的な性質にはまったく関係ない。

実際、重力は普遍的だという観察事実こそが、アインシュタインを一般相対性理論へと導いた最大の要因の一つなのだ。ニュートンによる重力の説明では、その普遍性は偶然であって（あるいは、一つひとつの物体での偶然の重なりという意味で、無限の偶然と言うべきかもしれない）、その原因については一切説明されていなかった。一方では、ある物体が受ける重力は、その物体の質量に比例している。もう一方では、物体が与えられた力に対して感じる加速度は、質量に反比例する（これは、ニュートンの運動の第二法則その二である。彼の元々の運動の第二法則は $F=ma$ だが、今話しているのは $a=F/m$ という形である）。この二つをあわせると、物体が重力を受けて感じる加速度——その物体の運動に対する実際の擾乱《じょうらん》——は、その質量にはまったく関係ないということになる！

そしてこれは、観察された事実でもある。重力による運動は質量とは関係ない。観察されている振舞いは普遍的だ。すべての物体は重力のもとで同じように加速する。だが、ニュートンによる説明では、どうしてこうならねばならないのかという理由が示されていない。これもまた、現実には合うけれども、理論的にはまずいことのひとつだ。物体に働く重力の力は、別にその物体の質量に比例している必要などない。実際、電気力のように、質量に比例しない力がいくつもあることをわたしたちは知っている。

アインシュタインの理論は、重力のこの「偶然」を説明する。というよりもむしろ、それを超越すると言うべきだろう。たまたま質量にちょうど逆の関係で依存する力と、その力への応答を、別々に語る必要はなくなるのだ。物体が、湾曲した時空のなかをまっすぐ進もうと最善を尽くしているだけなのである。これぞ、「深遠なまでの単純さ」の最高のかたちだ。

＊もっと厳密に言えば、ニュートンの理論は、一般相対性理論の結果を近似的に述べているのである。ニュートンの理論は、物体が光速に比べてゆっくり運動しており、しかもその物体があまり大きすぎず密度もそれほど高くないときに成り立つ。

普遍性と統一

自然のなかに存在するすべての力を網羅する統一理論を作りあげようとするとき、重力の普遍性とその（見かけの）弱さは、大きな障害となる。次のような可能性が考えられる。

●重力は、ほかの基本的な力から派生したものかもしれない。重力は効果として小さい（弱い）ので、重力はひょっとしたら何かの副産物、たとえば、符号が反対どうしの電荷や互いに補色関係にある色荷が効果をほぼ完全に打ち消しあったときに残った小さな残余、あるいは、もっと風変わりなものなのかもしれない。だが、だとすると、どうしてそんな派生物にすぎない重力が普遍的でなければならないのだろう？　ほかの力はどれも、どう考えても普遍的ではない。強い力は、クォークには作用するが電子には作用しない。電磁力は、電子とクォークには作用するが、光子やグルーオンには作用しない。すべての粒子に同じ影響を及ぼす、単純で普遍的な力が、このように偏った作用をする力の組み合わせによって生まれるとは考えにくい。

●逆にほかのさまざまな力が、重力から派生したのかもしれない。普遍的でない力が、普遍的な力から生まれるというのは想像に難《かた》くない。エネルギーが宇宙のなかで複数の小さな領域に集中しているという条件のもとで普遍的な方程式を解く、異なる方法がいくつか存在しうる。これらの解を、異なる性質を持つ粒子と解釈することができる（アインシュタイン自身、この線に沿って物質の理論を構築したいと考えていたようだ）。しかし、途方もなく弱い力が、自分よりはるかに大きな力をどうやって次々と生み出せるのかについては、見当もつかない。

●すべての力は、じつは同じ足場の上にあるのかもしれない——一つの全一体の異なる側面のように。具体的な例で言えば、サイコロの六つの異なる面のように。だがここでも、ほかの力に比べて重力が極端に弱いという事実とこの考え方とは、どうにも反《そ》りが合わない。

これを逆方向から見るとこうなる。統一は可能だと信じれば、わたしたちは否認の立場に立たざるを得なくなる。重力は確かに見かけ上弱いとしても、重力がほんとうに弱いということは、わたしたちには受け入れられない。見かけとは、誤解してしまいやすいものであり、額面どおりに受け取ってはならないものに違いない。つまり、これはむしろ、見かけをどう解釈するかという、わたしたちの側の問題なのだ。

第15章　ほんとうにすべき質問

理論的には重力は弱い必要などない。だが実際には、重力は弱い。このパラドックスの核心は、重力は確かにわたしたちには弱く見える、ということだ。わたしたちにどんな問題があって、そんなふうに見えるのだろう？

わたしたちは、重力が物体に及ぼす影響を通して重力を測定する。わたしたちが観察する重力の強さは、重力を観察するために使う物体の質量に比例する。これらの物体の質量の大部分は、物体を構成している陽子と中性子の質量である。

したがって、重力が弱く見えるとすれば——そのとおりであることをすでに本書でも見た——、弱過ぎると言って重力を咎《とが》めるか、軽過ぎると言って陽子（と中性子）を咎めるか、わたしたちは二つの立場が取れる。

高度な理論は、重力は基本的なものと見なすべきだと示唆している。この立場では、重力は重力であって、それ以上に単純なものによって説明できるものではない。そのようなわけで、理論と実際の折り合いをつけたいというのなら、わたしたちが答えねばならないのは、

陽子はどうしてこんなに軽いのだろう？

という問いだ。

ほんとうにすべき質問をすることは、理解に達するための重要な一歩であることが多い。良い質問とは、真剣に取り組める質問である。陽子の質量の起源について、深い理解に到達したわたしたちは、「陽子はどうしてこんなに軽いのだろう？」という問いに取り組む準備が十分できている。

第16章　美しい答

陽子はどうしてこんなに軽いのだろう？　陽子の質量がどのようにして生じるかを理解したわたしたちは、この問いに対して美しい答を与えることができる。その答は、力の統一理論への大きな障害をひとつ取り除き、その統一理論をぜひとも追究するようにと、わたしたちを勇気付けてくれる。

陽子がどうやって質量を獲得したかという話を、陽子の質量を小さくした元凶をそのプロセスのなかに探しながら、ざっとおさらいしよう（第10章の一部を繰り返す内容になる）。

陽子の質量は、二つの対立する効果の妥協の産物だ。クォークが持っている色荷は、周囲のグルーオン場を擾乱《じょうらん》する。この擾乱は、クォーク近傍では小さいが、クォークから離れるにつれてどんどん大きくなる。グルーオン場にこのような擾乱が生じるには、エネルギーが必要だ。最も安定な状態とはエネルギーが最小の状態であろうから、安定な状態になるためには、こんなにエネルギーがかかる擾乱をなんとか打ち消さねばならない。クォークの色荷による擾乱の効果は、近くに反対の色荷を持つ反クォークがあれば、あるいは、陽子の場合のように、相補的な色のクォークをさらに二個持ってくれば、相殺することができる。相殺目的のクォークを、元々のクォークの真上に置くと、擾乱は完全に消え去る。これはもちろん、最低のエネルギー（ゼロ）を持つ擾乱（擾乱なしの状態）をもたらす。

ところが、量子力学によってこれとは別のエネルギー経費を強いられるため、妥協せざるを得なくなる。量子力学によれば、クォークは（あるいは、ほかのどんな粒子でも）明確に定まった位置を持たない。それが存在する可能性のある位置は、一定の広がりを持った範囲に分布しており、その分布は波動関数によって記述される。量子力学の根本的な様相を表現するために、粒子《パーティクル》の代わりに「波子《ウエービクル》」という言葉を使うこともある。波子であるクォークを、位置の広がりが小さい状態にさせるには、それが大きなエネルギーを持つことを許さねばならない。ようするに、クォークを小さい範囲のなかに局所化《ローカライズ》するにはエネルギーがかかる、ということだ。直前のパラグラフで考えたとき、グルーオン場の擾乱を完全にゼロにするには、効果の相殺に必要なもう一個のクォークを、元々のクォークの真上に置かなければならなかった。だが、それではだめなのだ。そんなことをする

ために は、法外な局所化エネルギーが必要になる。

というわけで、妥協せざるを得なくなる。その妥協による解決法では、グルーオン場の擾乱で完全に相殺されなかった残りと、クォークの位置が完全に局所化されなかった分のエネルギーの残りとが出てくるはずだ。この二つのエネルギーの総和、Eから、アインシュタインの第二法則 $m=E/c^2$ に従って、陽子の質量が生まれるのである。

この説明で、新たに登場し、しかも最もややこしい要素は、グルーオン場の擾乱が距離とともに大きくなるという点だ。これは、先ごろ三人の幸運な科学者たちにノーベル賞をもたらした、漸近的自由という新しい概念と密接な関係がある。漸近的自由は、本書でもすでに説明したように、仮想粒子からの微妙なフィードバック効果である。これを、わたしたちが「空っぽの空間」と呼んでいるグリッドが課された色荷を反遮蔽する「真空分極」の一つの形態と見なすことができる。これをテーマに、あれこれ思考実験にふけるのが好きな人々向けのホラー映画が作れそうな、これはものすごい効果なのだ――『グリッドの反撃』、『暴走するグリッド』、『狂ったグリッド』などがタイトルの候補として考えられよう。

だが、現実《リアリティー》は穏やかに落ち着いた様相を見せている。クォークから離れるときの反遮蔽の強まり方は、ゆっくりしている。とりわけ、はじめのうちは特にそうだ。種子(色)荷が小さければ、それがグリッドに及ぼす効果は、小さなものとして始まる。だがグリッドのほうは、反遮蔽することによって実効色荷を徐々に増やしていくので、擾乱成長の次のステップは少し速くなる。このような具合に、擾乱の成長速度はどんどん上がっていく。ついには、擾乱は巨大化して驚異的なまでになるので、これを何らかの方法で打ち消さねばならない。しかし、そんな大変な状況に至るにはしばらく時間がかかるかもしれない（ならば、そんなことになる前に、種子クォークから遠く離れておいたほうがいいかもしれない）。

擾乱の成長がゆっくりなら、相殺目的で置かれたクォークの局所化に対する要求は、それほど切羽詰ったものではなくなる。ならば、それほど厳密に局所化しなくてもいい。というわけで、擾乱成長と局所化の両方のプロセスで、必要なエネルギーはそれほど大きくなく、小さなものですむ。その結果、そのエネルギーから生まれる陽子の質量も小さくなる。

これが、陽子がこんなに軽い理由だ！

今お話ししたのは、「手ぶりを交えながらの説明」と呼ばれる種類の説明である。みなさんにはわたしを見ることはできないだろうが、さっきの説明をキーボードで打ち込んでいるあいだ、わたしは何度も手を止めては、その手を使って雲が目の前にあるかのように形をまねながら作業していたのだ。これには、わたしのイタリア系の人間としての一面が出ている。ファインマンも、「手ぶりを交えながらの議論」で有名だった。彼は一度、超流動ヘリウムの理論を、この議論を使ってパウリに説明したことがあった。手厳しい批評をすることで有名なパウリは納得しなかった。ファインマンは根気良く説明を続けたが、とうとう業を煮やして、「でもあなたはきっと、わたしが言ったこと全部が間違ってるという確信もないのでしょう？」と尋ねた。パウリはこう応えた。「君が言ったことは全部、間違ってさえいないと思うね」。

　間違っている可能性のある説明をするには、もっと具体的な話をせねばならない。陽子は軽いというとき、それはどのくらい軽いのだろう？　数値としてはどのくらいなのだろう？　みなさんもご存知のとおり、ものすごく小さな数値で表される、重力のとんでもないまでの弱さを、わたしたちはほんとうに説明できるだろうか？

ピタゴラスの洞察、プランクの単位

　あなたにはアンドロメダ銀河に友人がいるが、その相手とはテキストメッセージでしか接触できないとしよう。自分の体についてのデータ——身長、体重、年齢——を知らせたいとしたら、あなたはどんな方法でその情報を送るだろうか？　この友人は、地球の物差し、秤、時計などを見たり使ったりはできないので、「わたしの身長は何々インチで、体重は何々ポンド、年齢は何歳だよ」と言ってもだめだ。普遍的な尺度が必要だ。

一八九九年と一九〇〇年、マックス・プランクは、量子論の始まりを画することになる研究に深く没頭していた。クライマックスが訪れたのは、一九〇〇年一二月、わたしたちが今日使っている量子力学の基本方程式に登場しているh（プランク定数）という有名な定数を彼が導入したときのことだ。その直前、彼は畏《おそ》れ多いプロイセン科学アカデミーで講演をし、そのなかで、今わたしがみなさんに問いかけたのと本質的に同じ疑問を提起した（とはいえ、テキストメッセージの例を使って説明したわけではない）。彼はこれを、「絶対単位の定義という大きな難題」と呼んだ。プランクが夢中になって研究していたのは、原子の秘密を暴《あば》けるかもしれないとか、古典力学のロジックを転覆できそうだとか、物理学の基礎を平らにならしてすっきりできるかもしれないなどと思ったからではなかった。これらの事柄はすべて、のちに、ほかの科学者たちがプランクの研究を元にやったことだ。プランクが興奮していたのは、絶対単位の問題を解決する道が、自分には見えてきた、と感じたからだった。

　絶対単位の問題なんて、ひどく学術的な問題だと思われるかもしれない。しかし、この問題は、哲学者、神秘主義者、そして哲学的に考えるのを習慣とする科学者たちにとって、核心に近いところに位置するものだ。

　二〇世紀（および二一世紀）に展開されたポスト古典力学の宣言《マニフェスト》がなされたのは、じつはプランクのはるか以前、紀元前六〇〇年ごろ、サモスのピタゴラスがすごい洞察を公言したときにさかのぼる。ピタゴラスは弦をはじいて鳴らした音を研究して、人間が調和していると感じる音程は、数の整数比と結びついていることを発見したのだ。同じ材料から作られた同じ太さの弦を、長さを変えて、同じ張力のもとで調べる。このような条件で実験をした彼は、弦の長さの比が小さな整数で正確に表されるときに、二つの音は調和して聞こえることを見出した。たとえば、長さの比が2対1ならば一オクターブ離れた同じ音であり、3対2ならば五度の音程、そして4対3なら四度の音程となる。彼の洞察は、「すべてのものは数である」という格言にまとめられる。

それからはるかに時を下った現代、ピタゴラスがほんとうは何を考えていたかをはっきりと理解するのは難しい。おそらく彼の考えの一部には、数から形状を構築することができるという考えに基づいた、一種の原子論があったのだろうと思われる。今日、数の二乗や三乗を、「スクエア」（英語では「正方形」と同じ言葉）、「キューブ」（英語では「立方体」と同じ言葉）と呼ぶ習慣があるが、これは、この数字から構築される形状という考え方から来ている。わたしたちの「情報《ビット》から物質《イット》」を構築する作業も、「重要なことのなかには、数から成っているものがある」という展望をたいへん良く実現している。いずれにせよ、文字通りに解釈すれば、ピタゴラスの格言はたしかに少し言い過ぎている。「3」のような抽象的な数には、長さも質量もなく、時間的な持続というものもない。数そのものは、測定に使える物理的な単位を提供することはできない。数では、物差しも秤も、あるいは時計にしたって、作ることはできない。

プランクが提起した絶対単位の問題は、まさにこの点を指したものだった。このデジタル時代にあってわたしたちは、情報というものは数の列によって暗号化できる（実際、1と0の列で暗号化できる）という考え方に慣れっこになっている。テキストメッセージがそのいい例だ。すると、プランクは、このように問いかけていたのと同じことになる。「数は、物質的存在の物理的に意味のあるすべての側面――言い換えれば、『物質的存在のすべて』――を、構築することはできないとしても、少なくとも、記述するには十分ではないだろうか？」具体的に言うと、「数だけを使って、長さ、質量、時間がどれくらいかということを伝えることができるだろうか？」ということだ。

プランクは、アンドロメダ銀河の住人たちは、わたしたちの物差し、秤、時計を見たり使ったりはできないとしても、彼らのものと同じ、わたしたちの物理法則を使うことはできるはずだと気づいたのだ。とりわけ、次の三つの普遍定数は、彼らも測定できるはずだ、というのである。

c　光の速度。

G　ニュートンの重力定数。ニュートンの理論では、これは重力の強さを表している。正確には、ニュートンの万有引力の法則では、距離 r だけ離れた、質量 m_1

とm_2の二つの物体のあいだに働く万有引力は、Gm_1m_2/r^2である。

h　プランク定数。

（実際のところは、プランクは現代のhとは少し違う値を使っていた。この時点ではhはまだ発明していなかったのである）

これら三つの量を使って、冪乗《べきじょう》したり比を取ったりして、長さ、質量、時間の単位を作りだすことができる。このとおりだ。

L_p　プランク長。代数的には、$\sqrt{\frac{\hbar G}{c^3}}$。数値的には、$1.6\times10^{-33}$センチメートル。

M_p　プランク質量。代数的には、$\sqrt{\frac{\hbar c}{G}}$。数値的には、2.2×10^{-5}グラム。

T_p　プランク時間。代数的には、$\sqrt{\frac{\hbar G}{c^5}}$。数値的には、$5.4\times10^{-44}$秒。

ここで、$\hbar = h/2\pi$。

一見してわかるとおり、プランク単位は日常で使用するにはあまり扱い易くない。プランク長とプランク時間は、素粒子物理学で使うにしてもとんでもなく小さい。たとえばプランク長は、陽子の大きさの1/100,000,000,000,000,000,000（10^{-20}）倍だ。プランク質量は、二二マイクログラムと、完全に非実用的ではない。たとえば、ビタミンの投与量はマイクログラムで量《はか》られることが多い。なので、いつもの健康食品店に行き、ビタミンB_{12}をプランク質量含有する錠剤を探す、ということもあるかもしれない。しかし、基礎物理学にとっては、プランク質量はとんでもなく大きい。陽子の約10,000,000,000,000,000,000（10^{19}）倍の質量なのである。

非実用的なものではあったが、プランクは、自分が考案した単位が、普遍的な（と仮定されている）物理法則に登場する量に基づいていることに満足していた。彼によれば、プランク単位は絶対単位であった。先ほどの、自分の身体についてのデータを、アンドロメダ銀河にいる友人にテキスト・メッセージとして送るという差し迫った問題も、これらのプランク単位を使えば解決できる。自分の身長、体重、そして時間の流れのなかでどれぐらい持続しているか（つまり、年齢）を、それぞれ適切なプランク単位の倍数として――じつに大きな倍数だ――表せばいいだけである。

二〇世紀をとおして物理学が発展するにつれ、プランクの業績は、ますます重要性を増していった。物理学者たちは、c、G、hそれぞれの量が、深遠な物理概念を表現するに必要な、変換係数の役割りを果たしていることを理解するようになった。

●特殊相対性理論は、空間と時間を融合する対称操作（ブースト交換、すなわち、ローレンツ変換）を前提としている。だが、空間と時間は違う単位で測定されるので、そのあいだの変換係数がなければならず、*c* がその仕事を担っている。時間に *c* をかけることによって、長さが得られる。

●量子論は、波動‐粒子二重性の二つの側面として、波長と運動量のあいだに反比例の関係があり、振動数とエネルギーのあいだに直接の比例関係があると仮定している。だが、これらの量のペアは、違う単位で測定されており、その変換係数として *h* が導入されねばならない。

●一般相対性理論は、エネルギー‐運動量密度には時空の曲率が含まれていると仮定しているが、曲率とエネルギー密度は違う単位で測定されており、したがって、その変換係数として *G* が持ち込まれねばならない。

これらの事柄は循環的な関係にあり、そのなかで、*c*、*h*、*G* の地位はどんどん高まっていく。これらの定数は、物理の深遠な原理をあらしめる役割りを果たしているのであり、これらの定数なしには、物理の深遠な原理も意味をなさない。

統一の採点票

陽子の質量の起源についてわたしたちが到達した理解が、重力の弱さをどの程度うまく説明できるか、また、重力の弱さがもたらしているらしい、統一への障壁を取り除けるかどうかを、プランク単位の助けを借りて判定することができる。

特殊相対性理論、量子力学、一般相対性理論を柱とする統一理論を作り出したいのなら、根底に存在する最も基本的な物理法則は、プランク定数で表現したときに自然に見えるということを確認せねばならない。極端に大きな数も、極端に小さな数も、そこには登場してはならないのだ。

重力が弱く見えることを巡るわたしたちの悩みの根っこは、プランク単位で表現すると、陽子の質量がとても小さくなるということにある。だがわたしたちは、陽子の質量は最も基本的な物理法則を直接反映させたものではないという理解に至った。陽子の質量は、グルーオン場のエネルギーとクォークの局所化エネルギーの妥協の産物である。陽子の質量の背後にある基本的な物理——プロセスを進行させる現象——は、根底に存在する色荷の基本単位だ。このプロセスの種《たね》となる色荷、種荷《シード・チャージ》の強さが、グルーオン場エネルギーの成長する雲がいかに速く驚異的レベルに達するかを決定し、したがって、それを相殺するためにクォークがどれだけ量子局所化エネルギーを費やさねばならないかも決定するわけだ。かくして、このエネルギーにアインシュタインの第二法則を当てはめることによって、陽子の質量がどれだけ小さくなるかも決定されるのである。

　ちょうどいい種荷が、現実の、極めて小さな——プランク質量で表しても小さな——陽子の質量をもたらす原因になっている可能性はあるのだろうか？　この問いに答えるためには、もちろん、種荷のちょうどいい値とはどんな値なのかを明確にせねばならない。基本的な種荷の強さを測定するには、それが引き起こす基本的な物理効果を考えねばならない。その物理効果としては、種荷が発生する力、位置エネルギー、（専門家向きだが）断面積の、どれを選んでもかまわない。プランク距離にあるすべてのものをプランク単位で測定する限り、どんな手段を取ろうとも、答は同じになるはずだ。最も強烈で、わたしたちもよく親しんでもいるものとして、力に注目することにしよう。

　というわけで、プランクに従えば、種荷は、プランク長だけ離れた二つのクォークのあいだに、プランク単位で測定したときに極端に小さくも大きくもない力をもたらすときに、ちょうどいいことになる。もちろん、プランクならそう言ったことだろう。大事なのは、プランクの権威という裏づけではなくて、彼の単位が体現している、特殊相対性理論、量子力学、そして重力（一般相対性理論）は、ほかのさまざまな相互作用と統一できるという理想である。わたしたちは、これをひっくり返して、この理想を仮定すれば、陽子はどうして軽いのかについての一貫性ある理解に到達し、そしてそこから、重力が現実としてどうして弱いのかについての理解に至ることができるのだろうか、と問うているのである。だとすると、結局、これらすべての議論は、ひとつの極めて数値的な問いに要約される。「プランク長だけ離れた二つのクォークのあいだにはたらく、陽子の質量の種《たね》となる強い相互作用の力『シード・ストロングフォース』の強さは、プランク単位で表現すると、1に近いのだろうか？」という問いだ。

この問いに答えるためには、わたしたちが知っている物理法則を、それらの法則が実験で確認されてきたよりもはるかに小さな距離に無理やり当てはめなければならない。プランク長は極めて短い。いろいろと問題が起こりうる。それでも、イエズス会のモットー、「やる前に許可を求めるよりも、やってしまったあとで許しを求めるほうが幸いである」の精神で、四の五の言わずにやってみよう。

必要な計算は、実際、現代理論物理学の基準で言えばかなり単純なものだ。必要な考え方はすべて、わたしたちはすでに言葉で議論している。具体的な数式をお見せしないのは、わたしにとっては辛《つら》い決断なのだが、わたしは情け深い人間だし、それに、出版社の人もやめたほうがいいと助言してくれた。そのような次第で、結果だけを述べよう。

プランク長だけ離れた二つのクォークのあいだの「シード・ストロングフォース」は、プランク単位で測定すると、約1/25である。理想の値1よりはかなり小さいかもしれないが、それでも第13章で重力は電気力の、1/10,000,000,000,000,000,000,000,000,000,000,000,000,000,000と、ものすごく小さいと思っていたことからすれば大幅な改善で、重力の弱さをどうやらうまく説明できたと言っていいだろう（巻末の注を参照されたい）。

こうしてわたしたちは、重力の（見かけの）弱さを、基本的で、新しい、だが、確固たる基盤を持った物理から始めて、説明することに成功した。そして、力の統一理論への道に立ちふさがる障害を取り除いたのである。

次のステップ

これはなかなかいい話だし、辻褄が合っていると、みなさんも感じてくださると思う。「任務達成《ミッション・アコンプリッシュト》」という、ブッシュ前大統領によるイラク戦争勝利宣言にしたって、もっとわずかな成果に基づいて発せられたのだから。

しかし、こんな小さな基盤から大きな結論を引き出すのは、不安でもある。たった一つの点の上に、ピラミッドを逆立ちさせてバランスが保たれるように建設するようなものだ。確固たる結論とするためには、もっと広い基盤が必要だ。

ハードルを越えたことを証明するのに、コースを走破する以上に説得力のあるものはない。統一への道がわたしたちの前に開《ひら》けている。その道を辿ってみよう。

第３部　美は真なるか？

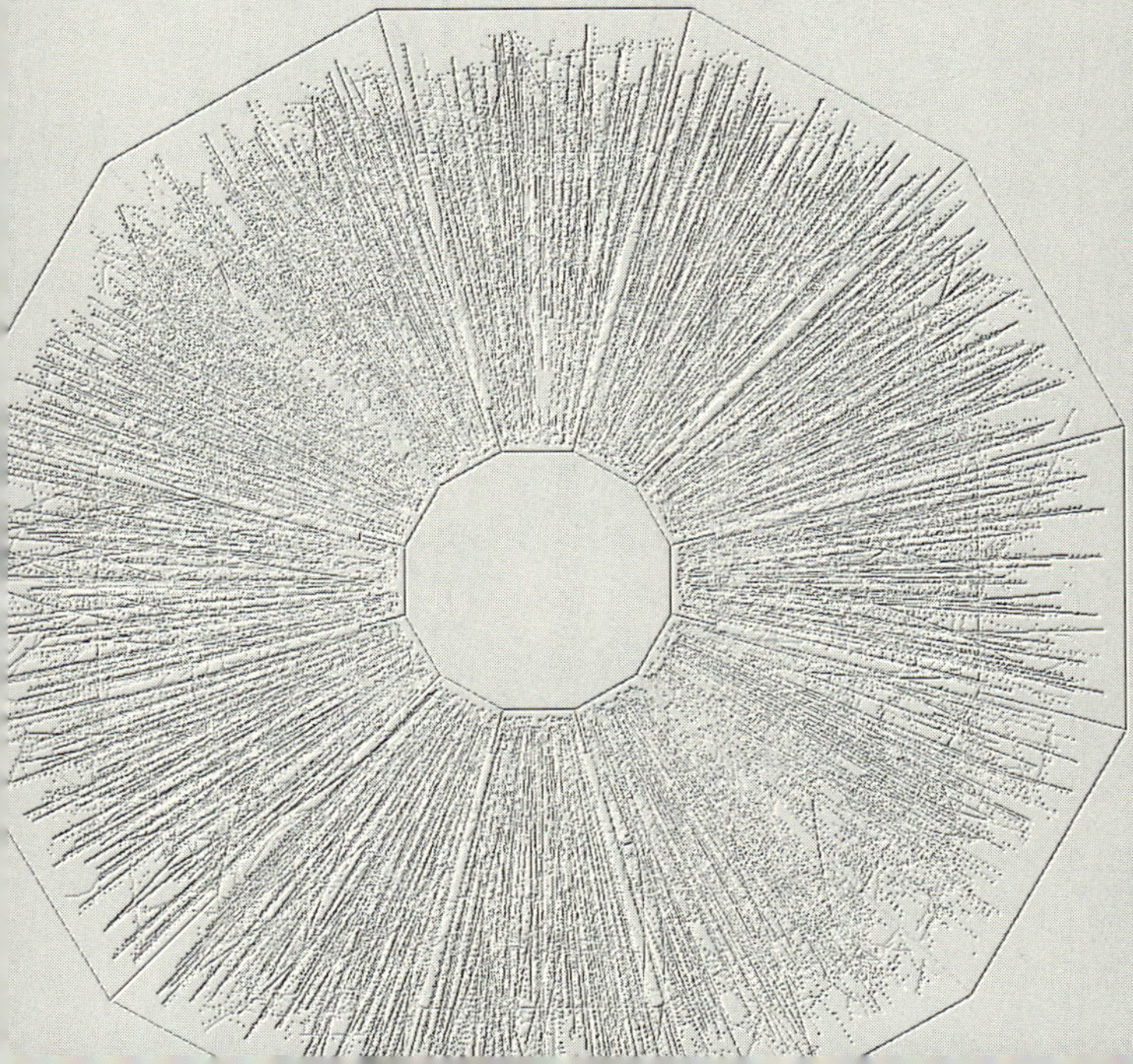

わたしたちは、重力の弱さについての論理的で美しい説明を見出した。だが、その説明は真実だろうか？　それが真実であり、また、実り多いものであることを確証するには、さまざまなアイデアがなすもっと大きな輪の一部にこの説明をうまく埋め込み、そのなかからこの説明から導かれる検証可能な結果をいろいろと引き出さねばならない。

自然は、四つの基本的な力を包括する統一理論は可能であるとほのめかしているように思われる。わたしたちが到達した重力の弱さに関する説明は、その枠組みにとてもよく収まる。しかし、統一を細部に至るまで完全に達成するには、新しい一群の粒子の存在を仮定しなければならない。これらの粒子の一部は、ジュネーブ近郊に建設されたＬＨＣ（大型ハドロン衝突型加速器）という巨大な加速器のなかで出現するはずである。また、そんな粒子の一つが、宇宙に充満し、ダーク・マターを提供しているのかもしれない。

第17章　統一――セイレーンの歌

現在知られている粒子と相互作用が示すパターンは断片的なものでしかない。これらのものを説明する既存の原理に基づきながらも、より大きな対称性を持つよう拡張された理論によって、これらの粒子と相互作用をひとつにまとめあげることができる。

十分に確立されたいくつかの物理法則が導くのに従って進むと、「どうして重力はこんなに弱いのだろう?」という、本書のテーマ、「力の統一」にまつわる古典的な問題に対する、深遠な説明に到達することがわかった。

残念なことに、この答に到達するためには、これら確立したいくつかの物理法則を、直接実験して確かめられるという期待をもつにはあまりに短い距離に無理やり当てはめなければならなかった。これらの法則はまた*、直接実験して確かめられるという期待をもつに

$$\begin{pmatrix} u_r & u_w & u_b \\ d_r & d_w & d_b \end{pmatrix}^L_{1/6}$$

$$\begin{pmatrix} \nu \\ e \end{pmatrix}^L_{-1/2}$$

$$\begin{pmatrix} u_r & u_w & u_b \end{pmatrix}^R_{2/3}$$

$$\begin{pmatrix} d_r & d_w & d_b \end{pmatrix}^R_{-1/3}$$

$$\begin{pmatrix} e \end{pmatrix}^R_{-1}$$

$$\nu^R_0$$

SU(3) × SU(2) × U(1)

混合はしているが、統一されてはいない

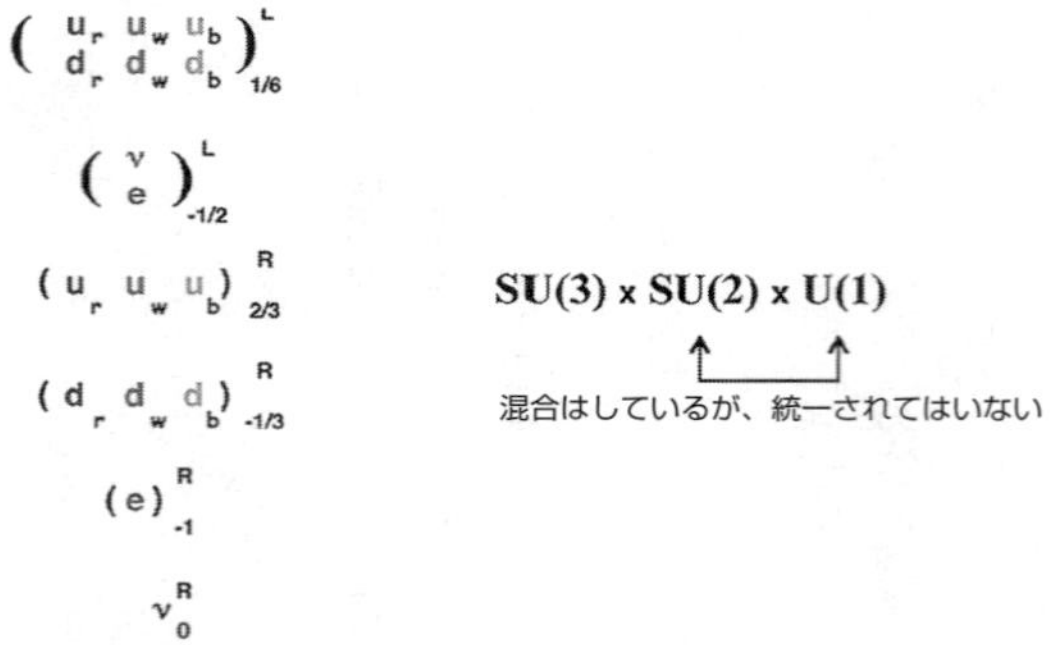

図 17・1
コア理論に登場する粒子と相互作用をまとめたもの。クォークとレプトンが6つ、相互作用が3つに分かれている。

はあまりに大きなエネルギー——数十億ユーロが投資された最新かつ最大の加速器、LHCが実験できるよう設計されたエネルギーの、じつに「一〇億の一〇〇万倍」（10^{15}倍）のエネルギー——に無理やり当てはめなければならなかった。このように、わたしたちの説明は未検証の基盤に立っているのである！

わたしたちは、この状況をただ従順に受け入れる必要はない。統一の物理を評価するほかの方法を探すこともできるし、超短距離や超高エネルギーの領域を覗き見ることもできる。直接の道はふさがれている。実際問題として、必要なエネルギーまで粒子を加速して衝突させることはできない。だが、統一をほのめかす、ほかのしるしを探すことはできる。そのしるしとは、わたしたちがアクセスできる世界のなかにある、まだ説明されていないさまざまなパターンだ。

そのようなパターンは実際に存在する。図17・1と図17・2をご覧いただきたい。図17・1は、わたしたちが現時点で理解している、素粒子の体系——いわゆる標準模型（QCDもこれに含まれる）——を表している。「標準模型」とは、人類最大の成果のひとつに対して付けるには、異様なまでに控えめな名称だ。標準模型は、わたしたちが物理学の基本法則について知っているほとんどすべてのことを驚くほど小ぢんまりした形式にまとめあげている。[**] 原子核物理学、化学、材料科学、そして電子工学のほとんどすべての現象——それがすべてここにある。しかも、ファインマンのちょっとふざけた$U=0$や、古典哲学で盛んだった口頭による知的競技とは異なり、この図には、記号を物理的世界の模型へと展開するための厳密なアルゴリズムが伴っている。これを使えば、あっと驚くような予測をしたり、エキゾチック励起を利用したレーザー、原子炉、あるいは、超高速・超小型コンピュータ・メモリーを、自信を持って設計することができる。異様なまでに控えめな態度は柄《がら》ではないので、わたしは以下本書にて、標準模型のことを「コア理論」と呼ぶことにする。

＊超短距離と超高エネルギーの密接な結びつきについては、すでに論じた。指針とさらなるコメントについては、巻末にまとめて載せた注を参照されたい。

＊＊これには例外もあり、それについてはこのあとすぐ紹介する。統一が可能と仮定することによって、わたしたちは偏った形や面白い数字を説明するのである。

	R	W	B	G	P
u	+	-	-	+	-
u	-	+	-	+	-
u	-	-	+	+	-
d	+	-	-	-	+
d	-	+	-	-	+
d	-	-	+	-	+
u^c	-	+	+	-	-
u^c	+	-	+	-	-
u^c	+	+	-	-	-
d^c	-	+	+	+	+
d^c	+	-	+	+	+
d^c	+	+	-	+	+
ν	+	+	+	+	-
e	+	+	+	-	+
e^c	-	-	-	+	+
N	-	-	-	-	-

SO(10)

ハイパーチャージ Y = -1/6 (R+W+B) + 1/4 (G+P)

図 17・2
前の図と同じ粒子と相互作用に、さらにいくつかのものを加えて、統一理論にまとめたもの。クォークとレプトン、そして相互作用も、ひとつの全体としてまとまっている。

コア理論の適用範囲の広さ、威力、正確さ、そして証明済みの的確さは、いくら強調しても強調しすぎることはない。なので、ここでは強調しようとすらしないでおこう。コア理論は、自然がもたらす「決定的な解答」と言ってもいいようなものだ。この理論は、わたしたちにとって物理的世界についての根本的な説明の核《コア》となるものを、長期にわたって——おそらく永遠に——提供してくれるであろう。

図17・2は、図17・1と同じ粒子とその性質をひとつの統一された理論の体系として示したものだ。（確立された）コア理論が（まだ仮説段階の）統一理論に無条件で包含《ほうがん》できるわけではない。コア理論のパターンに現れる偏った形や、そこからぶらさがる面白いいろんな数字が違っていたりしたら、うまくいかず、統一はできない（少なくとも、すっきり巧《うま》くはできないだろう）。わたしたちはこれを逆向きにたどって、まず統一が可能と仮定することを出発点にして、現在使われている妙に偏った形をした粒子のグループ分けや面白い数字を説明していこう。

自然がわたしたちを誘う歌を歌っている。もっとじっくり耳を傾けてみよう……

コア理論——いくつか話題を選んで

これまでの章で、強い相互作用とその理論——量子色力学、すなわちQCD——についてかなりじっくりと論じた。現代の電磁気の量子理論——量子電磁力学、すなわちQED——は、QCDの父親であると同時に弟でもある。QEDのほうが先に登場し、QCDがそこから成長していった多くの概念を提供したという意味で、QEDは父親だ。そして、QEDの方程式は、より単純で、QCDの方程式の手ごわさが弱まったようなかたちのものだという意味で、QEDは弟だ。QEDについても、わたしたちはかなりの議論をしてきた。

通常の自然の過程《プロセス》では、強い相互作用の主要な役割りは、クォークとグルーオンから陽子と中性子を作り上げることだ。この仕事で、色荷はほぼ完全に打ち消されるが、バランスがずれていたために残った分は残留力を生み出し、この力が陽子と中性子を結びつけて原子核を形成する。そのあと、電磁相互作用によって電子が原子核に結合され、原子ができあがる。これによって電子の電荷はほぼ完全に打ち消されるが、残った不均衡分が残留力を生み出し、この力が複数の原子を結びつけて分子を形成し、そして分子どうしが多数結合しあってさまざまな物質ができる。QCDはまた、光と、その従兄弟にあたるさまざまな形態の電磁輻射——電波、マイクロ波、赤外線、紫外線、X線、γ線——も説明する。

コア理論の第三の主役は、弱い相互作用だ。弱い相互作用が自然のなかで担っている役割りは、右の二つなどよりもっと微妙で捉えにくいが、同時に極めて重要でもある。それは、弱い相互作用は錬金術を行なうからだ。もっと正確に言うと、弱い相互作用はクォークが持つさまざまなフレーバーの種類を変化させ、また、さまざまなレプトンの種類を変化させる。図17・1では、弱い相互作用は図の垂直方向に変化を起こす（強い相互作用は、図の水平方向に変化を起こす）。陽子のなかにある$\boldsymbol{u}$クォークの一つを$\boldsymbol{d}$クォークに変化させると、陽子は中性子になる。このように、弱い相互作用がもたらす変化は、ある元素の原子核を、違う元素の原子核に変貌させる。弱い相互作用のこのような「錬金術」（もっとちゃんとした名称で言えば「核化学」である）に基づく反応は、普通の化学反応に比べ途方もなく大きなエネルギーを解放することができる。恒星は、この錬金術反応により、陽子を中性子に効率よく変換して取り出したエネルギーで生きている。

コア理論の核心——強い相互作用、電磁相互作用、弱い相互作用——について、もっと詳しく論ずる前に、ここではいったん説明せずに置いておく（すぐあとでまた取り上げます！）いくつかの項目について、少しコメントさせていただきたい。大きな項目が二つある。重力と、ニュートリノの質量である。

●すでに議論したが、重力が見かけ上弱いのは、重力そのものよりもむしろ、わたしたちの特殊な見方のせいである。そして、このあと数章にわたって見ていくように、自然は、重力をほかの相互作用とともに、対等のパートナーとして統一に含めるようにと促している。

重力相互作用をコア理論に含めることに実際的な困難はない。ユニークだが直接的な方法があり、しかもそれはうまくいく（専門家のみなさんへ——計量場にアインシュタイン-ヒルベルト作用を使い、物質場に最小結合を使い、平らな空間の周囲に量子化すればいい）。宇宙物理学者たちは日々の研究のなかで、一般相対性理論をコア理論のほかの部分としょっちゅう結びつけて使っており、なかなかの成功をおさめている。GPSを使っている人たちにしてもそうだ。

ようするに、こういうことである。重力をコア理論から分離しておくという通常の慣習は、便利だが、おそらく皮相な手段に過ぎない。

●ニュートリノがゼロでない質量を持つことは一九九八年に確認された（訳注：日本のスーパーカミオカンデ共同実験グループの観測による）が、それをほのめかす事実は一九六〇年代から知られていた。ニュートリノの質量の値は、極めて小さい。三種類のニュートリノのうち最も重いものでも、知られているその次に軽い粒子、電子の一〇〇万分の一以下だ。ニュートリノは、幽霊のように捉えにくいことで有名だ。毎秒約五〇兆個のニュートリノが人間一人ひとりの身体を通過しているが、わたしたちは気づかない。ジョン・アップダイクは、ニュートリノについて詩を書いた。その詩はこんなふうに始まる。

ニュートリノはとっても小さい。
電荷もなければ質量もない。
相互作用も全然しない。
地球なんて、連中にとっては、ただ通り抜けるだけの
つまらないボール。

こんな捉えどころのない粒子だが、実験家たちの粉骨砕身《ふんこつさいしん》の努力によって、ニュートリノのさまざまな性質をかなり詳しく研究することが可能になってきた。*

質量ゼロのニュートリノは、コア理論の構造にごく自然にはまり込み、コア理論にとっては何の問題も生じない。質量がゼロでないニュートリノを包含するには、風変わりな性質を持ち、この目的以外に存在を仮定したくなる根拠もなければ、存在の証拠もない新しい粒子をいくつか加えねばならない。統一理論を作ろうとしてコア理論を拡張するとき、物事はそれまでとまったく違う様相を見せはじめる。そのとき、これら新粒子はじつは既知の粒子の家族だったのだと気づく。放蕩息子が戻り、一家全員がそろうわけである。そして、これらの粒子の風変わりな振舞いは、遠いどこかの国の情熱的な娘たちとのアバンチュールがあったことをほのめかすだろう。

＊ニュートリノとその性質については、非常に多くの本が出版されている（ニュートリノは実際相互作用をする――ただ、ごく稀にしか相互作用しない）。このテーマは、高度に専門的で、わたしたちの中心的な話題にとってはあまり関係ないので、この箇所の議論については、わたしは厳選した話題だけをごく簡単に述べている。詳細な説明を少しと、もっと詳しい参考文献については、巻末の原注を参照されたい。

ほかに、隠しておこうとわたしがほとんど決めている、複雑な問題が二つある。わたしが一番伝えたいメッセージからは外れているからだが、まったく触れないのも具合が悪いだろう。どうか、これらの問題の表面的な複雑さに怖気《おじけ》づいたり意欲をなくしたりしないでほしい。これらの問題が存在することを認めないわけにはいかないが、それを知っていたずらに目を曇らされないようにしたいものである。

一つめの複雑な問題は、ゲージ粒子の質量と混合である。基本方程式では、三つのグループのゲージ場がある。グルーオン場には八つの色があるのは、みなさんももう親しまれているとおりだ。さらに、弱い相互作用の対称性に関係するゲージ粒子が三つある。これらは、W^+、W^-、W^0と呼ばれており、三つとも互いに対称的である。最後に、一個孤立した「超電荷《ハイパーチャージ》」ゲージ粒子、B^0がある。わたしがこれまでお話ししてきたグリッド超伝導性は、W^+、W^-、そして、W^0とB^0の特定の混合物によって生み出された粒子に、ゼロでない質量を与える。この混合物の擾乱《じょうらん》は、Zボソンという重い粒子を生み出す。W^0とB^0の、また別の混合物（専門家のみなさんへ——両者の直交結合）の擾乱は、質量ゼロのままだ。この質量ゼロのW^0とB^0の結合体が光子である。

まとめるとこうなる。対称性の数学の観点からすると、W^0場とB^0場が最も自然である。だが、グリッド超伝導性をいったん考慮に入れたなら、特定の質量をもたらす擾乱には、W^0とB^0の混合物が関係してくる。一つのタイプの擾乱はZボソンで、これはゼロでない質量を持つ。もうひとつのタイプは光子で、これは質量を持たない。

コア理論は電磁相互作用と弱い相互作用を統一すると言われることがある。これは誤解を招く言い方だ。さらに二つ、はっきり区別される相互作用が関与しており、これらの相互作用は、それぞれ異なる対称性に付随している。これらの相互作用は、コア理論に統一されているというよりも、混入しているのである。

二つめの問題は、クォークとレプトン（訳注：巻末用語解説参照）の質量と混合だ。クォークとレプトンは、三つの、「世代」と呼ばれるグループに分類されている。一番軽いのが第一世代で、これにはuクォークとdクォーク、電子e、そして電子ニュートリノν_eが含まれる。このほかに二つ、もっと重い粒子の世代がある。第二世代は、チャーム・クォークcとストレンジ・クォークs、ミュー粒子μ、そしてミューニュートリノν_μからなる。最後の第三世代には、トップ・クォークt、ボトム・クォークb、タウ粒子τ、そしてタウニュートリノν_τが含まれる。

ゲージ粒子と同じように、これらの粒子はすべて、グリッド超伝導性がなければ質量ゼロである。しかし、グリッド超伝導性は、これらの粒子に質量を与えるのみならず、重い粒子が軽い粒子と混合できるようにし、その結果、重い粒子は、複雑な過程を通じて軽い

＊ニュートリノは、直前に議論したとおり、特殊なケースである。

粒子に崩壊できるようになる。これらの質量と混合は、専門家にはひじょうに興味深いし、その価値を理解することは、理論物理学がいまだ達成していない難問である。おまけに、これよりはるかに単純なのに、まだ理解されていない問いもある。「そもそも、どうして三つ世代があるんだ？」という問いだ。

これらの問題について、特にいい考えがわたしにあるわけではないので、その詳細にしつこく食い下がって言葉を浪費したりしないことにする。そんな言葉は、わたしがぜひとも議論したい良いアイデアの周辺に気をそらす騒音を増やすだけだ。そのようなわけで、できるだけ単純に話を続けよう——もしかしたら、少し単純すぎるくらいに。トルストイの『アンナ・カレーニナ』が、「幸福な家族はどれも同じように幸福だ」という文章で始まるのは有名だ。そういうことなら、クォークとレプトンについても、ひとつの世代だけを取り上げることにしよう。

やれやれ！ シンプルに徹するというのは、面倒な仕事だなあ。しかし、重力と、ニュートリノの質量という、厄介な二つの贈り物を屋根裏の仮収納所に押し込んで、グリッド超伝導性がもたらした混合という混乱をとりあえずちゃちゃっと片付けて、一世代だけ考えれば十分だと判断すると、明瞭で整理整頓されたヴィジョンが出現する。それが図17・1に描かれているものだ。つまり、コア理論の核心《コア》である。

$SU(3)$、$SU(2)$、そして $U(1)$ という三つの対称性がある。それぞれ、強い相互作用、弱い相互作用、電磁相互作用に対応する。*

SU(3)は、すでに論じたように、三種類の色荷のあいだにある対称性である。色荷に応じて変化したり応答したりする八つのグルーオンを記述する。図17・1の水平方向に作用する。

SU(2)は、さらに違う二種類の色荷のあいだの対称性である。こちらは、図17・1の垂直方向に作用する。

左側の粒子は、どれも二回ずつ挙がっていることにお気づきになるだろう。どの粒子も、Lという添え字が付いたグループに一度、そしてRという添え字が付いたグループに一度ずつ登場している。これらの添え字は、粒子の掌性《しょうせい》、もしくは対掌性《カイラリティー》を指している。Lは「左手型」、Rは「右手型」という意味だ。粒子の対掌性は、図17・3のように定義される。左手型の粒子と右手型の粒子は、異なる相互作用をする。これは、「パリティ対称性の破れ」と呼ばれている。パリティ対称性の破れは、一九五六年に李政道《リー・ツンダオ》と楊振寧《ヤン・チエンニン》によって初めて提唱され、この業績によって二人は、翌年の一九五七年という考えうる最

＊厳密に言えば、直前に議論したとおり、電磁気は、*SU*(2)、*U*(1)の両方の一部が関係している混合物である。したがって、*U*(1)は電磁相互作用だけに関係しているのではないことになる。これにはれっきとした、専用の名称がある。ハイパーチャージというのがそれだ。しかしわたしは、学問的にはあまり厳密ではないが、もっと馴染み深い名前を使うことにする。

図 17・3
粒子の掌性、もしくは、対掌性《カイラリティー》は、その運動の方向に対するスピンの相対的な向きで決まる。

短の早さでノーベル賞を受賞した。

$U(1)$は一種類のチャージだけを対象とする。その一個のボソン——原則的には光子——が、それぞれの粒子に、どのような強さで、そして、どのような符号で結合《カップリング》するかによって特定される。それぞれの粒子のグループにぶらさがっている小さな数字は、まさに、グループ内の粒子に対する結合定数を示している。たとえば、右手型の電子には−1という数字がぶらさがっているが、これは、電子の電荷が−1（陽子の電荷を＋1とする単位で）だからだ。六つのメンバーがいる一番大きなグループは、三種類の色荷を持つ***u***クォークと***d***クォークからなる。***u***クォークは2/3の電荷を持ち、***d***クォークは−1/3の電荷を持っているので、グループの平均電荷は1/6である。この数字が下付き添え字で記されているのである。

そして、これですべてだ。先にも述べたとおり、コア理論の威力と範囲の広さは、いくら強調してもしすぎることはない。最初はルールが複雑すぎると思われるかもしれないが、この複雑さは、（たとえば）ラテン語やフランス語の一部の不規則動詞の活用に比べればなんでもない。そして、コア理論の複雑さは、難しい動詞の活用が一見そうであるように、根拠なくややこしいわけではない。コア理論の複雑さは、実験で確認されている現実《リアリティー》が要請する必然なのである。

講評

図17・1は、自然が歌い、わたしたちが聴いている歌の楽譜である。わたしたちはその歌を録音し、そしてその録音を極めてコンパクトな形に圧縮することに成功した。何世紀にもわたる輝かしい研究を総括する偉大な成果だ。

だが、美学における最高の基準からすると、改善の余地が多々ある。サリエリはこの楽譜を見ても、感激して「音符を一つ動かしたなら損なわれてしまう」と叫んだりは絶対にしないだろう。むしろ、「面白い小曲だが、もっと手を入れないとだめだ」と言うだろう。あるいはもしかしたら、自分が目にしているのはある巨匠の作品だと気付き、「自然も、二流の写譜師に曲を任せたもんだな！」と言ったかもしれない。

まずはじめに、相互作用が、互いに関連のない三種類に分離されて示されている。これらの相互作用は、同じ対称性とチャージへの応答の原理に基づいてはいるが、関与するチャージは三つの異なるグループに分かれており、それらのグループは互いに相手へと変化しあうことはない。赤、白、青の色荷を、この三つの間で互いに変化させる変換（QCDのカラー・グルーオンが関係する）があり、また、これとは違う、緑と紫の色荷を互いに変化させる変換（WボソンとZボソンが関係する）が存在する。そして、電荷はまた、どちらともまったく違うものである。

なお悪いことに、クォークとレプトンが、六つの互いに無関係なグループに分かれている。そして、これらのグループは、とりたてて印象的な点などほとんどない。ひとつのグループには要素が六つ含まれるが、それ以外のグループは、それぞれ要素が三、三、二、一、一個と、モチーフをほのめかす程度のものに過ぎない。最悪の不協和音を発しているのが、それぞれのグループに添えられた、平均電荷を表す奇妙な数字だ。これらの数字は、何の規則性もないように見える。

チャージ明細書

ありがたいことに、コア理論そのもののなかに、これらを自ら乗り越えるための種《たね》が含まれている。その支配的な原理は対称性であり、対称性とは、純粋な思考によって、つまり、わたしたちの脳だけを使って築いていける概念だ。

たとえば、強い色荷を弱い色荷に、そして弱い色荷を強い色荷に変える変換を思い浮かべることができる。この変換によって、関係する粒子がより大きなグループにまとめなおされて、それらがパチッと魅力的なパターンにはまる、ということもあるかもしれない。最善の場合、三つの異なる対称性変換、$SU(3)\times SU(2)\times U(1)$ が、これらの対称性をすべて含む、ひとつのより大きなマスター対称性の、異なる側面として現れるという希望を持つことができるかもしれない。

対称性の数学は十分に発展しており、この手のパターン認識作業に使える強力なツールがいくつもある。可能性はそんなにたくさんはないので、体系的にそれらすべてを試すことができる。

マスター対称性として、わたしが一番可能性があると思うものは、$SO(10)$ と呼ばれる一連の変換に基づいたものだ。魅力的な可能性はどれも、これを少し変えたものになっている。

数学的には、$SO(10)$ は一〇次元空間の回転操作からなる。この「空間」は純粋に数学的なものだという点を強調しておかねばならない。たとえあなたがものすごく小さかったとしても、この空間のなかで動きまわることはできない。この、コア理論の $SU(3)\times$

$SU(2)\times U(1)$ を吸収する——言い換えれば、強い相互作用、弱い相互作用、電磁相互作用を統一する——マスター対称性である $SO(10)$ という一〇次元空間は、言ってみれば概念の生息地である。この空間のなかでは、コア理論の色荷のそれぞれ（赤、白、青、緑、紫）が、異なる二次元平面によって表される（したがって、全部で $2\times5=10$ の次元が存在する）。任意の平面を別の任意の平面に動かす回転操作が存在するので、コア色荷と対称性は $SO(10)$ のなかで統一され、拡張される。

数学的センスのある人にとっては、対称性がより大きな対称性に融合されうるということとは、少しも驚くようなことではないだろう。先に言ったように、それを実施するためのツールは十分開発されている。これほど容易ではなく、したがってもっとすごいという印象を与えるのは、クォークとレプトンのてんでんばらばらなグループがうまくまとめられる、ということだ。これを示しているのが図17・2だ。わたしはこの図を勘定明細《チャージ・アカウント》ならぬ「チャージ明細書《チャージ・アカウント》」と呼びたい（訳注：「チャージ明細書」では、コア理論に出てくるクォーク、電子、右手型電子ニュートリノ、右手型反ニュートリノを、それぞれが持つ色荷〔赤、白、青〕と弱荷〔緑、紫〕に着目してまとめ、これらの粒子が包括的にとらえられる可能性を示している。ウィルチェックは、ここでは、強い相互作用にかかわる色荷を「強い色荷」、弱い相互作用にかかわる弱荷を「弱い色荷」と呼んでいる）。

この「チャージ明細書」では、すべてのクォークとレプトンが同じ足場の上に現れる。

どの一つを取っても、ほかのどの粒子にも変化できる。すべてのクォークとレプトンは、$SO(10)$ のスピノル表現と呼ばれる、ひじょうにきっちり決まったパターンにはまる。二次元平面のなかで、赤、白、青、緑、紫の色荷に対応する異なる回転操作を行なうとき、どの場合にも、粒子の半分は正の単位電荷を持ち、残りの半分の粒子は負の電荷を持っていることがわかる。これは、「チャージ明細書」のなかでは、＋と－の記号で記されている。＋と－の可能な組み合わせは、どれもきっかり一回だけ登場し、また、＋電荷の総数は偶数でなくてはならないという制約に従っている。

コア理論のなかでは無秩序な飾りのように見える電荷は、こうして統一の調和のなかで本質的な要素となる。電荷はもはや、ほかのチャージから独立したものとは考えられなくなる。

$$Y=-\frac{1}{3}(R+W+B)+\frac{1}{2}(G+P)$$

という式は、電荷――より正確には超電荷《ハイパーチャージ》――をほかの荷《チャージ》によって表現するものだ。電荷の回転に伴う変換は、最初の三つの平面のそれぞれを、同じ共通の角度で回転させ、最後の二つの平面を、その角度の 3/2 倍の大きさの角度で逆向きに回転させるということを意味している。

この水準の統一が達成できたのは、右手型の粒子がそれ自体の（左手型の）反粒子の反粒子であると見なせると気づいたことによる。たとえば、右手型の電子は、左手型の陽電子の反粒子である。これらの記述の物理的内容は同じだ。というのも、粒子とその反粒子はどちらも、同じ場のなかの励起であり、主要な方程式に現れるのは場だからだ。場のあいだの対称性変換は、同じ対掌性の励起を関係付けるので、可能なすべての対称性を見出すためには、左手型の励起だけを調べればいい（それで反粒子を調べることになるとしても）。

「チャージ明細書」からコア理論へと降りていくには、相補的な色荷は相殺しあうことを思い出す必要がある。同じ量の赤、白、青の色荷――あるいは、同じ量の緑と紫の色荷――は、打ち消しあってゼロになる。こうして、たとえば、左手型電子eの、三つの等しい（＋の）赤、白、青の色荷は、打ち消しあう。「チャージ明細書」のなかではその左手型反粒子e^cで表されている、右手型電子においても、これらの色荷はやはり打ち消しあう。どちらの種類の電子も、QCDのグルーオンには感じられない。言い換えれば、電子は強い相互作用には関与しないということが、きちんとあらわされているのである。

「チャージ明細書」に載っている最も特異な項目は、最後のNだ。Nでは、強い色荷も弱い色荷も打ち消しあう。したがって、Nは強い相互作用も弱い相互作用も受けない。そのようなわけで、この粒子は従来から知られているコア理論の力のいずれにも応答しない。

おかげで、*N*を検出するのは絶望的に難しい——ニュートリノより難しい。ニュートリノは、少なくとも、弱い相互作用には参画する（*N*は、重力は感じるし、発しもするが、すでに本書でも論じたように、実際的な目的のためには、個々の粒子の重力はとんでもなく小さい）。

　そして実際に、*N*は観察されていない。どうして観察できようか？　観察できたなら、それは*N*ではない。*N*は定義からして観察不可能なのだから！　これが理論の「勝利」だとしても、それは空虚な勝利だ。だが、*N*を歓迎する別の理由が存在する。それは、コア理論に加えるとニュートリノがごく小さな質量を持つようになる、追加粒子、ν^R（訳注：右手型反ニュートリノ。現在の実験では右手型反ニュートリノしか観察されていない）である。

「チャージ明細書」の一番左の列には、コア理論を構築し、それを通して世界を構築するためにわたしたちが使う粒子——クォークとレプトン——の名前が示されている。だが、この列は消したって一向にかまわないのだ。これらの粒子の名前や、その性質について何も知らず、手元には粒子名の載っていない「チャージ明細書」だけだったとしても、失われるものは何もない。「チャージ明細書」の情報から、すべての粒子を再構築することができる（そしてもちろん、粒子の名前は便宜的なものでしかない）。

　逆に、コア理論に挙がっているグループの形が少しだけ違っていたり、あるいは、そこにぶらさがっている面白い数字が違っていたりしたら、このパターンは機能しなくなるだろう。

この「チャージ明細書」は、物理的な現実に対する数学的な理想を描いている。サリエリの最高の称賛に十分値するものだ。「音符をひとつ動かせば、損なわれる。フレーズをひとつといじれば、構造全体が崩壊する」。

セイレーンの歌

ギリシア神話に登場するセイレーンは、岩だらけの岸から魅惑的な歌を歌い、船乗りたちを誘惑して、難破と破滅へと導く。彼女らの歌は、過去と未来の秘密を教えると約束するものだ。彼女たちは、「肥沃《ひよく》な地の上に起こるすべてのこと、そのすべてをわたしたちは知っている！」とイギリスの古典学者と約束する。ジェーン・エレン・ハリソンは、「ホメロスがセイレーンを、肉体ではなく精神を惹き付ける存在としたのは、奇妙であると同時にすばらしいことだ」と述べている。

わたしたちは今、統一を約束するセイレーンの歌を聴いたのだ。

第18章　統一——ガラスを通して、ぼんやりと

基本粒子を統一する、より高次の対称性は、異なる基本相互作用がすべて対等であることも予言する。この予言は、額面どおりに受け取ると、まったく間違っている。しかし、グリッドの揺らぎによる歪み効果を補正すると、この予言はかなり真実に近づく。

わたしたちは、統一を約束するセイレーンの歌を聴いた。さあ、目を開いて、彼女が住んでいる岩だらけの危険な海岸沿いに船を進められるかどうか、試してみよう。

対称性が成り立たない

統一理論が持つ対称性が強化されたことで、すばらしい成果が挙がった。コア理論の散らばった断片が、均整の取れた全体へとまとめあげられたのだ。だが、このまばゆいばかりの最初の印象に目が慣れてきて、もっと注意深く見てみると、うまく行っていないところがあるのに気づく。

実際、極めて基本的であるはずのことが、おかしくなっているようなのだ。強い力、弱い力、電磁力が根底に存在する共通のマスター・フォースの異なる側面だとしたら、対称性からすると、これらの力はすべて同じ強さでなければならなくなる。だが、そうはなっていない。図18・1は、その様子を図示したものだ。

強い相互作用が強いと呼ばれ、電磁相互作用がそう呼ばれていないのには理由がある。強い相互作用は、ほんとうに強いのだ！　両者の強さの違いを如実に示しているのが、強い相互作用で一体に保たれている原子核は、電磁力によって一体に保たれている原子よりもはるかに小さいという事実だ。強い力が、原子核を原子全体よりもずっときつく、小さく保っているのである。

コア理論の数学のおかげで、異なる相互作用どうしの相対強度を正確に示すための、数値尺度が得られる。コア理論の相互作用のそれぞれ——強い相互作用、弱い相互作用、電磁相互作用——が、結合定数《カップリング・パラメータ》、あるいは、単純にカップリングと呼ばれる定数を持っている。

ファインマン・ダイヤグラムでは、カップリングは、「棒《スポーク》」を結ぶそれぞれのハブに掛け算する一個の因子だ（これらの、普遍的ですべてのものに共通の結合定数は、関与しているそれぞれの粒子の色や電磁的なチャージの純粋に数値的な値——「チャージ明細書」の表に記号で示されている値——のうえにさらに掛かるものである）。なので、ハブのなかにグルーオンが現れるたびに、強いカップリングによって記述されるプロセスからの寄与を掛け算し、そして、光子が現れるたびに、電磁カップリングを掛け算する。基本的な電磁力は光子を交換することによって生じるので（図7・4）、この場合のカップリングは電磁カップリングの二乗になる。同様に、基本的な強い力はグルーオンの交換によって生じるので、カップリングは、強いカップリングの二乗である。

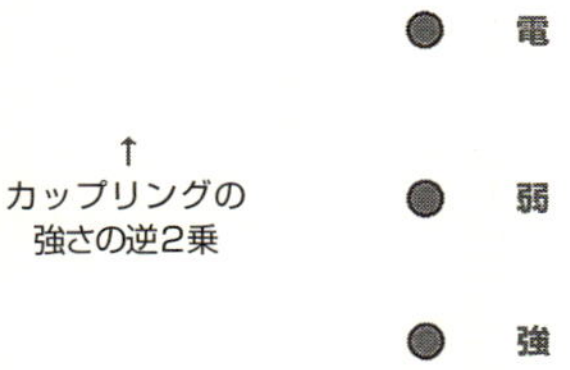

図18・1
完全な対称性では、強い力、弱い力、電磁力が同じ強さでなければならない。実際にはそうなっていない。このあと便利なように、この図では、カップリングの逆2乗を、これらの力の相対的な強さの定量的な尺度として使っている。このため、最も強い強い力が、一番下になっている。

異なる力のあいだに完璧な対称性が成り立つためには、すべてのハブがほかのすべてのハブに関係付けられていなければならない。そうなると、各種のカップリングのあいだに違いが生じる余地はなくなる。それゆえ、違いが実際に観察されていることは、対称性によって統一を成し遂げるという考え方そのものに対して重大な難問を突きつける。

わたしたちの見解を修正する

コア理論から学べる大きな知恵は、わたしたちが空虚な空間と見なしているものが、じつは構造と活動に満ちたダイナミックな媒体であるということだ。わたしたちはこれをグリッドと呼んできたが、このグリッドは、そのなかにあるすべて——すなわちあらゆるもの——の性質に影響を及ぼす。聖書の言い回しをちょっともじって言えば、わたしたちはものをその本来の姿として見ているのではなく、一枚のガラスを通して、少しぼやけた姿で見ている。とりわけ、グリッドは仮想粒子で沸騰している状態で、そのため、力の源《みなもと》は遮蔽されたり反遮蔽されたりする。この現象は、強い力の場合、第1部と第2部で展開した物語で中心的な役割りを果たしていた。ほかの力の場合も、同じことが起こっている。

したがって、わたしたちが観察する結合定数は、わたしたちがどのように見ているかに応じて変わる。雑な見方をすれば、基本的な源自体をちゃんと見分けることができず、グリッドで歪んだ像としてしか見えない。言い換えれば、基本的な源を、それを取り巻く仮想粒子の雲と渾然一体《こんぜんいったい》となった姿で、雲から分離されていない姿で見てしまうことになる。力の完璧な対称性と統一が成り立っているかどうかを判断するには、この歪みを修正しなければならない。

基本的な力の源のほんとうの姿を見るには、極めて短い距離と、極めて短い時間を見分ける必要があるだろう。これは、ファン・レーウェンフックが顕微鏡を使って観察したときから、フリードマン、ケンドール、テイラーがSLACで超ストロボスコピック・ナノ顕微鏡を使って陽子の内部を観察しようとしたとき、そして実験家たちが創造的破壊のための装置、LEPを使ってグリッドを徹底的に調べようとしたときにいたるまで、何度も改めて学ばねばならなかった教訓だ。最近になって行なわれたこれら二つのプロジェクトに関連してわたしたちが見たとおり、量子論が働きはじめる極めて小さなスケールの距離と時間を見分けるためには、調べる対象に大量の運動量とエネルギーを与える探針《プローブ》を使わねばならない。だからこそ、途方もなく費用がかかり、途方もなく複雑であるにもかかわらず、高エネルギー加速器が道具として選ばれるのである。

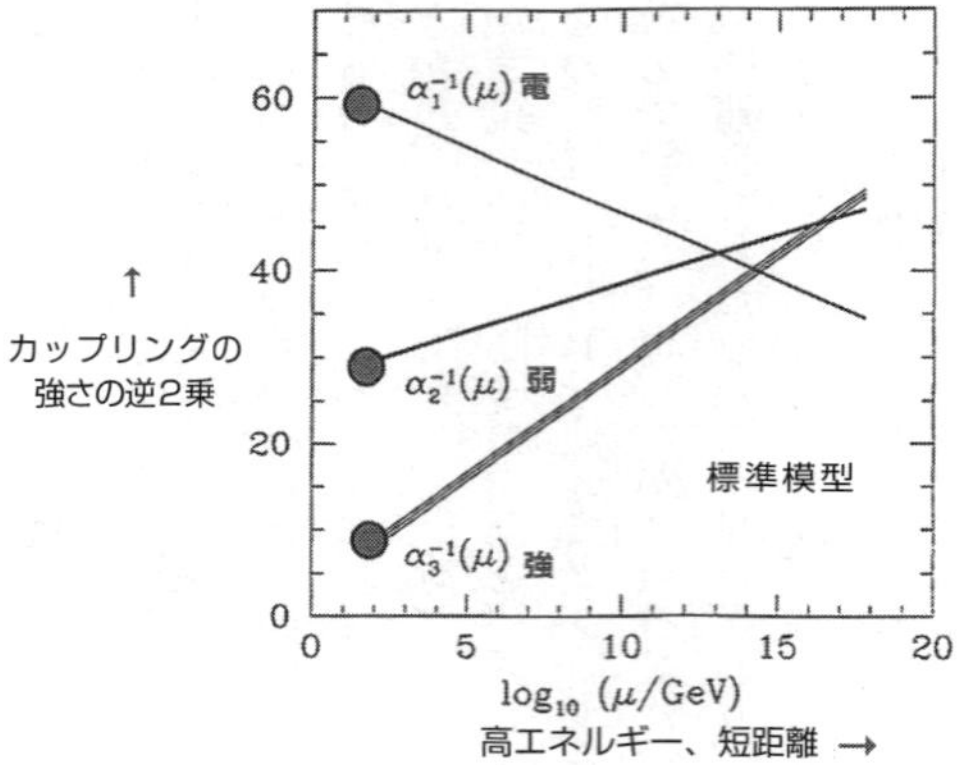

図18・2
グリッドの歪みを補正して、力が統一できるかどうかを確かめる。このグラフのように、縦軸にはカップリング強度の逆2乗を、上にいくほど大きくなるように取り、横軸にはエネルギーもしくは（それと等価な）距離の逆数を対数目盛で取ってプロットすると、解像度が高い側に行くにつれて、補正されたカップリングは直線上を変化していく。実験誤差の大きさが線の太さで示されている。なかなかいいところまで行っているが、完全ではない。

ニアミス

第16章で論じたように、仮想粒子の雲は、ゆっくりと形成されることもある。ちょうどいい大きさの種《たね》から、クォークのまわりに雲が成長して驚異的な大きさになるためには、雲はプランク長から陽子の大きさにまで成長しなければならない。これは、サイズが10^{18}倍になることに相当する！

前にこのようなことを見ていたのであれば、基本的な力のほんとうの源を見る――統一が起こっているであろう極めて短い距離まで見分ける――ためには、とんでもない量の運動量とエネルギーを対象に与えねばならないかもしれないとわかっても、驚くにはあたらないはずだ。次に活躍が期待されている大型加速器、LHCは、よりよい解像度を提供してくれるだろう——10^{1}だけいい、ということだが。しかも、費用は約一〇〇億ユーロだ。そしてその先は、ほんとうに難しい状況となる。

ならば、そんな装置の代わりに、わたしたちの脳を使わねばなるまい。機械類に比べて、使い方を誤る恐れは大きいが、脳は大型加速器よりは安いし、手近にあっていつでもすぐ使える（とも言える）。ペンでささっと、グリッドの歪みの効果を計算し、それを修正することも可能だ。

その結果が、図18・2に示されている。

《ザ・シンプソンズ》でおなじみのホーマー・シンプソンが見たなら、期待を裏切られて、

「あ《ド》りゃ《ォ》りゃ《ッ》！」

と叫ぶかもしれない。

これはうまくない。惜しいところだったんだが。

どうしよう？

第19章　擁護可能性

魅力的なアイデアが、「正しい」と呼べるまであと一歩の状態のとき、わたしたちはそのアイデアを正しくする方法を見出そうと努力する。擁護する道を探るのだ。

有名な哲学者のカール・ポパーは、科学における反証可能性の重要性を強調した。ポパーによれば、ある理論が科学的だというしるしは、その理論から、誤りと判定されうる主張――予言――がなされうる、ということだそうだ。ポパーの主張は正しいのだろうか？　それを確かめるには、彼の主張が反証できるかどうか見てみることだ。

これはこれで、深い真理なのかもしれない。一方、よい科学理論のしるしはそれを擁護できることだ、と主張するのがパーポ主義――ポパー主義の逆――だ。擁護可能な理論は、間違いをおかすかもしれないが、それがいい理論なら、それは成長の足場として使える間違いと言える。

反証可能性と擁護可能性は、決定的な意味で、同じコインの表と裏である。どちらも明確さを重視する。どちらの立場でも、最悪の理論は、間違いをおかす理論ではない。間違いをしでかしても、そこから学ぶことはできる。最悪なのは、間違いをおかそうとすらしない理論だ——つまり、すべてのことに等しく用意ができている理論だ。すべてのことが等しく可能なら、際立って興味を引くようなものは何もないことになる。

わたしたちが使ってきたイエズス会のモットー、「やる前に許可を求めるよりも、やってしまったあとで許しを求めるほうが幸いである」になぞらえると、反証可能な理論は許可を求め、擁護可能な理論は許しを求める——そして、非科学的な理論は、罪の意識をまったく持っていない。

先に議論した、パターン認識と記述の圧縮という考え方は、これらの問題に対する新たな（そして、わたしの考えでは、より深い）見方を提供する。どのピクセルも、処理したらちょうどまんなかの灰色になってしまうのなら、露出をいじらぬままの生データからは何の絵も見えてはこない。同様に、わたしたちは物理的世界に身をさらすなかで、想像できるあらゆるものからなる背景に対して、何らかのパターンを認識したいのだから、わたしたちが「正しい理論の候補」と考える理論には、（その理論にしたがって）不可能と可能を区別できなければならない。その場合のみ、不可能と可能に違う色を付け、その場合のみ、観察によって、使える画像――コントラストがちゃんとある画像――が得られるのだから。わたしたちが、たくさんの明確なピクセルを正しく取り込むことができたなら、少しぐらい間違ったピクセルがあったとしても、使える画像が出現する（画像処理ソフトの「フォトショップ」を使って、修正することもできる）。このように、正確さのみならず、野心――つまり、できるだけたくさんのピクセルを画像にしたいという野心――も大事である。比喩や一般論はこのぐらいで十分だろう。では、擁護可能性のケーススタディに進むことにしよう。

賭けを張る――さらなる統一

強い相互作用、電磁相互作用、弱い相互作用を統一しようというわたしたちの野心的な試みは、あまりうまく行かなかった。わたしたちが作るのに成功した理論は、反証可能でないどころか、まったくの間違いだった。サー・カール・ポパーなら、「ひじょうに科学的だ」と言うところだろう。しかし、わたしたちとしてはそうさばさばとは割り切れない。

これほど魅力的で、ほとんど成功しそうなアイデアがどうも間違っているように見えるときには、これをなんとか救おうとやってみるのはいいことだ。それを弁護する道を探ろう。

もしかしたらわたしたちは、統一を成し遂げようとするのに、十分野心的でなかったの

かもしれない。異なるチャージを統一するとき、「魂」として中心に据えたのは、

電子↔クォーク
光子↔グルーオン

という対応関係だった。

これでは、世界を作る構成要素はまだ二つのグループに分かれたままだ。もう一歩先へ行けないだろうか？　こんなふうにはできないだろうか？

電子↔クォーク
↔　↔
光子↔グルーオン

やってみよう。

第20章　統一❤SUSY

超対称性を含めるために物理の方程式を拡張すると、グリッドはより豊かになる。

そこでわたしたちは、統一についてのわたしたちの見解をグリッドがどのように歪めているか、についての計算を較正《こうせい》しなおさなければならない。較正して正しく修正すると、焦点がぴたりと合って、鮮明な統一像が現れてくる。

方程式を完璧にすることによって、わたしたちは世界を拡大する。

一八六〇年代、ジェームズ・クラーク・マクスウェルは、当時理解されていたかたちの電気と磁気の方程式を組み合わせて、そこに矛盾が生じることを見出した。* そして、新しい項を加えれば、矛盾をなくして一貫性のあるものにできることに気づいた。新しい項は、もちろん新しい物理効果に対応する。じつはその何年か前、マイケル・ファラデー（イギリスで）とジョゼフ・ヘンリー（アメリカで）が、磁場が時間の経過に従って変化すると き、その磁場は電場を生み出すことを発見していた。マクスウェルの新しい項は、その逆の効果を示すものだった。つまり、変化する電場は磁場を生み出すという効果である。この二つの効果を結びつけることで、新しい劇的な可能性が出てくる。変化する電場が、変化する磁場を生み出し、それが変化する電場を生み出し、それがまた変化する磁場を生み出し……という具合だ。自らどんどん新たに生成していく、いわばそれ自体の命を持った擾乱《じょうらん》が出現するのである。マクスウェルは、自分が構築した方程式には、このような種類の解があることに気づいたのだ。彼は、この擾乱が空間を進む速度を計算してみた。するとそれは、光速であった。

このうえなく切れる頭の持ち主だったマクスウェルは、この電磁場の擾乱が光なのだと即座に結論した。この考え方は今日なお支持されており、数々の有用な応用がなされている。それは、光とは何かについてわたしたちが到達した最も深い理解の基盤であり続けている。だが、それだけではない。マクスウェルの方程式には、可視光よりも波長が長い解と、可視光よりも波長が短い解もある。つまり、マクスウェルの方程式は、当時知られていなかった、新しい種類のもの——「新しい種類の物質」と呼んでもいい——を予言した

＊これは、第8章でもすでに述べている。

のである。それは、今日、電波、マイクロ波、赤外線、紫外線、X線、γ線《ガンマ》と呼ばれているもので、それぞれが現代の生活に重要な貢献をしており、それぞれが概念（concept）の世界から物理的（physical）世界へ（c世界からp世界へ）やってきた移民である。

一九二〇年代後半、ポール・ディラックは、量子力学で電子を記述している方程式を改良しようと努力していた。その二、三年前、エルヴィン・シュレーディンガーが、多くの応用でひじょうにうまく機能する電子の方程式を定式化していた。だが、シュレーディンガーの電子の方程式は特殊相対性理論に従わなかったので、理論物理学者たちはこの方程式に完全に満足していたわけではなかった。それは、ニュートンの力の法則を量子力学版として改訂したようなもので、アインシュタインの電磁気学的相対論ではなく、古典力学的相対論に従っていたのだった。ディラックは、特殊相対性理論と矛盾しない方程式を作るには、シュレーディンガーのものよりも広い範囲に適用できる方程式を使わねばならないことに気づいた。ディラックが完成させた電子の方程式は、マクスウェルが完成させた電磁気に関する方程式のように、従来にはなかったまったく新しい種類の解を持っていた。異なる速度で運動し、異なる向きのスピンを持っている電子に対応する解のみならず、それとは別の解もあったのだ。しばらく努力を続け、出だしで失敗したあと、ヘルマン・ワイルの助けを借りて、ディラックは一九三一年までに、これらの奇妙な新しい解の意味を解読した。これらの解は、電子と質量が同じで反対の電荷を持った、新しい種類の粒子を表していたのだ。その直後、一九三二年に、まさにそんな粒子がカール・アンダーソンによって発見された。わたしたちはこの粒子を、反電子、もしくは、陽電子と呼ぶ。最近では、脳の内部で何が起きているかを監視するために陽電子が使われている（これがPETスキャン、別名ポジトロン断層法である）。

新しいかたちの物質が、実験室で現れる前に方程式のなかに登場するという事例は、最近ではこのほかにもたくさんある。じつのところ、それが普通になってきた。クォーク（一般概念としても、*c*、*b*、*t*という特定のフレーバーを持つ種類としても）、グルーオン、***W***ボソンと***Z***ボソン、そして三種類のニュートリノのすべてが、まず方程式の解として見出され、その後物理的現実《リアリティー》として発見された。

目下、p世界に引き抜きたいと思えるような、c世界に暮らす才能ある住人を探す活動が行なわれている。とりわけ、ヒッグス粒子とアキシオンは有力候補だ。ここでこれら二つの粒子について説明しないのは、わたしには辛《つら》いことだが、いよいよクライマックスというこのタイミングで、大きな脱線を二回もするのはさすがにまずかろう。ヒッグス粒子とアキシオンについてのさらなる情報と参考文献が、用語集と巻末の原注に記されている。また、ヒッグス粒子については、補遺Bも参照していただきたい。

物理学の方程式を拡張する方法としてさまざまに提案されているもののなかで、わたしたちの物語にとって最も重要なのは、超対称性だ。超対称性は、愛情を込めてSUSY《スージイ》

（SUperSYmmetry）と呼ばれることも多い。その名が示唆するとおり超対称性は、方程式をもっと大きな対称性のもとで使うべきだと提案する。

ＳＵＳＹの新しい対称性は、特殊相対性理論のブースト対称性に関連している。みなさんも覚えておられるとおり、ブースト対称性が成り立つとき、記述している系のすべての要素に同じ一定の速度を加えても、基本方程式は変わらない（ディラックは、この性質を持つようにシュレーディンガーの方程式に手を加えなければならなかったのだ）。超対称性が成り立つときもこれと同様に、記述している系のすべての要素に同じひとつの運動を加えても方程式は変わらないことになっている。だが、超対称性で言う「運動」は、ブースト対称性のときに登場する運動とはまったく違う種類のものだ。普通の空間のなかでの一定の速度での運動ではなく、超対称性では、新しい次元への運動が登場するのである！

みなさんが、精神世界のヴィジョンやハイパースペースを通るワームホールを想像してわれを忘れてしまう前に、急いで言い添えさせていただきたいのだが、この新しい次元は、わたしたちに馴染み深い空間と時間の次元とはまったく違う性質を持っている。それは量子次元なのだ。物体が量子次元で動くとき、その位置が変わるのではなく――量子次元では距離という概念がない――、スピンが変化する。「超ブースト」は、特定の大きさの固有スピンを持った粒子を、違う大きさのスピンを持つ粒子に変換する。方程式は変換のあとも同じはずなので、超対称性はスピンが異なる粒子どうしの性質を関係付けることになる。SUSYのおかげで、これらスピンが異なる粒子は、超空間の量子次元のなかで違う動きをしている同じ粒子と見なすことができる。

量子次元は、グリッドの新しい層として視覚化することができる。粒子が一個、これらの層に飛び込んでくると、その粒子のスピンは変化し、質量もまた変化する。だが、そのチャージ――電荷、色荷、弱荷――は変わらない。

SUSYは、コア理論を統一する仕事を完了させてくれるかもしれない。SO(10)の対称性を使って異なるチャージを統一することによって、すべてのゲージ・ボソンがひとつのグループに、そして、すべてのクォークとレプトンがまたひとつのグループにまとめられた。しかし、通常の対称性で、この二つのグループをひとつにまとめられるものは存在しない。というのも、これらのグループはスピンの異なる粒子を記述しているからだ。超対称性は、これら二つのグループを結び付けられそうな、最善のアイデアである。

修正を修正する

超対称性が含まれるように物理学の方程式を拡張してみると、それらの方程式の解が増えているのがわかる。マクスウェルの方程式でも、ディラックの方程式でもそうだったよ

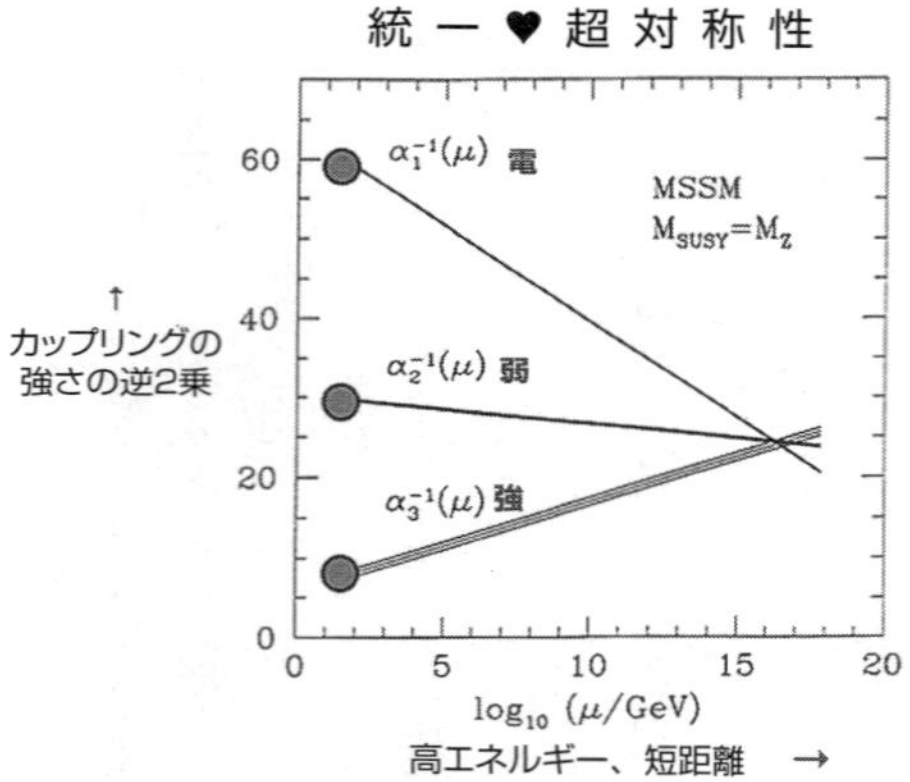

図 20・1

超対称性では、拡張された物理方程式のなかに新しい場が含まれることが要求される。これらの新しい場によるグリッドの揺らぎのせいで、根底に存在する最も基本的な物理プロセスは、わたしたちには歪んで見える。この歪みを補正すると、短い距離、もしくは、それと等価な高いエネルギーでは、正確な統一が成り立っていることがわかる。

うに、新しい解は新しい形の物質を――そして、新しい種類の場と、その励起《れいき》状態である、新しい粒子も――表している。

　超対称性は、元々の方程式のなかにある場の数を、おおざっぱに言って二倍にするよう要求する。わたしたちが知っているどの場にも、遠く離れた量子次元のなかに、新しいグリッド層のなかの活動を記述する、パートナー場が存在する。これらの新しい場にいる粒子は、既知のパートナーと同じチャージ（どの種類のチャージも）を持っているが、質量とスピンは異なる。

　美学的な配慮から世界を二倍に

するという結論を導き出すなんて、向こう見ずでとんでもないと思われるかもしれない。[*]もしかしたら、そのとおりかもしれない。だが、ディラックが反物質を提唱したときにも、同じような二倍に拡張する操作があったし、マクスウェルが光の世界を可視光だけの範囲から無限の電磁スペクトルへと広げたときの拡張は、それ以上のものだった。どちらも――それらが思いつかれたときには――、美学的な策略だった。かくして物理学者たちは、大胆になることを学んだのである。やる前に許可を求めるよりも、やってしまったあとで許しを求めるほうが幸いである。これにて釈明は終わりなり。元の話に戻ろう。

新しく登場したパートナー粒子は、観察されている兄弟たちよりも重いはずだ。さもなければ、とっくに観察されているはずである。しかし、パートナー粒子は既知の粒子より極端には重くないと仮定し、そこからどこへ導かれるか、見てみよう。[**]

これら新しい場のなかの擾乱は、グリッドの全域に広がっている。それらの擾乱は、新しい種類の仮想粒子で、強い力、弱い力、電磁力の源を遮蔽したり反遮蔽したりしている。ごく短い距離や超高エネルギーの領域にある、基礎的な力のほんとうの源に至る道を見つ

＊だが、この美学的配慮は、数値的に驚くほどの成功を収めて、より強固なものとなっている。このあとで説明する。

＊＊定量的な詳細は、次の章と巻末の原注を参照されたい。

けるには、わたしたちのヴィジョンを修正し、この沸き立つように乱れている媒体の歪み効果を取り除かねばならない。前に、第18章でもこのような修正を行なおうとやってみたが、そのときは、これらの新しい要素からの寄与があるという可能性は考慮に入れていなかった。今や、そのときの修正を修正すべきときだ。

図20・1に、その結果が示されている。SUSYが加わって、今度はうまくいった。

重力もまた

重力をゲームに参加させることもできる。すでに見たように、この初めの段階では、重力はほかの力に比べてとんでもなく弱い。図20・1を見ると、左側の、わたしたちが実際に経験できる距離とエネルギーに対応する領域では、強い力と電磁力の強さの違いは、だいたい一〇倍くらいであることがわかる。だが、強い力と電磁力は、弱い力とともに、短距離、高エネルギー領域では小さな一点にすんなりと収束する。しかし重力は、この図にはどうにも収まりそうにない。重力はものすごく弱いし、この図は力の逆数を表示しているので、重力はほかの力のはるか上方に現れるはずだ。同じ尺度で重力も加えたいなら、知られている宇宙よりも大きな図にせざるをえない！

その一方で……。

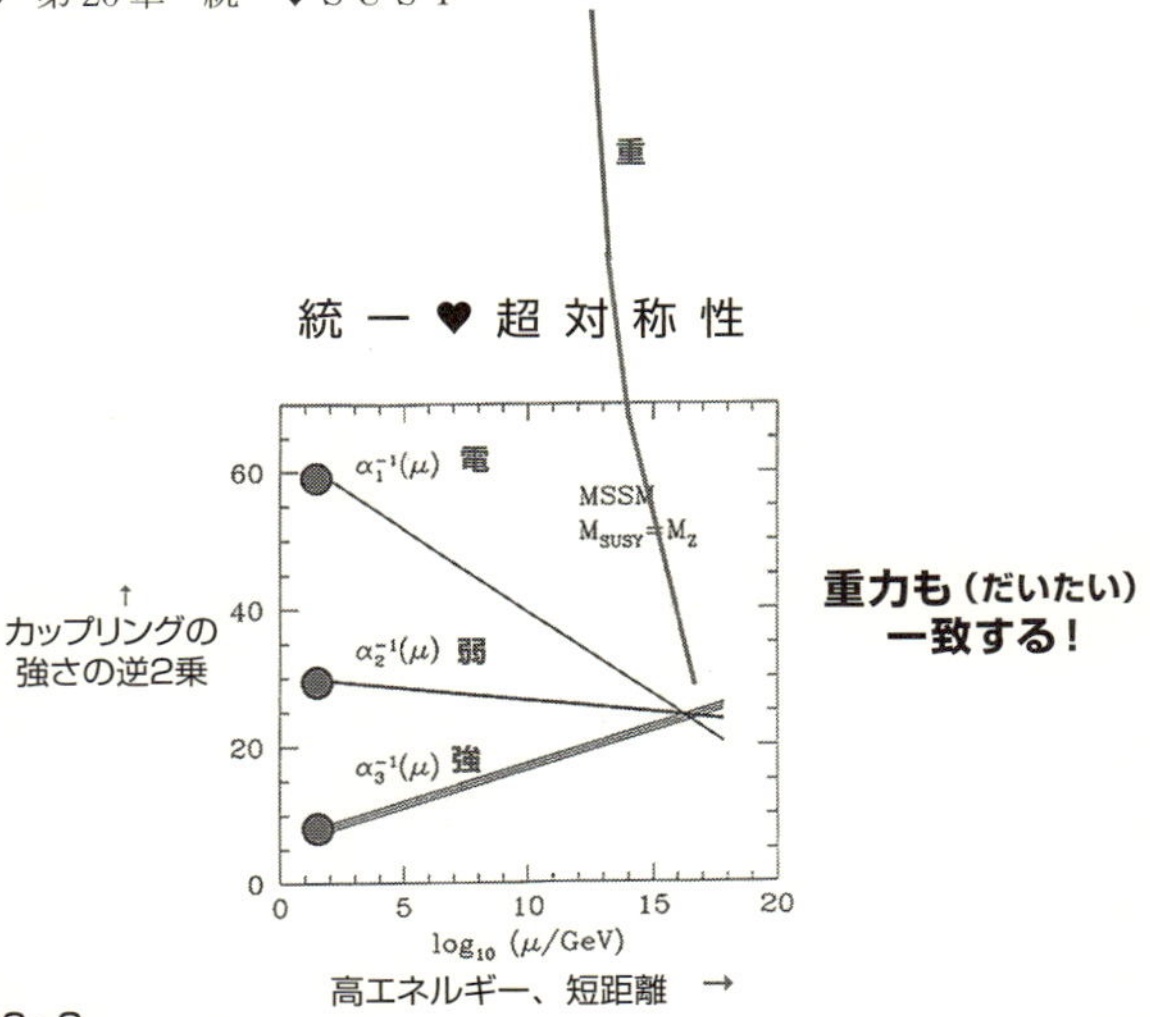

図20・2
重力ははじめとんでもなく弱いが、短距離では、ほかの相互作用と同じくらいの強さになる。こうして、すべての力がかなり近づく。

コア理論の力――強い力、弱い力、電磁力――に対しては、図の右側、つまり、より短距離側、もしくは、より高エネルギー側へ行くにつれて、補正はかなり控えめでよくなってくる（そして、思い出していただきたいのだが、横軸の目盛は、どれも一〇の何乗かを示す、いわゆる対数目盛である）。これらの補正は、つまるところ、グリッドの擾乱による遮蔽（もしくは反遮蔽）という微妙な量子力学的効果から生じたものだった。途方もなく大きなエネルギーを使って、途方もなく短い距離での重力を調べるとき、変化はもっと劇的だ。ずっと前、第3章で論じたように、重力はエネルギーに直接作用する。ここで定義している重力は、エネルギーの二乗に比例する。この効果を受け入れれば、短距離での重力の力を計算して、それをほかの相互作用と比較することができる。図20・2にその結果が示されている。知られている宇宙のはるか外側から、重力の逆数はほかの相互作用のところまで降りてきて、なかなか近いところに落ち着いてくれる。

第21章　新しい黄金時代の予感

わたしたちは、証拠をあげて統一理論の擁護を行なった。そして今、この件は究極の陪審である自然に任された。加速器、宇宙、そして深い地底からの評決を待つことにしよう。

コア理論に登場する三つの力についての、それぞれ対称性に深く基づいた理論は統合できるということを、わたしたちは見た。コア理論に登場する力が持つ三つの異なる対称性は、すべてを包含する一つの対称性の、それぞれ一部と見なすことができる。おまけに、その包括的な対称性は、コア理論に登場する粒子が作る複数のグループに統一と調和をもたらす。雑多な六つのグループの寄せ集めを、「チャージ明細書」の表に整然としたかたちでまとめあげることができた。また、グリッドの擾乱《じょうらん》による歪み効果を補正すれば——

そして、SUSYを含めるために賭け金を増やすと——、元は全然大きさが違ったコア理論の三つの力が、短距離における一つの共通の値から始まるようにできた。絶望的なまでに弱いはみ出し者だった重力さえもが、同じ図式のなかに入ってきた。

　このすっきりした高雅な図式に到達するために、わたしたちは、想像力に希望に満ちた跳躍をさせたのだった。それはまず、グリッド——日常生活では空っぽの空間と考えられている実体——は、多層構造で多色《マルチ・カラー》の超伝導体だとする仮定だった。また、世界には、対称性を支えるための余分な量子次元があるとも仮定した。さらに、大胆に物理学の諸法則を取り上げて、二つの「超」仮定を加え、わたしたちが直接実験できる範囲をはるかに超えた、超高エネルギーと超短距離の領域にまで拡張した。

　ここまでで、頭脳の力でこれだけの成功が収められたのだから——なにしろ、これほど明瞭で一貫性ある統一の図式が得られたのである——、わたしたちの仮定は現実《リアリティー》に対応していると信じたくもなる。だが、科学においては、究極の審判は母なる自然である。

　一九一九年の日食観測隊が、太陽は光を曲げるというアルベルト・アインシュタインの予言を確かめたのを受けて、ある記者がアインシュタインに、もしも結果が逆だったなら、それはどういう意味だったのでしょうか、と尋ねた。アインシュタインはこう応えた。「神は大きな機会を逃された、ということですよ」。自然は、そんな機会を逃すことはない。わたしは、自然はわたしたちの「超」アイデアを支持する評決を出し、それを契機に、基礎物理学の新しい黄金時代が幕を開けると期待している。

LHC計画

ジュネーブ近郊のCERNの研究所で、もうすぐ陽子が二七キロメートルの円周を光速の0.999998倍の速度で駆け巡る（訳注：二〇〇九年から稼動を開始）。二本の細く絞られた陽子ビームが逆向きに流れることになっている。この二本のビームは、四カ所の相互作用ポイントで出会うはずで、それぞれのポイントで、五階建てのオフィス・ビルディングほどの大きな検出器が、衝突で起こる爆発的な現象から出てくるものを監視する。これが大型ハドロン衝突型加速器（LHC）計画だ。加速器と主検出器の大きさを実感するには、カラー口絵の図版8、9、10をご覧いただくといい。

この途方もない大きさをしたLHCは、古代エジプトのピラミッドに対するわたしたちの文明からの応答だ。しかし、LHCはさまざまな点でピラミッドよりもはるかに高貴な記念碑である。LHCは、迷信からではなく、好奇心から生まれた。それは協力の産物であって、命令の産物ではない。

さらに、LHCがとんでもなく大きいのは、そのこと自体が目的ではなく、LHCの機能の副産物である。実際、この計画の装置としての全体の大きさは、LHC計画の唯一のすばらしさでもなければ、最高にすばらしい特徴ですらない。長いトンネルの内部には、さまざまな機械要素が優美なまでに精巧に配置され、精密に調整された超伝導マグネットが設置されている。力に満ちた巨人とも見えるそれらのマグネットの一つひとつが、長さ一五メートルもあるにもかかわらず、ミリメートル未満の許容誤差で作り上げられている。エレクトロニクスでは正確なタイミングも重要だ。いくつもの衝突を一つひとつに分離し、粒子を追跡する仕事には、一秒の一〇億分の一の長さ、ナノ秒が問題になる。

噴出する生《なま》の情報は、わたしたちの精神を圧倒するのみならず、コンピュータ・ネットワークさえも圧倒してしまう。推定によれば、LHCは毎年一五ペタバイト（1.5×10^{15}バイト）の情報を生み出すという。これは、五〇万件の電話による通話が、同時に、中断することなく行なわれたときに使われる情報量にあたる。これに対処するために、世界各地に分散した数千台のコンピュータにこの大きな負荷を分担させるための体制作りが行なわれている。これぞグリッド・プロジェクト（こちらはコンピュータのネットワークの敷設網《グリッド》だが）だ。

LHCは、わたしたちの「超」仮定を二つとも検証するに十分な高さに至るエネルギーの凝縮を達成する予定だ。

グリッドの（電弱）超伝導を担う凝縮体の破片をたたき出すのにどれくらいのエネルギーが必要かについては、かなり信頼性のある見積りをすることができる。弱い力は短距離離力だが、無限にそうというわけではない。*W*ボソンと*Z*ボソンは重いが、無限にそうというわけではない。力の作用域と、その力を担う粒子の質量、この両者の観察値から、その効果の原因たる凝縮体の剛性について、良い手がかりが得られる。剛性がわかれば、凝縮体の個々の破片（量子）――同じことをもうちょっと平たい言葉で言うと、グリッドを宇宙の超伝導体にしている、ヒッグス粒子か、複数のヒッグス粒子か、はたまたヒッグス・セクターか、ともかく何らかの新しいもの、となる――を分離するのに凝縮せねばならないエネルギーの量を見積もることができる。わたしたちの考え方が、何らかの点で根本的に間違っていないかぎり、LHCはこの仕事を十分こなせるはずだ。

これと同じことは超対称性についても言える。わたしたちは、SUSY包含《ほうがん》で可能性が出てくる新しいパートナー場に付随するグリッドの擾乱が、結合力の統一を実現してくれることを望んでいる。彼らがほんとうにこの仕事をしてくれるなら、これらの場にともなう励起が起こるというのは、まったく見込み薄というわけではあるまい。励起の一部――つまり、SUSY包含で可能性の出てくる新しい粒子の一部、言い換えれば、わたしたちが知っている粒子のパートナー粒子の一部――は、LHCで生み出され、検出されるに違いない。

SUSYパートナー粒子がほんとうに出現すれば、統一の物理学への新しい窓が開かれるだろう。これらの粒子の質量とカップリングは、コア理論の相互作用の基本カップリングと同じく、グリッドの擾乱の効果によって歪められるであろう。しかし、この歪みの詳細は、同じではないと予測されている。しかもその予測は、具体的だ。もしもすべてがうまく行ったなら、わたしたちが現在手にしている、統一理論に関する計算の成功例（孤立した計算であり、根拠も薄弱だが）は一気に増え、相互に支持しあうたくさんの結果が集まった、先々まで存続できる「生態系」ができあがるかもしれない。

まだなんともはっきりしないダーク・マター

二〇世紀の末までに、物理学者たちは物質に関する理論をまとめあげ、それは大成功を収めた。それがコア理論だ。コア理論が提供する、小ぢんまりしているにもかかわらず、驚くほど完璧で正確な、物質を司るさまざまな基本法則についての説明は、何百年にもわたる研究の頂上に位置するものだった。

しかし、まさにコア理論が完成された同じ頃、天文学者たちはぎょっとするような新発見を行ない、わたしたちはふたたび謙虚にならざるをえなくなった。彼らは、わたしたちがここ何世紀ものあいだ取り組み続けてきた物質――生物学、化学、技術、そして地質学で研究されている物質、わたしたちを作っている物質、わたしたちがコア理論によって深く理解するに至った物質[*]――、この、普通の物質というものは、宇宙全体の質量の約五パーセントでしかないということを発見したのだ！

残りの九五パーセントには、それぞれダーク・エネルギー、ダーク・マターと呼ばれる、少なくとも二つの成分が含まれている。

ダーク・エネルギーは、宇宙全体の質量の約七〇パーセントを占めている。これまでダーク・エネルギーは、普通の物質の運動にそれが及ぼす重力の影響を通してしか観察されていない。光を放出したり吸収したりするところは観察されていない。つまり、普通の意味で「暗い《ダーク》」わけではなく、透明なのだ。ダーク・エネルギーは宇宙全体に均一に分布しており、その密度は、時間によっても変化しないようだ。ダーク・エネルギーに関する理論は、いまだお粗末な状態だ。これは今後取り組まれるべき問題である。

ダーク・マターは、宇宙全体の質量の約二五パーセントを占める。ダーク・マターもやはり、普通の物質の運動にそれが及ぼす重力の影響を通してしか観察されていない。ダーク・マターは、宇宙のなかで均一には分布しておらず、その密度も時間によって変化する。ダーク・マターは凝集する。しかし、普通の物質ほど密には凝集しない。慎重に調べられたすべての銀河の周辺で、ダーク・マターが薄い円盤状に広がってハローを形成していることが、天文学者たちによって確認されている。これらのハローは極めて希薄である――

＊陽子、電子、クォーク、グルーオンからできている物質。

通常の物質と重なって存在する領域では、その密度は、普通の物質の一〇〇万分の一以下なのが普通だ。しかし、ダーク・マターのハローは、普通の物質よりもはるかに大きな体積に広がっている。銀河のことを、ダーク・マターのハローを伴う天体と言うよりもむしろ、普通の物質からなる銀河を、ダーク・マターのなかの不純物と呼んだほうが適切かもしれない。

ダーク・マター問題解決の機は熟していると、わたしは考えている。

SUSYによって予言される新しいパートナー粒子のなかに、ひとつ特別なものがある。それは、なかでも一番軽いものだ。その性質は、わたしたちがまだ納得できるような解釈を見つけていない詳細な要素（とりわけ、すべてのSUSYパートナー粒子の質量の個々の値）に依存している。なので、すべての可能性を試してみなければならない。多くの場合、最も軽いSUSYパートナー粒子は非常に寿命が長く（宇宙の年齢よりも長い）、普通の物質とは極めて弱くしか相互作用しないことがわかる。だが、最も驚異的なのは、わたしたちの方程式をビッグバンに適用して、最も軽いSUSYパートナー粒子の何パーセントが今日まで生き残っているかを計算すると、それはちょうどダーク・マターの量を説明できるぐらいの値となるということだ。当然のことながらこれは、最も軽いSUSYパートナー粒子はダーク・マターだということを指し示している。

だとすると、物理学の基本法則を超短距離の領域で調べてやれば、宇宙最大の謎の一つを解き、この厄介な劣等感を多少捨て去ることができるだろう。ダーク・マター提供者の候補となる粒子がほんとうに出現したら、その候補者がほんとうにダーク・マターの仕事を果たしているのかどうかを確認するのは大仕事にちがいない。理論の面では、ビッグバンでその粒子が生成されるときのあらゆる反応を特定して、その数字を出してみる必要がある。実験の面では、その候補者粒子がほんとうに宇宙にあってダーク・マターを提供しているものそのものなのかどうかを確かめねばならない。探しているものが具体的に何なのか、はっきりとわかったなら、それを見つけ出す仕事はぐんと易しくなる。

ダーク・マターとは何かについての有望な考え方がもうひとつある。こちらは、物理学の方程式を改善するために提起された、別の提案から出てくるものだ。わたしたちもすでに議論したように、QCDは、言葉どおりの深い意味で対称性を体現するものとして構築された。クォークとグルーオンの観察されている性質と、局所色対称性によって許されている、最も一般的な性質とのあいだには、特殊相対性理論と量子力学の枠組みのなかで、ほぼ完璧な一致が成り立っている。その唯一の例外が、確立されているQCDの対称性が、実際に起こっていると確認されたことはない一種類の振舞いを禁じそこなっている、という点だ。つまり、確立された対称性は、時間の向きを変化させたときにQCDの方程式の対称性を損なうような、グルーオンどうしのある種の相互作用を許しているのである（時間反転対称性の破れ）。実験では、この相互作用の可能な強さが厳しく制限されるようなデータが得られている。その制限は、偶然生じると考えるには、あまりに厳しすぎる。コア理論では、この「偶然の一致」を説明できない。ロベルト・ペッチェイとヘレン・クインは、これを説明できる可能性が出てくるように方程式を拡張する方法を見出した。スティーヴン・ワインバーグとわたしは独立に、この拡張された方程式が極めて軽く、極めて弱い相互作用をする、アキシオンと呼ばれる新しい粒子が存在することを予言していると示した。アキシオンは、宇宙に満ちたダーク・マターを提供する粒子の候補者でもある。理論的には、アキシオンはさまざまなかたちで観察される可能性がある。どれも容易ではないが、アキシオンを探し出す仕事はすでに始まっている。

どちらの考え方も正しく、これら二種類の粒子の両方がダーク・マターの総量の幾分かずつを占めているという可能性もある。みなさんも、もしそうなら、素晴らしいと思いませんか？

靴の片方が落ちる音が聞こえた。ほかの靴も落ちないか、聞き耳を立てよう

コア理論の力の統一は、より大きな対称性をもたらし、より大きな対称性は、新たな力をもたらす。わたしたちは、まだ観察されていないこの新しい力がどのように隠されているかを説明するために、グリッドのなかに第二の、より剛性の高い宇宙超伝導層が存在す

ると仮定する。* しかし、わたしたちは、これらの新しい力を完全に隠したくはない。統一がなされるスケール――すなわち高エネルギー領域、あるいは、言い方を換えれば短距離領域――において、そしてそれを超えたところで、これらの新しい相互作用はコア相互作用と結びつき、同じ強さとなる。

このような途方もないエネルギーに到達する量子揺らぎ――仮想粒子――は、極めて稀ではあるが、間違いなく生じる。したがって、これらの揺らぎが引き起こす効果は、ものすごく小さいにせよ、ゼロではないと予測されている。このような効果のうち二つは極めて風変わりで、量子揺らぎがなければ期待されないものなので、統一理論の物理が正しいことを示す代表的なしるしと見なされている。その二つの効果を挙げよう。

- ニュートリノが質量を獲得する。
- 陽子が崩壊する。

この靴の片方が落ちる音はすでに聞こえた（訳注：「wait for the other shoe to drop」という英語の慣用表現。片方の靴が落ちた音がしたので、次に当然起こるはずの、もう一方の靴が落ちる音が聞こ

＊これらの点についてのもっと深い議論は、補遺Bを参照のこと。

えるのを待つ、という意味。ここでは、ニュートリノに質量があることが確認されたのだから、ほかの「しるし」もほどなく現れるはず、という期待を込めての表現)。先に述べたように、ニュートリノは実際に、極めて小さいが、ゼロでない質量を持っている。実際に観察されたニュートリノの質量は、統一理論から期待されるさまざまな事柄とだいたい一致している。

そのようなわけで、わたしたちはもう片方の靴が落ちるのを待っている。地下深くで、巨大な光子収集装置が、純水で満たされた水槽を監視して、陽子の崩壊を示す信号を待ち受けている(訳注:岐阜県の神岡鉱山内に建設されたスーパーカミオカンデ)。陽子崩壊の頻度の推定値から、陽子崩壊が実際に発見されるのはそれほど先のことではないはずだと考えられている。もしそのとおりなら、力の統一をめぐる物理学にさらにもうひとつ、新しい項目が加わることになる。その項目はおそらく、最も直接的で強力なものだ。というのも、陽子は何通りもの経路で崩壊し、異なる経路の崩壊の発生頻度は、統一理論から出てくる新しい相互作用を直接反映するからだ。

コア相互作用——強い相互作用、弱い相互作用、電磁相互作用——についての既存の理論を単一の統一理論にまとめあげるには、いくつか当て推量をしないといけないが、必要な原理ははっきりしている。それらの原理、すなわち量子力学、特殊相対性理論、そして(局所)対称性は、継ぎ目なくひとつにまとまる。これらの理論を使って、実験による探究をする人々に、どんな結果を期待すべきかについての定量的な見積りなどの具体的な助言をすることができる。

　重力との統一も、すでに本書で見たように、すべての相互作用の本質的な強さを比較するというレベルではうまく行くようだ。しかし、重力を含めた場合、統一理論とはどのようなものになるかについてのわたしたちの考えは、まだ具体的とはとても言えない。超弦理論の周辺でさまざまなアイデアが熟成されつつあるのを見ると、そこから有望なものが登場しそうだという期待も出てくる。だが、超弦理論を発展させて誕生した統一理論からどんな新しい効果が期待されるのかを具体的に示唆するに十分、これらのアイデアをまとめあげた人はまだ誰もいない。これから登場するはずの重力を包含した統一理論は、どんな靴を落とすのだろう？　どんな靴が落ちると期待できるのか、誰かアイデアのある人はいないだろうか？　これもまた、今後取り組まねばならない問いである。

エピローグ――つるつるした小石、きれいな貝殻

わたし自身としては、自分は、浜辺で遊んでいる少年のようなものだったのだと思われる。ときおり、普通より滑らかな小石やきれいな貝殻を見つけては喜んでいるが、そのあいだも、真実の大海は依然としてわたしの目の前に、見出されぬままに広がっていたのだ、と。

――アイザック・ニュートン

三つめの山を登りきった今、わたしたちは休憩するにいい場所に着いた。一息ついて、来《こ》し方《かた》を振り返り、景色を見渡すべき時である。

日常の現実《リアリティー》が存在している谷を見下ろすと、今のわたしたちには、以前よりも多くのことがわかる。空虚な空間のなかに物質が永遠に存在しているという無味乾燥な見かけの下に、すべてに浸透し、常に存在し、活気に満ちた媒体があることを、わたしたちは頭

の中に思い描く。物質の動きを遅くし、物体をコントロール可能なものにしている、まさにその性質である質量は、じつは、常に光速で飛びまわりながらも、すべてに浸透しているこの媒体からぼんぼんと小突かれるのを避けるためにお互いに集まらざるを得ない、クォークとグルーオンのエネルギーから生じているのだということも、わたしたちには理解できる。わたしたちの宇宙の実体は、密《ひそ》やかながらずっと鳴り響いている、風変わりな音楽だ。その音楽は、バッハのフーガよりも正確で複雑な数学の音楽である、グリッドの歌なのである。

遠くの斑雲《むらぐも》の隙間から、数学のパラダイスが垣間見《かいまみ》えるようだ。そのパラダイスでは、現実《リアリティー》を作り上げる元素たちが、彼らの破片を盛んに撒《ま》き散らしている。わたしたちが日常見ている光景から歪みを取り除いてやると、真実はこうかもしれないという様相をわたしたちの精神のなかに映し出すことができる。それは、純粋で理想的な、対称的で、すべてが対等で、完璧な光景である。

それともわたしたちはあまりに逞《たくま》しい想像力で、小さくて希薄で捉えどころのない、いろんなものの断片を寄せ集めた、とんでもない架空の怪物を作り上げてしまったのだろうか？　ほんとうはどうなのか知りたくて、わたしたちは望遠鏡を外に向け、雲が完全に晴れるのを待っている。

質量を巡る告白

この先もいくつもの山々が待ち構えており、わたしたちはその頂《いただき》をまだ見定めてもいない。

お約束したとおりわたしは、質量を持たない構成要素のエネルギーから、普通の物質の質量の九五パーセントがいかにして生じるかを説明した。その説明は、アインシュタインの第二法則、$m=E/c^2$ の約束を使い、これを遂行することで達成されたのだった。さてこのあたりで、わたしが説明できなかったことは何だったかを、正直に告白させていただきたいと思う。

電子の質量は、普通の物質の総質量の一パーセント以下にしか寄与していないけれども、なくてはならないものだ。電子の質量の値は、原子の大きさを決定している。電子の質量が二倍になれば、すべての原子は半分の大きさに縮んでしまうだろう。電子の質量が半分になれば、すべての原子は倍の大きさに膨らむだろう。わたしたちが知っているかたちの生命体に似たものはすべて、ありえなくなるだろう。電子が四倍ぐらいの質量になると、電子は陽子と結合しやすくなり、ニュートリノを放出して中性子となってしまう。そんなことになったら、生物学はおろか化学もおしまいとなるだろう。というのも、原子や複雑な分子を作るのに使えるような、電荷を持つ原子核や電子が存在しなくなってしまうからだ。

だが、わたしたちは、電子がどうしてそのような質量を持っているかについて、（まだ）いいアイデアを見つけていない。電子が内部構造を持っているという証拠はないので（また、それを否定する証拠がたくさんあるので）、わたしたちが陽子に対して使った、その質量を内部エネルギーに関連させて説明するという方法は使えない。何か新しい考え方が必要だ。現時点でわたしたちにできる最善のことは、電子の質量を一つのパラメータとして――もっと基本的な何かによって表すことはできないパラメータとして――方程式のなかで使うことだ。

わたしたちの友だち、アップ・クォークとダウン・クォーク、すなわち$\boldsymbol{u}$と$\boldsymbol{d}$の質量についても、同じような話になっている。これらのクォークは、陽子と中性子の質量に――したがって普通の物質の質量に――、量的には小さいが質的には重要な寄与をしている。これらのクォークの質量の値が大幅に違っていたなら、生命体は存在するのが困難か、あるいは不可能になっていたかもしれない。それでも、これらのクォークがどうしてそのような値の質量を持っているのか、説明することはできない。

電子の、より重く不安定な親戚の質量の値も、まだ理解できていない。これらの親戚とはすなわち、ミュー粒子（μ）とタウ粒子（τ）というレプトンで、それぞれ電子の二〇九倍と三四七八倍の質量を持っている。二〇九と三四七八という数字がどこから来たのか、わたしたちにはわかっていない。アップ・クォークの、より重く不安定な親戚――すなわち、チャーム・クォーク（c）とトップ・クォーク（t）や、ダウン・クォークのより重たく不安定な親戚――ストレンジ・クォーク（s）とボトム・クォーク（b）についても同じである。

この総崩れの状況のなかで唯一良い知らせは、これらのクォークとレプトンはすべて、これまでのいろいろな章で議論してきた統一理論のなかで、観察されている性質の点でも、また、理論的にも、互いに密接に関係しあっているように見えるということだ。ならば、そのひとつについてなんとか理解することができたなら――そして、統一理論が正しければ、ではあるが――、ほかのすべてについても理解できるはずだ。

わたしたちがクォークの質量の起源について、これほどまでに何もわからないままでいるということは、陽子がプランク質量に比べて軽いという事実に基づいて重力の弱さを説明した、わたしの話はまだ不完全だということだ。わたしは、アインシュタインの第二法則に従って、陽子の質量の大部分は、陽子に含まれるクォークとグルーオンのエネルギーから生じているということは、当然のこととして扱った。それは実際、自然のなかで真実でもある。つまり、uクォークとdクォークは、実際に、陽子に比べてはるかに小さな質量しか持たず、したがって、uクォークとdクォークによる陽子質量への直接の寄与は極めて小さい。だが、みなさんから、「これらのクォークの質量は、どうして小さいのですか？」と尋ねられても、わたしは確固たる答を持っていない（いくつか話をでっちあげることはできるかもしれないが）。

そして、「質量の源《みなもと》」とか、あるいは、「神の粒子」とまで呼ばれている、ヒッグス粒子というものがある。補遺Bのなかで、わたしは、ヒッグス粒子を中心とした一連のすばらしいアイデアの概要を説明している。手短に言えば、ヒッグス場（ヒッグス粒子よりも基本的だ）は、普遍的な宇宙超伝導体というわたしたちのヴィジョンを具現化し、対称性の自発的破れという巧みで美しい概念を体現するものだ。これらのアイデアは、深く、風変わりで、素晴らしく、そして、真実である可能性がかなり高い。だが、これらのアイデアは、神の起源は言うに及ばず、質量の起源を説明してはくれない。ヒッグス場は、ある特定の種類の質量が存在するという事実を、弱い相互作用はどのように働くのかについての詳細と両立させてはくれるものの、質量の起源を説明したり、あるいは、さまざまな質量がどうしてそのような値になっているかを説明したりするところからはまだまだ程遠い。そして、わたしたちも見てきたように、普通の物質の質量の大部分は、ヒッグス粒子とはまったく何の関係もない起源を持っているのである。

また、ニュートリノの質量にしたって、わたしたちはまだほんとうには理解していない。そして、理論には登場するがまだ観察されていない、夥《おびただ》しい数の粒子の質量についてはまったく理解していない。これらの粒子には、ヒッグス粒子（ヒッグス粒子は一種類ではない可能性もある）や、対称性に関連するすべての粒子、そして、アキシオン……なども含まれる。

このような状況をもっと短くまとめれば、「わたしたちが質量の起源をほんとうに理解している唯一の事例は、わたしが本書でみなさんにお話ししたものである」となるだろう。ありがたいことに、この理解は、普通の物質の質量の、一番大きな部分を説明するものだ。その普通の物質とはすなわち、電子、光子、クォーク、グルーオンでできた物質であり、わたしたちに最も身近な周囲で主流を占めている物質、わたしたちが生物学や化学で研究する物質、そして、わたしたちを形作る物質である。

再び混迷《ダークネス》へ

遠い彼方にある恒星や星雲も、地球の上で見出されるのとまったく同じ物質でできているというのは、天文学の偉大な発見（おそらく最大の発見）であった。ところが、ここ数十年のあいだに、この基本的な真実は、完全には正しくなかったことに天文学者たちは気づいた。宇宙の質量の大半――約九五パーセント――は、何かほかのものから来ていることが発見されたのだ。電子、光子、クォーク、グルーオンからできているのではない、新しいかたちの物質が、宇宙の質量の九五パーセントを占めているのである。

この新しい物質には、少なくとも二つの種類があり、それぞれダーク・マター、ダーク・エネルギーと呼ばれている。どちらもあまりいい名前とは言えない。というのも、これらの物質についてわずかながら知られていることのひとつが、それらのものは暗くないのでダークとは呼べないということだからだ。これらの物質は、検出されるレベルで光を吸収することはない。また、光を放出するところも観察されていない。完全に透明のようだ。陽子、電子、ニュートリノ、あるいは、どんな種類の宇宙線をも、放出しているのを観察されたこともない。ようするに、ダーク・マターもダーク・エネルギーも普通の物質とは、相互作用するとしても、極めて弱くしか相互作用しないのである。これらの物質が検出されたのは、唯一、わたしたちが実際に観察している、普通の物質でできた恒星や銀河の軌道に、これらの新物質が及ぼす重力の影響を通してのみである。

　ダーク・マターについては、確かなことはほとんどわかっていない。前に論じたように、ダーク・マターは、超対称粒子か、あるいは、アキシオンからできているのかもしれない（わたしは、アキシオンが大好きだ。その理由のひとつは、わたしがアキシオンという名前を付けてやったからだ。この機会にと、わたしは若いころからの夢を叶えさせていただいたのだった。どういう夢かというと、こうである。洗濯用洗剤に「アキシオン」という名前のものがあるのを知ったのだが、この名前が、わたしにはどうも、素粒子の名前のように思えた。それで、軸流「アキシャル・カレント」によって問題をきれいさっぱり解決する仮説粒子が理論から生まれたとき、これは宇宙的なめぐり合わせだと、わたしは思ったのだった。問題は、保守的なことで悪名高かった、《フィジカル・レビュー・レターズ》の編集者たちに却下されないようにするにはどうすればいいかだった。わたしは、彼らには軸流のことだけ伝え、洗剤のことは黙っておいた。これがうまく行ったのだった）。これらの可能性、また、ほかの可能性を検証する英雄的な実験が行なわれており、運がよければ二、三年のうちに、ダーク・マターとは何かについてもっとはっきりとしたアイデアが登場するだろう。

ダーク・エネルギーについては、これ以上にわかっていない。まるで時空の本質的な属性であるかのように、完璧に均一に広がっており、いたるところで、また、過去から未来にわたって、同じ密度であるようだ。既知のいかなる種類の物質とも（超対称粒子や、アキシオンとさえも）異なり、ダーク・エネルギーは負の圧力を及ぼす。つまり、あなたをばらばらに分解しようと引っ張るのだ！　さいわい、ダーク・エネルギーは宇宙全体の質量の約七〇パーセントを提供している一方で、その密度は、水の密度の約 7×10^{-30} 倍しかなく、また、その負の圧力が相殺するのは、普通の大気圧の 7×10^{-14} だけだ——一兆分の一以下でしかない。ダーク・エネルギーについて、もっとはっきりしたアイデアが登場するのがいつごろなのか、わたしにはわからない。それほどすぐというわけではなさそうな気がする。わたしの思い違いだといいのだが。

最後に

みなさんに、わたしが拾った一番つるつるした小石、一番きれいな貝殻、そしてまだ発見されていない発見をお見せした。お楽しみくださったなら嬉しい。なにしろ、これらのものは、みなさんの世界なのだから。

謝辞

本書の大部分は、『宇宙は不思議なところ』、『世界を作るための数値レシピ』、『質量の起源と重力の弱さ』、『エーテルは不滅である』と題して、この二、三年間、いろいろな機関でわたしが行なった、公開講演の内容から来ている。講演を行なう機会を与えてくださった主催者の方々と、興味深い質問や役立つフィードバックをたくさんしてくださった聴衆のみなさんに感謝申し上げる。

変わらぬ支援を続けてくださったＭＩＴ、本書執筆のあいだ親切にしてくださった北欧理論物理学研究所、本書を仕上げる過程でご厚意をたまわったオックスフォード大学に感謝を申し上げたい。

ベッツィー・デヴァインとアル・シャペレが草稿をじっくりと読んでくださったおかげで、多数の箇所で重要な改善を行なうことができた。お二人に感謝申し上げる。また、草稿についてコメントしてくださり、特に第6章の初期の草稿について手助けしてくださった、キャロル・ブリーンにも感謝申し上げる。

本書を執筆するよう促してくださった、ジョン・ブロックマンとカティンカ・マットソン、そして、さまざまに協力し、励ましてくださった、ビル・フルフト、サンドラ・ベリス、そして版元のペルセウス社のみなさんに感謝したい。

ベッツィーの支援とインプットは、終始一貫して大事なインスピレーションであった。

補遺A　粒子は質量を、世界はエネルギーを持っている

第3章で議論したように、$E=mc^2$ は、孤立した物体が静止しているときに成り立つ式である。運動する物体についての正しい質量とエネルギーの関係式は、

$$E=\frac{mc^2}{\sqrt{1-\frac{v^2}{c^2}}}$$

である。ここで、v は物体の速度である。静止している物体（$v=0$）に対しては、この式は $E=mc^2$ となる。

ある物体――たとえば、一個の陽子や電子――が加速されるとき、v は一般的に変化するが、m は変化しない。したがって、この式から、E は変化する。

こう聞くとはじめは、本文で議論したことと逆ではないか、と思われるかもしれない。

本文では、エネルギーは保存されるが、質量は保存されないという話をした。いったいどうなっているのだろう?

エネルギーの保存は、系に対して成り立つのであって、個々の物体に対して成り立つのではない。いくつもの物体からなる系の総エネルギーには、運動のエネルギー(右の方程式で与えられる)と、物体どうしの相互作用を反映する「ポテンシャル・エネルギー」の項との両方が含まれる。ポテンシャル・エネルギーの項は、物体どうしの距離、物体の電荷に依存し、そしておそらくそれ以外のさまざまな事柄にも依存する。保存されるのは、総エネルギーだけである。

孤立した物体の速度は一定だ。これは、ニュートンの運動の第一法則である。第ゼロ法則とは違い、第一法則は今も正しいようだ。一つの物体が孤立しているとき、それはそれ一個だけで系をなしていると見なされる。なので、その物体のエネルギーは保存されなければならず、したがって、先の方程式から、確かにそうなっている。

逆に、物体の速度が変化するとき、その変化自体が、その物体は孤立していないというしるしである。何かほかの物体が作用を及ぼし、速度を変化させているはずだ。ある物体が別の物体に及ぼす作用は、一般的に、その二つの物体のあいだでエネルギーを移動させる。保存されるのは総エネルギーだけで、個々の物体のエネルギーを別々にとりあげたとき、それらは保存しない。

クォークとグルーオンから陽子を作るときも、これらの考え方が関与してくる。深い根本的な捉え方では、静止している一個の陽子は、相互作用しているクォークとグルーオンの複雑な系である。個々のクォークとグルーオンは、ものすごく小さな質量しか持っていない。だが、だからといって、系全体がエネルギーを持つことが禁じられるわけではない。そのエネルギーをEと呼ぼう。Eは、系全体――すなわち、陽子――が孤立している限り、時間の経過のなかで保存される。あるいは、孤立した陽子を、ブラックボックス、すなわち、質量mを持った「物体」と見なすこともできる。Eとm、これら二つの量は、このように同じことを言い換えた二つの異なる記述のなかに登場するが、$E=mc^2$（または、$m=E/c^2$）という式によって結ばれている。

第2章では、質量の保存が劇的に破られる例を取り上げた。一個の電子と一個の陽電子が消滅するとき、たくさんの粒子が飛び出してくるが、それらの総質量は、元の電子一個と陽電子一個をあわせたものの三万倍になる。はじめにあった電子と陽電子の速度は、光速に極めて近かった。したがって、質量‐エネルギーの一般的な方程式によれば、電子と陽電子の系が最初持っていたエネルギーは極めて大きい――mc^2よりもはるかに大きい。衝突から出現する粒子たちは、電子や陽電子よりもずっと大きいが、動きはゆっくりしている。それらの粒子のエネルギーを、質量‐エネルギーの方程式から計算して足し合わせると、その総和は、元々の電子と陽電子の総エネルギーに一致する（粒子たちが飛び散ってばらばらになると、相互作用のエネルギー――すなわちポテンシャル・エネルギー――は無視できるほど小さくなる）。

最後に、質量とエネルギーの関係についてのこの議論を完全なものとするために、質量ゼロの粒子という特殊なケースを考えねばならない。そのようなものの重要な例としては、光子、グルーオン、そして重力子がある。これらの粒子は光速で運動する。一般的な質量‐エネルギーの関係式に $m=0$ と $v=c$ を代入しようとすると、右辺では、分子と分母両方が消えてしまい、方程式は、$E=0/0$ と意味をなさなくなる。この結果を正しくとらえるには、光子のエネルギーは任意の値を取る、と解釈せねばならない。異なるエネルギーを持つ光子の違いとは、その速度でもなければ（速度は常に光速だ）、もちろん、質量でもなく（質量は常にゼロだ）、その振動数（すなわち、根底に存在する電場と磁場が振動する速さ）である。光子のエネルギー E は、それが表す光の振動数 ν に比例する。もっと厳密に言えば、両者はプランク‐アインシュタイン‐シュレーディンガーの方程式、$E=h\nu$ によって関係付けられている。ここで h はプランク定数である。

可視光の範囲にある光子については、振動数の違いは色の違いとして感じられる。スペクトルの赤の端にある光子は、エネルギー最小であり、紫の端にある光子はエネルギー最大である。エネルギーが小さくなるほうへ、可視光の範囲を超えて進むと、赤外線、マイクロ波、電波の光子に出会う。逆にエネルギーが大きくなるほうへと進むと、紫外線、X

線、そしてγ線《ガンマ》に出会う。

補遺Ｂ　多層構造で多色《マルチ・カラー》の宇宙超伝導体

わたしたちは、世界の対称性を隠している、風変わりな超伝導体のなかで暮らしている。

超伝導体の最も本質的な性質は、電気をものすごく良く伝えるということではない（超伝導体がそのような性質を持っているのはたしかだが）。超伝導体の最も本質的な性質は、ヴァルター・マイスナーとロベルト・オクセンフェルトによって一九三三年に発見された。それは、マイスナー効果と呼ばれている。マイスナーとオクセンフェルトが発見したのは、磁場は超伝導体の内部を貫通することができず、薄い表面層に閉じ込められるということだった。超伝導体は磁場を内側に存在させておくことができない。これが超伝導体の最も本質的な性質である。

超伝導体にこのような名前が付いたのは、これよりはるかに目だつ華々しい性質、電流をいつまでも維持できるという、特別な才能による。超伝導体は、抵抗なしに流れ、したがって永遠に持続する電流を、駆動する電池すらなしに保持することができる。マイスナー効果と、このようなすばらしい超伝導とのあいだには、次のような関係がある。

超伝導体を外部磁場にさらしたとすると、マイスナー効果にしたがってその超伝導体は、内部に正味の磁場が絶対入らないように、なんとか外部磁場を打ち消す方法を見出さねばならない。このような打ち消しを確実にするには、同じ強さで向きが逆の磁場を自ら作りだす以外にない。だが、磁場を作りだすのは電流だ。正味の場をゼロに維持する磁場を生み出すには、超伝導体は、永遠に持続する電流を維持できなければならない。

こうして、マイスナー効果から、電流が永遠に流れ続ける可能性が生まれる。したがって、マイスナー効果のほうが本質的である。マイスナー効果こそが超伝導体のほんとうのしるしである。

マイスナー効果は、リアルな磁場のみならず、量子揺らぎとして生じる磁場にも働く。こうして、電磁場の擾乱《じょうらん》である仮想光子の性質は、超伝導体の内部では変化する。超伝導体が揺らぐ磁場を打ち消そうと最善を尽くす結果、超伝導体内部の仮想光子は、空っぽな空間にいるものよりも数が極端に少なく、短い距離にしか広がらないということになる。*

グリッドを仮定した世界観のなかでは、電磁場は、電荷を帯びた源《みなもと》と仮想光子との相互作用（別名「場の揺らぎ」）によってもたらされる。粒子Aはその周囲の場の揺らぎに影響を及ぼし、その場の揺らぎは、別の粒子Bに影響を及ぼす。これが、AとBのあいだの力はどのように生じるかについての、わたしたちの最も本質的な描像である。これは、図7・4の基本的なファインマン・ダイアグラムにも描かれている。

このような次第で、超伝導体内部の場の揺らぎは稀になり、同時に短距離でしか起こらなくなるという事実は、対応する電磁場が実質的に弱められているということを意味するわけである。

場を打ち消す超流は、超伝導体内部のリアルな光子につらい生活を強いる。超伝導体の内部で自己再生していく場の擾乱を作るのに、より多くのエネルギーが必要になるこの「場の擾乱」こそ、わたしたちが学んだことによれば、光子であった。方程式のなかでは、この自己再生するのにより多くのエネルギーが必要になるという効果は、光子がゼロでない質量を持つようになるというかたちで現れる。ようするに、超伝導体の内部では、光子は重くなるのである。

＊こちらのほうこそ、ほんとうに「空っぽ」だ。

宇宙の超伝導性——電弱層

弱い相互作用は、短距離力である。この力をもたらしている*W*場、*W*場と*Z*場は、多くの点で電磁場と似ている。これらの場の擾乱として出現する粒子（*W*粒子と*Z*粒子）は、光子に似ている。二つとも光子と同じくボソンだ。また、光子と同じく、チャージに反応する——このチャージは、電荷でないことは間違いなく、わたしたちが緑と紫の色荷と呼んできた、よく似た物理的性質を持つチャージである。光子との違いとして最も目立つのは、*W*粒子と*Z*粒子は重い粒子だということだ（どちらも、陽子一〇〇個分くらいの重さである）。

短距離力。重い粒子。聞いたことがあるように思われないだろうか？　そうに違いない。これらはまさに、超伝導体内部の電磁場と光子の性質である。

現代の電弱相互作用の理論は、超伝導体内部の光子に起こることと、宇宙で観察されている、*W*ボソンと*Z*ボソンの性質とは似通っていることを説明できるようにと相当配慮されたかたちになっている。コア理論のこれに相当する部分によれば、わたしたちが空っぽの空間と捉えている宇宙の実体——グリッド——は、まさに超伝導体である。

概念として、そして数学的に、深いところまで類似性が成り立ってはいるが、グリッド超伝導性は、普通の超伝導性と、以下の四つの大きな点で異なっている。

発生頻度

普通の超伝導性は、特殊な物質と低温を必要とする。二〇世紀末に新たに発見された「高温」超伝導性でも、最高で絶対温度二〇〇ケルビンを超えない低温が必要だ（室温は約三〇〇ケルビンである）。

グリッド超伝導はどこにでもあり、停止するのが観察されたことはない。理論的には、10^{16}ケルビンまで持続するはずである。

規模

通常の超伝導体内部での光子の質量は、陽子の質量の 10^{-11} 倍かそれ以下である。

*W*ボソンと*Z*ボソンの質量は、陽子の質量の約 10^{2} 倍である。

流れているもの

通常の超伝導の超流では、電荷の流れである。超電流は、電磁場を力の到達距離の短い場に変え、光子に質量を持たせる。

グリッド超伝導の超流では、電荷ほどには馴染みのないチャージ——紫の弱いチャージとハイパーチャージ——の流れが、相互関連しながら流れている。これらの流れによって

W場とZ場が生じる可能性があり、したがってWとZが生み出す力は短距離力となり、WボソンとZボソンは質量を獲得する。

基盤

詳細な点の多くがまだ謎のままだが、通常の超伝導体はどのように機能しているかについては、おおまかな理解は得られている（多くの超伝導物質に適用できる、かなり詳細で正確な理論が存在する。いわゆる高温超伝導体を含む、ほかの超伝導物質については、目下研究が進行中である）。とりわけ、これらの超伝導体の超電流が何でできているかは、ちゃんとわかっている。超電流は、クーパー対というかたちに組織された電子の流れである。

これとは対照的に、グリッド超伝導が何でできているかについては、信頼できる理論は存在しない。これまでに観察されたどんな場も、適切な性質を持っていない。理論的には、この仕事は、ヒッグス場と呼ばれる単一の新しい場と、それに付随するヒッグス粒子によって行なわれている可能性はある。また、複数の場が関与している可能性もある。統一を達成するためのアイデアとしてわたしたちが考案したもののなかでは、大きな存在感があったＳＵＳＹ理論のなかに、超流に寄与している場が少なくとも二つ、そして、それらに付随する粒子が少なくとも五つある（第8章の言葉を使うなら、「凝縮体が二つ、そして、場の擾乱として、五種類の異なるものがある」となる)。これよりさらに複雑な状況である可能性だってある。LHC計画の大きな目標の一つが、これらの問いに実験で取り組むことだ。

グリッド超伝導は、強い色荷を含んでおらず、したがって強い相互作用を担うグルーオンは抑制されず、質量ゼロのままだ。また、光子もグリッド超伝導の影響を受けない。場を相殺する超流によって影響を大幅に抑制されて短距離作用の粒子にされてしまうWボソン、Zボソンとは異なり、光子は質量ゼロのままである。わたしたちにとってはありがたいことに――わたしたちの存在を支える化学現象は言うに及ばず、わたしたちの電気技術、エレクトロニクス技術が力強い電磁力に依存していることからすると――、グリッド超伝導は電気的に中性である。

宇宙の超伝導性――強弱層

これらの考え方を、一歩、非常に重要な方向に進めることができる。

コア理論の電弱理論にとって、グリッド超伝導性が達成した最大の成果は、根本的な方程式のなかでは、弱い力と電磁力はほぼ完全に同じ足場にあると見えるにもかかわらず、弱い力が電磁力に比べてはるかに弱く見えるのはなぜかについて、説明を提供してくれたことだ（実際、わたしたちも議論したように、弱い力は根本においては、ほんの少しだが、電磁力よりも強いのである）。コア対称性の観点からは、根本的なコア対称性（強いチャージ×弱いチャージ×ハイパーチャージ）から長距離にわたる影響を持つ対称性（強いチャージ×電磁チャージ）への還元、

$$SU(3) \times SU(2) \times U(1) \rightarrow SU(3) \times U(1)$$

をどのように説明すればいいかが示される。

　わたしたちの統一理論のなかでは、わたしたちは、コア理論の $SU(3) \times SU(2) \times U(1)$ よりもずっと大きな対称群、たとえば $SO(10)$ などを扱っている。対称性が大きくなると、異なる種類のチャージのあいだでの変換の可能性が増え、これらの変換を担う、グルーオン／光子／**W**ボソン、**Z**ボソンのようなゲージ粒子の種類も増える。

　こうして新しく増えるゲージ粒子は、現実《リアリティー》のなかでは、起こるとしても稀にしか起こらないようなことをする能力を持っている。たとえば、一単位の弱い色荷（訳注：弱い相互作用に関与する弱荷のことをウィルチェックはこう呼んでいる。「チャージ明細書」の節を参照されたい）を一単位の強い色荷（訳注：強い相互作用を担う色荷のこと）に変換することによって、ク

ォークをレプトンや反クォークに変えることができる。「チャージ明細書」には、このような可能性が満載だ。このため、たとえば、陽子が陽電子と光子に崩壊する、

$$p \to e^+ + \gamma$$

のような過程を容易に起こすことができる。この崩壊が、典型的な弱い相互作用と同じような頻度で起こるなら、この崩壊は一秒の何分の一かのあいだに起こるはずだ。そんなことになったら、わたしたちには由々しき問題だ。というのも、わたしたちの体は即座に蒸発して電子‐陽電子プラズマになってしまうだろうから。

グリッド超伝導の新しい層を利用すれば、根底にある統一の対称性を維持したまま、望ましくないプロセスを抑制することができる。そして、ごく短距離の領域から、より長距離の領域へと進むことによって、活発な（抑制されていない）場を、

$$SO(10) \to SU(3) \times SU(2) \times U(1) \to SU(3) \times U(1)$$

によって還元することもできる。第二のステップは、わたしたちがすでにコア理論で行なったものだ。

第一のステップには、もっと効率のいいグリッド超流が必要だ。望ましくない、強い色荷↔弱い色荷の変換を大々的に抑制する超流でなければならないのである。もちろん、これは、超流そのものが強い色荷と弱い色荷の両方を含む流れであるということを意味している。

知られているかたちの物質で、このような超流をもたらすことのできるものはない。その一方で、この仕事を担う、ヒッグス場に似た新しい場を理論の上で作り上げるのはたやすい。研究者たちはすでにほかのアイデアも試している。こういった超流は、小さく巻き上げられて見えない、余分な空間次元のなかを流れているのかもしれないし、小さく巻き上げられた余分ないくつもの空間次元を瞬間移動《ワープ》しながら飛びまわっている弦《ひも》の振動なのかもしれない。これほど短い距離を探るに必要な凝縮されたエネルギーは、今わたしたちが実際に達成できるレベルをはるかに、はるかに超えているので、こういう憶測を確認するのは容易ではない。

さいわい、コア電弱理論でそうだったのとちょうど同じように、超流を与えられたものと見なし、それが何でできているかについて仮説をでっちあげることなしに、どんどん前進できる。これこそ、わたしが本書の第3部で採用した哲学だ。この哲学のおかげで、わたしたちはいくつか心強い成功を収めることができたし、また、具体的な予測もいくつか立てることができた。宇宙超伝導体が今後のさらに厳密な吟味でも生き残るなら、わたしたちは、多層構造で多色《マルチ・カラー》の宇宙超伝導体のなかで暮らしているのだと、自信をもって断言することができるだろう。

補遺C　「間違ってはいない」から（たぶん）正しいへ

サヴァス・ディモポウロスはいつも何かに熱中しているが、一九八一年の春は、超対称性に打ち込んでいた。その頃彼は、サンタバーバラにできたばかりの理論物理学研究所に滞在しており、わたしもちょうどその直前にこの施設に赴任したばかりだった。わたしたちはすぐに意気投合した――彼はいつも頭にいろいろなアイデアがあふれていたし、わたしは、彼のそんなアイデアのいくつかを真剣に考えてみることで自分の頭脳の限界に挑むのが好きだった。

超対称性は美しい数学的概念だった（今もそうだが）。だが、超対称性を実際に適用しようとすると、超対称性はこの世界にとってはちょっと良すぎる、という問題がある。超対称性が予言するような粒子を見つけることができないのだ。たとえば、電荷と質量は電子と同じだが、スピンは異なる素粒子を見ることはない。

しかし、物理の根底を統一するのに使えそうな対称性の原理は簡単には手に入らないので、理論物理学者たちは手元にあるものをそう易々とは捨てられない。過去に経験したほかのかたちの対称性での経験を元に、対称性の自発的破れという代替戦略が作られた。対称性の自発的破れという方策では、物理学の根底をなす基本方程式は対称性を持つが、その安定な解は対称性を持たないと仮定する。このような現象として古典的な例が、普通の磁石で起こっている。鉄の塊《かたまり》を記述する基本的な物理の方程式では、どの方向もほかのすべての方向と等価だが、鉄の塊は、北を向いた極を持つ磁石となる。

対称性の自発的破れの、暮らしに密着した単純な例に、自動車は道路の片側を走るというものがある。すべての自動車が同じ側を走っている限り、どちら側を走るかは問題ではない。しかし、左側を走る車と、右側を走る車があったら、それは不安定な状況だ。だから、左と右の対称性は破れなければならないのである。もちろん、異なる宇宙――たとえばアメリカとイギリスで規則が違うように――では、違う選択がなされる。

対称性の自発的破れによって開かれた可能性を調べるには、模型の構築が必要だ。これは、候補となる方程式を提案し、それらの方程式が正しければ、そこからどんな結果が出てくるかを解析するという、創造的《クリエイティブ》な活動だ。自発的に破れた対称性を持ち、かつ、わたしたちが物理について知っているほかのすべてと矛盾しない模型を構築するのは、容易な仕事ではない。対称性を破らせることができたとしても、ほかの余分な粒子はまだ存在していて（質量が重くなるだけだ）、いろいろないたずらをしでかす。一九七〇年代中ごろに超対称性がはじめて展開されたときに、わたしもごく短いあいだだが模型構築に手を染めた。しかし、簡単な試みがいくつかみじめな失敗に終わると、手を引いてしまった。

サヴァスは二つの重要な点で模型構築の才能に生まれつきわたしよりも恵まれていた。彼は単純さにこだわらなかったし、また、決して諦めなかったのである。彼の最新の模型のなかに、何かものすごく難しい問題（Aと呼ぼう）が、何の配慮もされぬまま放置されているのにわたしが気づいて指摘すると、彼は、「それはほんとうの問題じゃないよ。僕なら絶対解けるさ」と言うのだった。そして翌日の午後になると、さらに精巧になり、問題Aが解決された模型を携《たずさ》え、彼はやってきた。だが、次には問題Bが見つかって二人で議論し、そしてまた彼は、まったく違う複雑な模型を作ってそれを解決するのだった。AとB、両方を解決するには、二つの模型を合体しなければならないが、また同じことの繰り返しで今度は問題Cが現れ、やがて途方もなく複雑な状況となった。二人で細部を検討してみると、何かの欠陥が見つかるのだ。そして翌日になると、サヴァスがものすごく興奮し、嬉しそうな顔でやってきて、昨日見つかった欠陥をなおし、一段と複雑になった模型を見せる。ついにわたしたちは、「疲労による証明」という手段を使って、すべての欠陥を取り除くことに成功した。この証明法は、わたしたちを含む、この模型を解析しようとした全員が、欠陥を見つけられるに十分な理解に達するまでに疲れてしまう、という基準を使う。

そこでわたしは、この研究成果を発表しようと考えたが、二人で作り上げたこの模型の複雑さとご都合主義的な感じが、どうにも非現実的で決まり悪く思えて仕方なかった。サヴァスは怯《ひる》まなかった。彼はこんな主張までした。完全に現実的になって詳細を調べたなら、ゲージ対称性を使った既存の模型のいくつかにしたって、それほどエレガントではないというのである。わたしには、それらの模型はほんとうに実り多い有益なものと思われたのだが。彼は実際、超対称性を加えてそれらの模型を改良しようという話を、もう一人の同僚、スチュアート・レビーにしていたのだった。わたしは、そんな「改良」なんてどうにも疑わしいとの思いだった。というのも、超対称性で新たに複雑さが加わると、ゲージ対称性がやっとのことで成し遂げた、強い力、電磁力、そして弱い力の結合定数の相対的な値をうまく説明するという成果が絶対に台無しになってしまうだろうと、わたしには思えたからだ。わたしたち三人は、状況がどれだけまずいか確かめるために計算をやってみることにした。方向を見極め、決定的な計算を行なうために、わたしたちはまず一番稚《ち》拙《せつ》なことからはじめた。それは、対称性の破れにまつわるすべての問題を無視するということだった。これによって、非常に単純な（しかし明らかに非現実的な）模型を使うことができた。

こうして得られた結果は、少なくともわたしには素晴らしいものだった。超対称性を加味したゲージ対称模型は、元々の模型とは大々的に違っていたが、結合定数に対しては元の模型とほとんど同じ答を提供したからだ。

これが転換点となった。わたしたちは、自発的対称性を含む「間違ってはいない」複雑な模型を脇に押しやって、文字通りに受け止めたなら（対称性は破られていないので）間違っている、短い論文を書いた。しかし、その論文は、非常に直接的でしかも成功していたので、統一と超対称性をくっつけるという考え方を正しいと（むしろ、「おそらく正しいだろうと」と言うべきだろう）見せていた。超対称性はどのようにして破られるのかという問題をわたしたちは片付けたのだ。そして、今日なお、これについていいアイデアはいくつか提案されているものの、広く受け入れられた解決策はまだ存在していない。

わたしたちの最初の研究のあと、結合定数がより高い精度で測定されるようになり、超対称性を含む模型と含まない模型との予測の違いが区別できるようになった。超対称性を含む模型のほうが、はるかにうまく機能する。わたしたち全員が、ヨーロッパ素粒子物理学研究所（ＣＥＲＮ）の大型ハドロン衝突型加速器（ＬＨＣ）が稼働するのを首を長くして待っている。今お話しした考え方が正しければ、この装置のなかで、超対称性を持った新しい素粒子――あるいは、超空間の新しい次元、といってもいいかもしれない――が姿を現すはずだからだ。

この短いエピソードは、人間は反証可能な理論を作ることによって進歩するというカール・ポパーの考え方と、一七九度くらい位相がずれているとわたしには思える。最も重要な場合も含む多くの場合、むしろ、誰の目にも明らかな大きな問題を戦略的に無視せねばならないと気づいたときに、突然、ここにある理論は正しいかもしれないと気づくのである。デイヴィッド・グロスとわたしがクォーク閉じ込めの問題を無視して漸近的自由に基づく量子色力学（QCD）を提案することに決めたときも、これと同様の転換点だった。だが、それはまた別の話だ……。

解説

東京大学大学院理学系研究科准教授（科学コミュニケーション論）
横山広美

ひょんなことから解説執筆の依頼をいただいた。しかし学生時代に素粒子実験に携わったものの理論が専門というわけではない私に、「解説」はできるはずもなく、ただ科学を「伝える」現場で活動し、科学と社会の関係を研究する立場から思うところを述べさせていただき、読者の参考に供したい。

実は、この本を仕事に関連して手にとるのは二回目である。一回目は出版されたばかりの二〇〇九年末、ある新聞の書評委員として、書評に採りあげるか否かで悩んだ。単行本カバーでも使われていた美しい写真は、重金属同士を衝突させてグルーオンの性質を調べるアメリカのフェニックス実験のデータであるが、日本からは理化学研究所や関連する研究者が参加しており、私も当時から注目していた。そのこともあって興味をそそられ、ぱらぱらとめくってみたが、新聞の書評で採りあげるには難解すぎる印象を受け、あまり読まずにそのままにしてしまった。これを今になって大変、後悔している。

というのも、本書が素粒子物理の解説本として稀有な一冊であることにようやく気付いたからだ。本書の魅力は、難解な内容をまったく飽きさせずに読ませる、著者の話力、執筆力ではないかと思う。これが実はなかなか難しい。優秀な物理学者であり、かつ、話力、執筆力も兼ね備えた人は限られているからだ。ジョークや喩えが満載の本書は、その内容はアメリカならではのものであっても、翻訳者の力量もあって、読者の心にダイレクトに響く。思わず、ふふふと笑いながら読める素粒子物理の本はそうそうない。さらにリチャード・ファインマンやマレー・ゲルマンのような科学史に残る研究者との華やかな交流のエピソードが（ご本人もその一人であるが）合間に挟まれていることも、物理好きにはたまらない魅力である。へえ、あの人はこんな人なのか、と読者を唸らせる人物描写にも優れている。一見、非常に難解で読み進めるのに苦労するかと思った本は、実は、著者の物理学にとどまらない輝く知性を反映した、めったにない本であることに気付いた。

とはいえ、抽象的な概念を追究していく素粒子理論の解説書である本書は、やはり少し敷居が高いかもしれない。素粒子物理に初めて触れる方は、まずは図解入りのムック本などで下準備をしてから読むことをお勧めする。本書をすらすら読めた方はぜひ、さらなる物理学の世界へようこそ。物理学者たちはいま、優秀な若者たちが物理学の道に進まなくなっているのではないかと懸念している。アメリカの研究室でも、最近はアジア諸国の留学生ばかりで、自国の学生は他分野に行く傾向が強くなってきているという。私の所属する東京大学では、いまも優秀な学生たちが理学部物理学科を目指す傾向があるが、若年者人口の減少に伴って、物理学を目指す学生が減ることは懸念される。

こうしたことから近年、科学者たちはますます、科学者以外の人々に向けて情報発信を強化している。ブログやツイッター、ビデオ作成など手段はさまざまだが、書籍が必須なのは変わらない。一流の科学者たちが自らこうした活動に熱心に取り組むことは、後継者を育てるためにも、また科学の魅力を広く一般に伝え、その世界観を共有するためにも、非常に重要なことであると思う。

本書の単行本が日本で出版されたのは二〇〇九年一二月であるが、その後、素粒子物理の世界では大きな進展があったので、ここに補足させていただきたい。本書にも詳しく書かれているジュネーブの欧州原子核研究機構（CERN）による実験の成果として、二〇一二年七月、ラージハドロンコライダー（LHC）を用いたアトラス実験グループ、CMS実験グループがそろって、ヒッグス粒子らしき新粒子を発見したと報告し、日本でも大きなニュースになった。ヒッグス「らしき」、と歯切れが悪いのは、新粒子を発見したことは確実であるが、まだ解析されていない方法で確実な結果を出すにはしばらく時間がかかるということだ。しかしそれも、半年から一年ほどで解決するであろう。

日本からは主にアトラス実験グループに一〇〇名を超える研究者たちが参加しており、

装置開発、データ解析とも一線の活躍をしている。私事ながら二〇一二年七月の発表に際し、アトラス実験日本グループのコミュニケーションを担当していることから、CERNが発表する文章を前日に受け取り（数時間のうちに調整が重ねられ、表現もどんどん積極的なものに変わっていった）、その内容に「発見」の文字を見たときには、鳥肌が立つような感動を覚えた。人類史上最大規模の巨大実験。加速器の建設準備に要した一四年という歳月。アトラス実験だけでも世界から三〇〇〇人規模の研究者が集う。ミーティングの件数は数知れず、一時はミーティングを整理するミーティングが行われたほどと聞き及ぶ。政治情勢が不安定なインドの研究者とパキスタンの企業が、アトラス実験のために協力することもあったという。こうした巨大実験が一糸乱れず進行するのも、本書の著者をはじめ、物理学者が共通して志す統一理論という目標があってこそだ。二〇一二年七月に見つかった「ヒッグスらしい」粒子は、125-126GeVという質量を持ち、物理学者が想定していたヒッグス粒子よりも軽い。その理由も今後数年ではっきりとするであろう。おそらく著者も、この結果をわくわくしながら見ているであろう。

さて、日本も素粒子に関連する分野は強い。ノーベル賞受賞学者は日本人初の湯川秀樹先生をはじめ、朝永振一郎先生、小柴昌俊先生、小林誠先生に益川敏英先生、南部陽一郎先生がたら、多士済々である。小柴昌俊先生以外はみな、理論物理学者だ。理論の話は本書に譲り、ここでは本書を補う形で実験分野についてさらに紹介したい。

素粒子実験分野の悩みは、装置の巨大化である。現在、最大の加速器はＬＨＣであるが、物理学者たちはさらに大きな実験施設を希望している。それが国際リニアコライダー計画（略称ＩＬＣ）である。ＬＨＣが陽子同士を衝突させるのに対して、ＩＬＣは電子・陽電子を衝突させることで「きれいな」イベントをとり、さらなる詳細を調べていく。建設費は八〇〇〇億円ほどかかる予定で、もちろん国際協力で分担しながら進めるが、あらゆる面で主導国となる誘致国について、注目が集まっている。日本はその最有力候補であると『ネイチャー』誌に伝えられている。装置の巨大化は、ビッグバンに迫る超高エネルギーを生み出す高エネルギー物理学においては避けることができない。日本では、ニュートリノを研究するスーパーカミオカンデや、小林・益川理論を検証した高エネルギー加速器研究機構のＢファクトリー実験が、他の追随を許さない最先端の成果を上げている。

かつて日本がまだ十分な装置を手にしていなかったとき、小柴昌俊先生はある戦略を考えた。それは最高エネルギーの超巨大素粒子実験はＣＥＲＮやドイツなど海外で行い、国内は国内で実現可能な実験を目指す、というものである。その結果生まれたのが、陽子崩壊を観測するため建設されたスーパーカミオカンデの前身となるカミオカンデである。一九八七年、カミオカンデのノイズ削減に取り組んでいた矢先にちょうど、超新星爆発からのニュートリノをとらえるチャンスが到来した。それから歳月が経ち、いまや日本は素粒子実験の大国でもある。Ｂファクトリー実験では、同時期に動き出した米スタンフォード大学線形加速器センター（SLAC）の加速器性能を軽々と越え（それには高い目標設定と加速器科学者の並々ならぬ貢献があったのだが）、小林・益川理論を実証するに至った。アメリカは一九八〇年代に計画したSSC計画が頓挫し、Bファクトリーの競争では日本に抜かれた。それ以降この分野は冷遇されているようだ。経済的な国益に直接結びつかないと切り捨てられているのかもしれない。小柴昌俊先生の弟子で、ノーベル物理学賞の期待がかかっていた故戸塚洋二・東京大学特別栄誉教授は、素粒子研究の現在を「革命前夜」という言葉を使って表現された。それほどまでに、理論と実験が描き出す世界が大きく変化する、という時代である。素粒子物理、ひいては宇宙全体を解明しようとする物理学の革命前夜でもあるいま、素粒子研究でも世界を牽引する日本が果たす役割は大きい。短期的な経済効果に終わるのではなく、それ以上に若者に健全な夢を提示し、日本を誇る気持ちをもたせるものだろう。高い技術と実行力をもつ日本の活躍に期待したい。

さて、理論と実験の関係についても紹介したい。かつて、日本のニュートリノ実験研究者たちは一時期、理論家たちに懐疑のまなざしを向けていた。というのも、ニュートリノに質量があることを示唆するデータが出ていながら、理論家たちがそのデータを評価せず、相手にしなかった時期があるからだ。むろん、その後、無視できない確実な結果が出たことで、すぐに理論に取り入れられたのだが、理論と実験には、理論で予測されたものを実験で観測する、観測されたものを理論に生かすという相互作用がある。その両者の関わり合いが健全に進むことが重要である。日本では東京大学内にカブリＩＰＭＵ（東京大学国際高等研究所カブリ数物連携宇宙研究機構）という組織ができ、理論の研究者を中心に実験の研究者も交流しながら相互に切磋琢磨している。こうした環境から出てくる新たな成果に期待が集まっている。

「まったく役立たない」――小柴昌俊先生は、ニュートリノが何かの役にたつのか、という質問を受けてこのように答えられた。基礎科学分野は、「自然はなぜこのような姿なのか」を追究する分野であり、必ずしも応用、市場化を目指す分野ではない。日本でも欧米でも、科学の戦略化が進み、ともすれば、本来の目的ではない枝葉の効果が本来の目的のように語られる。しかしヒッグス粒子が発見されても、すぐに経済的効果に結びつくとは思えない。昨今は研究の戦略化が進み、何かにつけて研究成果から出てくる果実を強調しないと研究費の獲得が難しい世の中になってきた。しかし、素粒子物理に携わる研究者たちには、そんな雰囲気には流されず、これからもすべての根源となる素粒子の世界をつきつめ、世界に関する人間の価値観を刷新する研究成果を出していってほしい、そうした物理学者、ひいては基礎科学の研究者を心から応援したいと思う日々である。

原　注

第1章

時代遅れになった箇所もあるが、大巨匠による、短く、非常に読みやすい物理学の入門書として、リチャード・ファインマンの『物理法則はいかにして発見されたか』（江沢洋訳）がある。リチャード・ファインマン、ロバート・レイトン、マシュー・サンズによる『ファインマン物理学Ⅰ～Ⅴ』は、カルテックの学部学生を対象に企画されたものだが、それぞれの物理分野についてのはじめの箇所や、いくつかの章は、さまざまな概念を導入するもので、わかりやすく、非常に巧く書かれている部分も随所に見られる。

第2章

42ページ　**古典力学を完成させ、啓蒙主義に刺激を与えた記念碑的著作**
古典力学の基盤について分析した古典的名著に、エルンスト・マッハの『マッハ力学史――古典力学の発展と批判』（岩野秀明訳）がある。アインシュタインは学生時代にこの本をじっくりと読んだ。このなかで展開されている、絶対空間と絶対時間というニュートン的概念に関する批判的な議論は、アインシュタインを相対論的な概念に導いた。彼は、「今振り返ってみると、すべての物理学的思考の最後の基盤としての力学に対する信仰を破壊したと言える（ジェームズ・クラーク・）マクスウェルと（ハインリヒ・）ヘルツでさえも、意識的な思考のなかでは、一貫して、物理学の確固たる基盤としての力学から離れることはなかった。エルンスト・マッハこそ、その『力学史』によってこの教条的な思い込みを揺さぶったのである。この本は、この点に関して、学生時代のわたしに深い影響を与えた。わたしは、マッハの妥協することのない懐疑主義と独立心に、彼の偉大さを見た」と書いた。ニュートン自身の見解を彼自身の言葉で読むには、とりわけ、*Newton's Philosophy of Nature* (Hafner) がいい。ほかの歴史的、哲学的視点からの分析は、マックス・ヤンマーの『質量の概念』（大槻義

彦・葉田野義和・斉藤威訳）を参照されたい。

第3章

The Principle of Relativity (Dover) は、相対性理論に関する古典的な論文を集めた必携の書である。ローレンツ、アインシュタイン、ミンコフスキー、ワイルの論文が掲載されている。アインシュタインの、特殊相対性理論についての最初の2つの論文と、一般相対性理論についての最も基本となる論文も載っている。アインシュタインの特殊相対性理論に関する最初の論文の前半は、ほとんど式は出てこないし、読み物として楽しめる。彼が一般相対性理論を初めて発表した論文のはじめの部分も、読みやすく刺激的だ（物理学を学ぶ学生のみなさんへ――わたしの意見では、この論文の全編こそ、今なお一般相対性理論への最善の入門書である）。アインシュタインとレオポルド・インフェルトの共著、『物理学はいかに創られたか』（石原純訳）は、相対論そのものだけでなく、電磁気学のなかにあるその背景や、場の物理学の基盤についても、魅力的な一般向けの解説を提供している。最近刊行された相対性理論入門書として優れた2冊に、エドウィン・テイラーとジョン・ホイーラーによる『時空の物理学――相対性理論への招待』（曽我見郁夫、林浩一訳）、デイヴィッド・マーミンによる *It's About Time: Understanding Einstein's Relativity* がある。

第4章

62ページ　**普通の物質の質量の起源を、九五パーセントまで説明する**
このあと本書でみるように、普通の物質の質量の大部分は、質量のないグルーオンと、ほとんど質量のない u クォークと d クォークだけを使った理論の枠内で計算できる（この理論をわたしはQCDライトと呼ぶ)。QCDライトは、ほんとうに「質量なしに生まれる質量」を作りだす。しかし、これは自然の理論として完全なものではない。電磁気、重力、電子、u クォークと d クォークの固有質量が小さいことなど、多くの事柄が含まれぬままだ。さいわい、含まれていない事柄や、理想化して無視した事柄が、普通の物質の質量にどれぐらい影響するのかを見積もることはできる。そして、第9章で説明されているような計算によって、その見積りを検証することができる。結論だけ述べると、含まれていない事柄は結果を5パーセント以下しか変えない（専門家の方々へ――最も重要な効果は、s クォークによるものだ。s クォークは質量ゼロとして扱うには重すぎるが、それほど重くな

いので、うまく処理できる)。

第5章

リチャード・ローズの『原子爆弾の誕生』(神沼二真・渋谷泰一訳)は、歴史の本として、また読み物として優れているのみならず、原子核物理学の秀逸な入門書でもある。

第6章

80ページ　**楊振寧《ヤン・チエンニン》とロバート・ミルズが、マクスウェルの電磁力学の方程式に対して自然な数学的拡張を行なって導出した、一連の方程式**　ヘーラルト・トホーフト編集の *50 Years of Yang-Mills Theory* は、ヤン・ミルズ方程式から発展して生まれた、物理学の最先端の専門家たちによる記事を集めた重要な本である。

81ページ　**「サンプルを提供したり、測定したりすることは一切必要なしに」**という記述は(驚くほどわずかな)誇張である。すべてのクォークが、質量ゼロか無限大だった場合、この記述は正しくなる。有限のゼロでない値の質量は、測定またはサンプルからしか得られない。自然のなかでは、*u* クォークと *d* クォークは、陽子に比べれば質量はほとんどゼロと言えるが、*c*、*b*、*t* クォークはひじょうに重く、そのためこれらの粒子は、陽子や中性子の構造のなかでは仮想粒子としてさえもほとんど何の役割も演じていない。ストレンジ・クォーク *s* はこの中間である。*s* クォークは、陽子や中性子の内部で、大きくはないもののある程度の役割を演じている。*u* クォークと *d* クォークは質量ゼロだが、ほかのクォークは無限の質量を持つので無視できると仮定することによって、陽子と中性子に関する良い近似理論を作ることができる。わたしは、この近似理論を「QCDライト」と呼んでいる。QCDライトでは、実際にどんな測定もサンプルも必要ない。

アインシュタインは、『自伝ノート』(中村誠太郎・五十嵐正敬訳)のなかで、測定やサンプルを入力として一切必要としない、純粋に概念的な理論というものを強調した。「現時点では、自然の単純さ、すなわち、自然の理解可能性についての信念以外に何にも基づいていない、ある定理を述べさせていただきたい。それは、恣意的な定数というものは存在しないという定理だ……つまり、強く決定された法則——そのなかでは、完全に合理的に決定された定数(すなわち、理論を破壊することなく変えられないような定数)だけが登場するような法則——を論理的

に構築できるようなものとして、自然は成り立っている、という信念だ」。この問題は、第9章で持ち上がる、パラメータを定めるという問題に、そして、第12章、第19章の哲学的／方法論的議論に深く関係している。

クォークは個々の粒子としては現れないので、クォークの質量という概念には特別な注意が必要だ。短時間、短距離には、クォークはあたかも自由であるかのように運動する（漸近的自由）。このような運動が及ぼす影響のいくつかを計算することができる（もちろん、その影響は、クォークの質量としてどのような値を選ぶかによって変わってくる）。そしてその計算を実験と比べれば、質量の値を決定できる。この方法は、重いクォークの場合にはうまくいく。軽いクォークの場合は、第9章に論じられているとおり、クォークの質量が、そのクォークが含まれているハドロンの質量に与える寄与を計算するほうが実際的である。直感的におわかりかと思うが、クォークの質量と言ったときには、仮想粒子の雲を取り除いた、裸のクォークの質量を指している。

97ページ　**厳密に同じ条件で**　陽子を記述する隠れた変数は存在していない——つまり、陽子の自由度は、位置とスピンの向きだけである——という前提で「厳密に同じ条件」と言っているのである。陽子にフェルミ統計を適用する場合は、常にこの前提に基づいている。したがって、それらがすべてうまくいっているということ自体が、その圧倒的な証拠となっている。

101ページ　**内部構造を一切持たず**　陽子内部の小片は内部構造を一切持たないという仮定は、クォークに対してのみならず、陽子、原子核、原子、分子に対しても、極めて興味深く重要な問題をもたらす。陽子について論じよう。先の注で述べたように、1個の陽子の状態は、その位置とスピンで完全に特定されているという圧倒的な証拠がある。しかし、陽子に関する最善の理論は、陽子をクォークとグルーオンの複雑な系として、あるいは、より正確には（第7章、第8章を先取りすることになるが）、グリッドの擾乱の複雑なパターンとして構築する。そんな複雑な構造が、いったいどうして全部隠されているのだろう？　内部でそんなものがガチャガチャ動いていたら、異なる陽子どうしは、内部の要素の運動に応じて、大幅に異なる状態を持っていてもいいのではなかろうか？

古典物理学では、たくさんの内部状態が可能である——別の言い方をすれば、「隠れた変数」がたくさんある。しかし、これらの状態は、「量子検閲官」によって除外されている。量子論では（これも第9章の

先取りである)、陽子——あるいは、任意の量子系——は、異なる確率振幅を持つ、可能な内部状態のすべてを同時に持っていることをわたしたちは学ぶ。エネルギー最低の量子状態を得るために、陽子は、多くの古典的状態を、それぞれに適切な振幅をかけたうえで結びつける。次に良い量子状態は、これとはまったく異なる組み合わせの振幅を持ち、エネルギーははるかに高くなっている。その結果、陽子の内部状態を少しでも変えるためには、陽子をかなり激しく擾乱しなければならない。小さな擾乱では、振幅を変えるに十分なエネルギーが供給できないのだ。したがって、小さなさまざまな擾乱に対しては、常に、ひとつの同じ組の振幅が決まっている。こうして、そのほかのバリエーションは検閲されてしまう。こうして内部構造は、実質的に凍結されてしまう。雪玉が、もっと高温では液体の水として流れる多数の分子からできているのに、低温では1個の固い剛球として振舞うのと似たようなものだ。

数学的にこれよりももっと近い比喩は、楽器の物理に見られる。フルートをちゃんと吹けば、フルートはきっちり決まった望みの音を出す(もちろん、指使いにもよるが)。倍音やキーキーした嫌な音が出るのは、強く吹きすぎたり、間違った吹き方をしたときだけだ。望みの音は、フルート内部の空気の振動パターンが特定の形——実際、ものすごく複雑な形である——になっていることに対応する。倍音は、これとはまったく違うパターンに対応する。量子論では、振動する空気の代わりに振動する波動関数を考えるのだが、用いられている概念や数学はたいへんよく似ている。実際、波動関数を使う「新しい」量子論が発見されたとき、物理学者たちは音響学の教科書に戻って数学の指針を求めたのであった。

量子論を初めとする物質の深い構造についての大胆な考え方が、結局実際的にはほとんど何の影響も持たないのは、量子検閲官のせいだ。たとえば、クォークはじつは弦《ひも》ではないかという憶測が広まっている。しかし、わたしたちが持っているQCDという正確な理論は、多くの厳密な実験を正確に説明するが(今のところ、そのような実験のすべてをちゃんと説明している)、クォークが弦だという可能性については一切説明しない。どうしてこんなことになっているのだろう?

もしもクォークが実は弦ならば、クォークの量子力学的波動関数は、根底に存在する弦の、さまざまに異なる形と大きさの配位を、振幅が重みとしてかかった状態として含んでいるはずだ。時間が経過するにしたがって、これらの異なる配位は、別の配位に変化するが、全体としての

分布は一定に保たれるはずである。

弦の配位振幅の分布が一定に保たれる限り、弦は不活性で検出不可能だ。そして、分布を変えるには多くのエネルギーを費やさねばならないだろう。内部の弦の自由度は、その臨界エネルギーに届かないレベルの実験では見えない。だとすれば、実際的な目的には存在しないも同然である。クォーク弦振動の臨界エネルギーがいくらなのか誰もわからないが、既存の加速器で達成されたエネルギー値より相当高いに違いない。

111ページ **わたしたちが量子色力学、あるいは、QCDと呼ぶもの** QCDに至った考え方や実験を科学史として生き生きと説明した本が、マイケル・リオーダンの『クォーク狩り——自然界の新階層を追って』（青木薫訳）である。QCDと電弱相互作用の標準模型の物理についての、優れた読みやすい解説書2冊に、Robert Oerterの *The Theory of Almost Everything* (Pi Press) と、フランク・クローズの『宇宙という名の玉ねぎ——クォーク達と宇宙の素性』（井上健訳）がある。ユニークかつ必読なのが、ファインマンによるゼロからのQED解説書、『光と物質のふしぎな理論——私の量子電磁力学』（釜江常好・大貫昌子訳）である。

119ページ **ソフトな輻射は頻繁に起こる** ソフトな輻射とハードな輻射の違いに関しては、グルーオンの運動量と、その波動関数の波長との結びつきに基づいて論じれば、より詳細な説明が可能となる。運動量が小さいと、波長が長くなる。波長の長い波は、クォークの雲の微細な構造を見分けることができず、雲全体を、反遮蔽を加味した色荷の振幅を持つものとして捉えて反応する。一方、短い波は、内部構造を見分けることができる。波の起伏は、雲との相互作用を相殺する傾向があり、そのため、種荷の寄与が残って、その色荷を持ったクォークが露呈する。

第7章

122ページ **対称性という言葉だが、たいへん広く使われており** 対称性の数学の偉大なパイオニアで、深い教養を備えた人物による、対称性の古典的な入門書が、ヘルマン・ワイルの『シンメトリー』（遠山啓訳）である（邦訳書で表記はヴァイル）。ユージン・ウィグナーは、現代物理学に群論を本格的に導入した人物だが、*Symmetries and Reflections* (Ox Box) に掲載されている彼の思慮深いエッセーは、いろいろな角度から興味深い。

140ページ **グルーク** ピート・ハインのウィットに満ちたグルークは、

http://www.chat.carleton.ca/ tcstewar/grooks/grooks.html に集められている。

144ページ　**教科書**　場の量子論の核心は、意気地なし向きのテーマではない。深く学びたい方は、先に紹介したファインマンの『光と物質のふしぎな理論——私の量子電磁力学』と、わたしが米国物理学会の創立百周年を記念して書いた総括、"Quantum Field Theory"（Benderson 編集による *More Things in Heaven and Earth* (Springer) に収録されており、itsandbits.comにもアップされている）をまずお読みになるようお薦めする。ここ数年における優れた教科書は、Michael Peskin と Daniel Schroeder による *An Introduction to Quantum Field Theory* (Addison-Wesley) だ。これと肩を並べる新しいものが、Mark Srednicki の *Quantum Field Theory* (Cambridge) である。Tony Zee の *Quantum Field Theory in a Nutshell* (Princeton) は、場の量子論の不可思議な側面の多くを、快活な調子で記述している。最後に、スティーヴン・ワインバーグの3部作（邦訳では6巻）『場の量子論』（青山秀明・有末宏明・杉山勝之訳）は、大巨匠による権威ある解説だが、第1巻の歴史的な導入部以外は、専門家でない人にはたいへん読みにくいだろう。

第8章

アインシュタインの伝記

アインシュタインの伝記はたくさんある。彼の科学に重点を置いた優れた2冊の伝記が、P. Schilpp 編集の *Albert Einstein, Philosopher-Scientist* (Library of Living Philosophers) に収録されている、アインシュタイン自身による『自伝ノート』と、アブラハム・パイスによる『神は老獪にして…——アインシュタインの人と学問』（金子務ほか訳）である。パイス自身も優れた科学者であった。

ファインマンの伝記

ファインマンは、体系的な自伝は書いていないが、彼のパーソナリティーは、逸話集、『ご冗談でしょう、ファインマンさん』、『困ります、ファインマンさん』（いずれも大貫昌子訳）の中で輝きを放っている。ジェームズ・グリックの『ファインマンさんの愉快な人生』（大貫昌子訳）は、ファインマンの華々しい人生についての、深い調査に基づいて、良く書かれた解説である。

154 ページ **矛盾がある** 何と矛盾しているのか？ 電荷の保存と、である。当時知られていた方程式を、今日でいうコンデンサーも含めた「仮想電流」に当てはめたマクスウェルは、電荷がどこからともなく現れなければならないことに気づいた。あらゆる状況において電荷は保存されるという実験的な証拠は非常に強力だと思われたので、マクスウェルはこれに従って式のほうを修正した。
168 ページ **「……暗闇のなかを探る年月」** 1933 年グラスゴー大学での講演から引用。「同時性」についての引用は、彼の『自伝ノート』からのもの。
172 ページ **物理の根本は必然的に場によって記述されるはずだ** 場の必然性に関するこの議論で、わたしは「今」の普遍的な価値、未来の場のための解を今の場を使って得ること、などに言及している。だが、同時性が崩壊したのに、そのようなことがどうして妥当なのだろう？

専門的な答はこうだ。ブースト変換を受けた座標系のなかでは、「今」という水平方向の断面は、傾斜した断面に変わっている。しかし、方程式の形は変わらないので、傾斜した断面からも、その断面のなかでの値として場の値を計算できるはずだ（厳密に言えば、場の値とその時間による偏微分の両方を知らなければならない）。手短に言えば、「違う『今』でも同じ議論が成り立つ」が答となる。

しかし、ここには、重大な緊張関係があって、おかげで、量子力学と相対性理論を結びつけ結婚させるのは困難になっている。量子論の方程式のなかで、そして、それらの方程式の解釈のなかで、時間は空間とはまったく違うかたちで現れる。一方、相対性理論の方程式のなかでは、時間と空間は渾然一体となっている。したがってわたしたちは、量子力学に取り組んでいるときには、時間と空間を非常にきっちりと区別しているが、もしも相対性理論を信じるならば、結局それは何の差異ももたらさないのだということを示さなければならない。基本的には、これこそが、特殊相対性理論と矛盾しない量子論を構築するのが難しい理由である。それを成し遂げられる、わたしたちが知っている唯一の方法は、場の量子論の複雑な形式を使う（あるいは、さらに複雑な――そして、まだ不完全な――超弦理論の形式を使うのかもしれない）。この難しさを逆向きに進むと、わたしたちは、特殊相対性理論と矛盾しない量子論を実現するものとして、非常に厳しく厳密な枠組みである場の量子論に到

達する（専門家のみなさんへ――局所場の量子論である）。ありがたいことに、これこそが、わたしたちの物理のコア理論のなかで自然が使っている枠組みなのだ。「結婚」という比喩にもう一度戻ると、パートナーについて、何を受け入れるか、あくまで自分の好みにこだわって選べば、選んだものは、いいものである可能性が高くなる、ということだ。

183ページ　**いわゆる弱い相互作用**　先に紹介した、Olmert と Close の本には、弱い相互作用について充実した解説が載っている。

190ページ　**世界地図**　Dirk Struik の *Lectures on Classical Differential Geometry* (Dover) には、地図作成の数学について、優れた議論が載っている。幾何学的アプローチを重視した一般相対性理論の標準的な参考書としては、Charles Misner, Kip Thorne, John Wheeler による *Gravitation* (Freeman) がある。場によるアプローチを重視した古典的な解説書には、スティーヴン・ワインバーグの *Gravitation and Cosmology* (Wiley) がある。これら2つのアプローチに矛盾はなく、優れた物理学者たちは常に両者を頭に研究していることを強調しておきたい。

197ページ（原注）　**見込みの高い機会**　宇宙論における最近の展開では、宇宙は、その歴史の初期に、インフレーションと呼ばれる極めて急激な膨張を経験したことがますます確実視されるようになってきた。アラン・グースの『なぜビッグバンは起こったか――インフレーション理論が解明した宇宙の起源』（はやしはじめ・はやしまさる訳）は、この理論の創始者が、根底に存在する理論を説明した一般向けの優れた解説書である。この理論によれば、インフレーションの際、計量場の量子揺らぎも急激に膨張する。宇宙的な規模にまで拡大されたこれらの揺らぎを、今日検出することができるかもしれない。この効果を確かめようという野心的な実験が計画されている。

インフレーションの正確な理由（もしもほんとうに起こったとしてだが）は、まだわからない。しかし、この章で議論された2つの考え方を組み合わせることによって、その理由かもしれないものが浮かび上がってくる。

- 空虚な空間は、現在さまざまな物質凝縮体によって満たされているということを論じた。これらの凝縮体は、極端な高温では、「融解」したり、あるいは、性質を変えたりする可能性がある。このとき相転移が起こる、とわたしたちは言っているが、これは、わたしたちが親しんでいる（固体）氷→（液体）水→（気体）水蒸気という相転移に、

概念としては近い。だが、この文脈で問題にしているのは、宇宙の相転移だ。宇宙そのものが性質を変えるので、その効果で物理法則も変化するだろう。

- このような宇宙の相転移では、凝縮体のエネルギーも変化する。このあとすぐ議論するが、この変化はダーク・エネルギーへの寄与として現れる。だとすると、ごく初期の宇宙には、わたしたちが今日見ているよりも、はるかに高い密度のダーク・エネルギーが存在した可能性が極めて高くなる。現在ダーク・エネルギーは宇宙の膨張を加速させているが、それはごくゆっくりとでしかない。初期にはるかに高い密度でダーク・エネルギーが存在していたなら、これよりもっと急激な膨張を引き起こしていたかもしれない。

というわけで、インフレーションはこのようにして起こったのかもしれない。

197ページ　**超弦理論**　ブライアン・グリーンの『エレガントな宇宙』（林一・林大訳）は、弦理論を熱意を持って紹介している人気の解説書だ。

209ページ　Mark Kirshner の *The Extravagant Universe* (Princeton) は、最先端の天文学者のひとりによる、これらの観察についての個人的な解説である。

213ページ　**今のところ……という説が広く支持されている**　これらの考え方は、レオナルド・サスキンドの『宇宙のランドスケープ——宇宙の謎にひも理論が答えを出す』（林田陽子訳）に明瞭に論じられ、積極的に主張されている。

第9章

219ページ　**コンピュータは古典的な装置**　これらのステップは、方程式を真っ向から取り組んで解くにはどうすればいいかを述べたものである。特殊な場合には、そのうちいくつかのステップを飛ばして進むずる賢いやり方もある。それらのやり方は、ユークリッド的な場の理論、グリーン関数モンテカルロ法、確率的進化などという名で呼ばれている。これは極めて専門的なテーマで、本書の範囲をはるかに超えている。量子力学の方程式の解法が進歩すれば、化学や物質科学の実験を計算に置き換えることができるようになって、世界は変わるかもしれない。空気力学の分野では、航空機設計のプログラムがすでにこのレベルに到達してお

り、試作機を作って風洞で実験を繰り返すというプロセスが省略されて、新しい設計が数値計算だけでテストされるようになっている。

219ページ　**量子コンピュータ**　スピンの2つの向き――上と下――を、1と0という数で表すことができる。こうすれば、スピンを持つ粒子をビットと解釈することができるようになる。しかし、続く数ページにわたって議論するように、1組のスピンの量子状態は、それらのスピンの多数の配列を同時に記述できる。したがって、さまざまな異なるビット配位を同時に操作するところを思い描くことが可能になる。これは、物理法則が可能にした一種の並行処理である。自然は、これが非常に得意であるようで、量子力学の方程式を、たいした苦労もなくすばやく解いている。

わたしたちはそれほど得意ではない。少なくとも、まだそこまではいっていない。問題は、異なるスピン配位は外の世界と異なる相互作用をし、そのため、わたしたちが行ないたい、通常の並行処理が妨害されてしまう、ということだ。量子コンピュータを構築するうえで解決せねばならない難問は、スピンが外界と相互作用しないようにする方法を見つけるか、あるいは、スピンほどデリケートでない物を使って、同様の方程式に従うものを作るか、いずれかを達成するということだ。この分野は今盛んに研究されている。しかし、これを達成したとはっきり言えるようなものはまだ設計されていない。

226ページ　**EPRパラドックスと呼ばれている有名な矛盾**　ベルの不等式やグリーンバーガー-ホーン-ツァイリンガー状態などの概念も含む、より厳密で定量的なEPRパラドックスは、量子力学の基盤を扱った本に載っている。優れた明瞭な本が、Robert Griffithsの*Consistent Quantum Theory* (Cambridge)である。量子論のさまざまな解釈、その基本要素に関する実験、などについて、じつにたくさんの文献が出ている。わたしのつまらない意見では、超高層ビルが、何十年ものあいだ、激しい風雨にさらされてもしっかりと立ち続けているのを見たなら、このビルの基礎は、目にははっきり見えなくとも、結局は健全なのだろうと考えるべきだ。とはいえ、質量の保存にしても、かつては極めて確実に思えたのが今では……

228ページ　**三二次元の玩具模型《トイモデル》**　はじめにお断りしておくが、ここの注は専門家だけのためのものである。非正規振幅は32の複素次元を持つ空間を記述する。これは、64の実次元に対応する。状態を正規化する際に

は、次元の2つが失われるので、わたしたちが扱っているのは実際には62次元である。

230ページ　**とてつもなく無限**　量子連続体は極めて複雑で、作り上げるのは至難の業なので、なんとかそれなしに済ませるべきだと考えたくもなる。エドワード・フリードキンとスティーヴン・ウォルフガングは、この立場を強く提唱している。

雑なやり方でうまくいかないのは確かだ。ここでは議論を始めることはせず、矛盾をおかさぬかという不安を感じずに済む範囲の話として、このようにだけ申し上げておくことにする。つまり、コア理論の完全さ、正確さ、厳密さに少しでも近いようなものは、これと本質的に異なる対抗説からは、まだ一切登場していない、ということだ。その一方で、最も基本的な物理法則の定式化のなかに極限操作がある（したがって、原理的に無限に長い計算がある）ということには当惑させられる。だが、これらの操作はほんとうに極限操作なのだろうか？　実験としても問いを立てることができるような問題に答えてくれと理論に求めただけで、はたして本物の無限が登場するものなのか、わたしにはわからない。実験では、わたしたちには有限の時間とエネルギーしか使えないし、限られた精度の測定しかできない。そして、近似的な計算では、実際に無限を相手にする必要はない！

この注を書いていて、わたし自身めまいがしてきたので、このへんでやめておこう。

236ページ　**誤差は小さくなる**　この短く、飛ばしてもかまわないパラグラフを、極めて重要だがやや専門的な、ある概念を巡る問題に捧げたいとわたしは思う。みなさんは、連続的な時空のかわりに離散的な格子を導入することで入ってくる誤差について心配されるかもしれない。天気の予測や気候モデルの作成など、多くの科学的なテーマにおいて、これは大きな問題となっている。しかしここでは、漸近的自由のおかげで、状況はそれほど深刻ではない。クォークやグルーオンは短い距離では弱くしか相互作用しないので、ほんとうの活動を、格子の点で捉えた、その局所的な平均値で置き換えることの効果を解析的に――つまり、ペンと紙を使って――計算することができる。そしてそれを使って補正すればいいのである。

240ページ　**この理論は、これらのデータが示している事柄を予測しているのではなくて、データのほうを基準にして、それに合うように自分の側**

を調整しているのである　π中間子の質量 m_π は、m_{light} に最も敏感である。K 中間子の質量 m_K は、m_S に最も敏感であり、1P ボトモニウム状態の相対質量 ΔM_{1P} は、結合定数に最も敏感である。したがってわたしたちは、m_π、m_K、ΔM_{1P} の測定値を使って、これらの変数を決定することができる。

243 ページ　数値的な場の量子論（格子ゲージ理論とも呼ばれている）の、ほんとうに一般向けといえる解説書は存在せず、おそらくそのようなものは登場しないだろう。その結果のいくつかをかなり単純に説明することは可能だが（本書でわたしがやっているように）、詳細は大学院生のレベルとなる。他の追随を許さない価格での確固たる入門レベルの解説が http://eurograd.physik.uni-tuebingen.de/ARCHIV/Vortrag/Langfeld-latt02.pdf にある。

第10章

248 ページ　**おどろおどろしい積乱雲**　エネルギーを最低にするために、擾乱は具体的にはチューブ状の形になる。エネルギーはチューブの長さに比例する（その質量が長さに比例するのだから、アインシュタインの第2法則からこうなる）。このチューブは、クォークの色荷の影響に従って成長するので、成長が止まることはなく（反クォークに出会う以外は）、それがエネルギーに費やす代価は無限大となる。

第11章

David Lapp の *The Physics of Music and Musical Instruments* (http://www.thephysicsfront.org/items/Load.cfm?ID=3612）は、図版が豊富で、ほとんど数学を使っていない、短くよくまとまった音と楽器の物理学への入門書である。Hermann Helmholtz の *On the Sensations of Tone*（Dover）と、レイリー卿の『音の理論』（和田一久訳）は、どちらも優れた解説書である。これら2冊の両方を最初から最後まで読み通したいと思うのは専門家だけだろうし、ヘルムホルツの本には時代遅れの部分もある。しかし、この2冊は、ざっと目を通すだけで刺激になる。自分が人間であることを誇りに思わせてくれるだろう。

第12章

258 ページ　**サリエリは……と言う**　もちろん、実際には、これはシナリ

オライターが書いたものだ！

262ページ　**「いや、ワトソン、星たちは僕らに……」**　リチャード・ワイズマンの『Qのしっぽはどっち向き？――3秒で人を見抜く心理学』（殿村直子訳）から引用したジョーク。

263ページ　**初期の伝記作家によれば**　http://www.sonnetusa.com/bio/maxbio.pdfには、Lewis CampbellとWilliam Garnettによる*The Life of James Clerk Maxwell, with a selection from his correspondence and occasional writings and a sketch of his contributions to science*があがっている。これは、マクスウェルのすべてに関しての、ものすごい情報源である。古きよき時代のスタイルで書かれた伝記であるのみならず、彼の科学について優れた解説とともに、彼が描いたスケッチや手紙を多数、そして彼が作ったソネットまで提供してくれる。

265ページ　**重複している情報や不必要な情報を取り除く**　良いデータ圧縮法を構築するには、メッセージを短くするという単純な目標以外に、ほかのいくつかの事柄も考慮しなければならない。情報伝達が著しく阻害されない限り、多少の間違いは許したいと思うだろう。たとえばJPEGでは、連続的な画像を離散的なピクセルに分割し、色の正確さは多少犠牲にしているが、たいていの場合は、見栄えのする「再現画像」ができる。あるいは、正確さが非常に大切で、データ回線に雑音が多い場合は、たとえ長くなっても、送信するメッセージに多少の重複をもたせたいと思うこともあるかもしれない。天文学やGRSの衛星から送ってくる測定データの報告は、このように処理されている。同様に、たとえばエンジニアリングや経済の分野で数学的なモデルを構築したいときには、製造やデータ計算である程度の誤差を許してくれながらも、経験的情報をできるだけたくさん入力できるような方程式にしたいと思うだろう。しかし、理論物理学では、圧縮と正確さを圧倒的に重視するのである。

268ページ　**究極のデータ圧縮を追求すると**　現代のデータ圧縮の理論的な基礎について知りたい方には、David MacKayの*Information Theory, Inference, and Learning Algorithms* (Cambridge)をお薦めする。理論構築との関連と、ゲーデルやチューリングの研究についての解説は、Ming LiとPaul Vitányiによる*An Introduction to Kolmogorov Complexity and Its Applications* (Springer)をお読みになるといい。

269ページ　**新しい惑星の存在を仮定すれば**　海王星発見の歴史は複雑で、

わたしが知るところでは、論議もある。早くも 1821 年に、アレクシス・ブヴァールが、何らかの「ダーク・マター」が天王星の軌道を乱している可能性を指摘していた（バート・シンプソンを先取りして)。だが、数学的理論が構築できず、彼はどの方向を観察すればいいかを提案することができなかった。ジョン・クーチ・アダムズは実際、1843 年に、新惑星が天王星の軌道の問題を解決する可能性を示唆する計算を行ない、位置座標も突き止めたが、彼はこの研究を発表はせず、ほかの人々にこれを確認する観察をするよう説得することもなかった。

第 13 章

274 ページ　**すなわち、距離の逆二乗に比例する**　これは、巨視的な距離で成り立つ。超短距離では、新たに 2 つの効果が働きはじめ、力の法則は違うものとなる。仮想粒子が力を弱めたり（遮蔽）強めたり（反遮蔽）する効果によって、グリッドの擾乱がいかに力を変化させられるかについて、わたしたちはすでに議論している。もうひとつ、量子力学では、小さな距離を探るという行為には、大きな運動量とエネルギーが必ず必要となるという効果も議論した。重力はエネルギーに直接応答するので、この効果は重力にも影響を及ぼす。それら力の法則が起こす変化はすべて、第 3 部で議論する、力の統一に関するさまざまな考え方にとって、極めて重要である。

275 ページ　**重力波は……まだ検出すらされていない**　重力波そのものはまだ検出されたことはないが、重力波の影響のひとつが観察されている。連星パルサー 1913+16 の長期にわたる厳密な研究から、その軌道は、重力波によるエネルギー損失の効果として計算されたものと一致する変化を遂げていることが示されている。1993 年、ラッセル・ハルスとジョゼフ・テイラーは、この研究によってノーベル賞を受賞した。

第 14 章

278 ページ　**任意の物体は……同じ経路で進む**　任意の点を、無数の直線が通るのと同じように、時空の任意の点を、さまざまな傾斜を持った無数の「まっすぐな」線が通る。それらの線は、異なる初速を持った粒子の軌跡に対応する。したがって、アインシュタインの重力の普遍性を正確に述べるには、「同じ位置、そして、同じ速度で出発した物体はすべて、重力の影響のもとで同じように運動する」と言わねばならない。

第16章

286ページ　**三人の幸運な科学者たち**　デイヴィッド・グロス、デイヴィッド・ポリツァーとわたしは、「強い相互作用の理論における漸近的自由の発見」によって2004年のノーベル物理学賞をともに受賞した。
287ページ　**わたしのイタリア系の人間としての一面**　母方がイタリア系。父方はポーランド系。
288ページ　**「君が言ったことは全部、間違ってさえいないと思うね」**　このファインマンとパウリの逸話は、物理の世界では伝説として定着している。わたしは、これがほんとうに起こったことなのかどうか知らないし、正直なところ、知りたいとは思わない。間違ってさえいないままにしておいたほうがいい。
297ページ　**「シード・ストロングフォース」**　カップリングの強さの尺度として力を選ぶのは、やや恣意的である。ファインマン・ダイアグラムで、プランク・エネルギーとプランク運動量を持つ粒子が関与するプロセスを描いたときのハブを掛け算したときに出てくる数字のほうが、おそらく、もっと本質的な尺度だろう。その数字は、一層1に近く、約1/2である。理に適った尺度はどれも、1に近い結果を与える——10^{-40}より近いのは間違いない！

第17章

コア理論を、その局所対称性を拡張することによって統一しようという考え方を最初に提唱したのは、ヨゲシュ・パティ、アブドゥス・サラム、ハワード・ゲオルギとシェルドン・グラショウであった。*SO*(10)の対称性とこの章で強調されている分類は、はじめ、ゲオルギによって提案された。Graham Ross の *Grand Unified Theories* (Westview) と Rabindra Mohapatra の *Unification and Supersymmetry* (Springer) は、それぞれ本1冊にわたる長さでこれを解説している。

304ページ　**物理的世界についての根本的な説明の核《コア》となるものを、長期にわたって——おそらく永遠に——提供してくれるであろう**　わたしは、コア理論がほかのものに取って代わられることが絶対ないと言うつもりは毛頭ない。そうであってほしいとは思うし、このあとそれがどうしてかを詳しく説明する。しかし、ニュートンの力学と重力の理論が、たい

ていの応用に対する記述として今なお使われているのと同じように、コア理論も、ものすごく広範囲の応用で成功をおさめ、その効力が証明されているので、これを捨て去りたいと人々が考えるようになるなど、わたしには想像できないのである。さらに、こうも言わせていただこう。コア理論は、生物学、化学、そして恒星の天体物理学に、今後決して変更を必要としない基盤を提供すると、わたしは考える（「決して」というのは、あまりにも長い時間なので、数十億年と言っておこう）。

先の注で触れた量子検閲官が、超短距離、超高エネルギー領域でどんなものすごいことが起こっていようとも、これらの対象者を義務として守ってくれるからだ。

306ページ　**弱い相互作用**　Eugene Commins と Philip Bucksbaum の *Weak Interactions of Leptons and Quarks* (Cambridge) では、天体物理学での応用について充実した議論がなされている。John Bahcall による *Neutrino Astrophysics* (Cambridge) は、この分野の第一人者による権威ある解説である。

307ページ　**恒星は……エネルギーで生きている**　恒星がエネルギーを引き出している核変換には、３つのアルファ粒子（それぞれが２個の陽子と２個の中性子からなる）が結合して炭素原子核（６個の陽子と６個の中性子からなる）になるプロセスのように、陽子が中性子に変化する必要のない核融合反応も含まれる。このような反応には弱い相互作用は関与せず、強い相互作用と電磁相互作用だけが関与する。これらの反応は、恒星進化の終盤で特に重要である。

313ページ　**左手型の粒子と右手型の粒子**　ほんとうは、左手型の場と右手型の場と言わねばならなかった。

ゼロでない質量を持つ粒子は、光速より遅い速度で運動するため、次のような問題が生じる。つまり、そのような粒子の速さを超えるようなブースト変換を加えるところを思い浮かべることができるのである。ブースト変換を加えられた観察者にとっては、その粒子は逆向きに動いているように見える――つまり、静止している観察者が見た運動の向きとは逆の向きに動いて見える。スピンの向きは依然として同じに見えるので、静止した観察者には右手型に見える粒子が、運動する観察者には左手型に見える。だが、相対性理論では、どちらの観察者も同じ物理法則を観察せねばならない。したがって、法則は、粒子の対掌性に直接依存してはならないという結論が導き出される。

正しい定式化はもっと微妙である。左手型粒子を生み出す量子場と、右手型粒子を生み出す量子場の両方が存在する。これら、根底に存在する2種類の場に対しては、方程式が異なる。しかし、粒子が1個（どのような種類のものでも）生み出されたなら、その粒子とグリッドとの相互作用は、粒子の対掌性を変えるかもしれない。電弱標準模型では、粒子とヒッグス凝縮体との相互作用は、まさにそのような影響を粒子に及ぼす。

質量のない粒子に対しては、あるいは、量子場を使えば、左手性と右手性を厳密に区別する（つまり、ブースト変換によって対掌性が変わらないようにする）ことができる。弱い相互作用に対する、わたしたちの成功を収めている方程式が、この区別に依存しているという事実は、自然は、質量のない粒子と量子場を、第1の材料として好むということを示している。

322ページ　**神話に登場するセイレーン**　*Prolegomenma to the Study of Greek Religion* (3rd ed.1922:197-207) p 197 にある J. Harrison の、“The Ker as siren” を参照のこと。これをここで持ち出したのは、ジョン・ウィリアム・ウォーターハウスの「セイレーン」を表紙に使えないかと思ったからだ。残念ながら、それはできなかった。だが、口絵の図7として掲載させていただいているのでご覧ください。

第18章

3つの力が一致しないかと、それらの短距離における強さをはじめて計算したのは、ハワード・ゲオルギ、ヘレン・クイン、そしてスティーヴン・ワインバーグであった（もちろん、強い力については、これはまさにグロス-ポリツァー-ウィルチェックの計算である）。

324ページ　**原子核は……原子よりもはるかに小さい**　電磁力の相対的な弱さは、原子の大きさと原子核の大きさの違いの理由の一部でしかない。電子の質量が、陽子や中性子に比べて小さいということも重要な理由である。それがどうしてかということは、第10章を締めくくったスコリウムの3つめのポイントを思い出せば理解できる。原子の大きさは、電子を陽子の真上に置くことで電場を相殺することと、電子の波動性を尊重することとの妥協によって決まる。粒子の質量が小さければ小さいほど、その波動関数は広がる傾向が強くなり、そのため、電子の質量が小さいことで、この妥協はサイズが大きくなる側へずれるのである。

325ページ（図18・1）　**これらの力の相対的な強さの定量的な尺度**　根

本的なレベルにおいては――ファインマン・ダイアグラムのハブを掛け算している数については――、弱いカップリングは実際には電磁カップリング（専門家の方へ――ここではハイパーチャージとして登場する）よりも強い。だが、グリッド超伝導性は、弱い力を短距離力とするので、その実際の効果は通常はるかに弱い。

第19章

330ページ　**有名な哲学者のカール・ポパー**　ポパー自身と彼の哲学についてもっと詳しく知りたい方は、P. Schilpp 編集の *The Philosophy of Karl Popper* (2 vols.) (Open Court) を参照されたい。

第20章

カップリングの進化に対する超対称性の影響を最初に考慮したのは、サヴァス・ディモポウロス、スチュアート・レビー、そしてわたしである。個人的な回想が補遺 C にある。

337ページ　**ヒッグス粒子**　ヒッグス粒子については、先に紹介した Oerter と Close の本に（一般向けのレベルで）もっと詳しく述べられている。専門的な議論は、Peskin と Schroeder のものや、Srendnicki のものを参照されたい。

338ページ　**超対称性**　ゴードン・ケインの『スーパーシンメトリー――超対称性の世界』（藤井昭彦訳）は、この分野に優れた貢献をしている学者による一般向けの解説書である。

339ページ　**超対称性は、これら二つのグループを結び付けられそうな、最善のアイデアである**　超対称性は、コア理論の異なる部分どうしを直接結びつけるものではない。現在知られている粒子で、ほかのどれかの粒子の超対称性におけるパートナーとして妥当な性質を持っているものはない。チャージ統一と超対称性を同時に考えることによってのみ、すべてをまとめあげることができるのである。

341ページ　**パートナー粒子は既知の粒子より極端には重くないと仮定し**　SUSY は確かに破れているが、第8章や補遺 B で論じた宇宙超伝導性に関連する疑問についてよりも、SUSY の破れがどうして起こるのかについてのほうが、不確実性がはるかに大きい。超対称性の破れがどのように起こるとしても、最終結果は、わたしたちが知っている粒子のパートナーはかな

り重い、ということでなければならない。しかし、重すぎたなら、これらのパートナー粒子はグリッドの擾乱に十分な貢献をしないので、わたしたちは第18章の「ニアミス」まで戻らねばならなくなるだろう。

超対称性のパートナー粒子は極端には重くないと考える、これとは無関係の理由もいくつかある。なかでも一番重要なのはこれだ。

ヒッグス粒子の質量に仮想粒子が及ぼす効果を計算すると、仮想粒子はヒッグス粒子の質量を統一のスケールまで引き上げる傾向があることがわかる。これこそが、階層問題と呼ばれることもある事柄の本質である。出発質量を、仮想粒子による寄与をほぼ正確に打ち消すにちょうど十分な大きさにしてやれば、ペンをささっと走らせるだけで、これらの効果は簡単に相殺できる。しかし、たいていの物理学者たちは、このような「微調整」は不快だと感じるようだ——彼らはこれを不自然と呼ぶ。超対称性によって補正は相殺し、微調整はあまり必要なくなる。だが、超対称性がひどく破れていたなら——つまり、パートナー粒子が極端に重かったなら——、また混迷状態へと逆戻りである。

342 ページ **今や、そのときの修正を修正すべきときだ** わたしはこの計算のなかに、超対称性の実施に必要な粒子の効果しか含めていない（専門家の方々へ——わたしが扱っているのは、最小超対称性標準模型、MSSMである)。完全な統一理論を作るのに必要なほかの粒子（はるかに重い）は含まれていない。高エネルギーでいったん統一されたあと、カップリングがふたたび分散してしまうのはこのためである。完全な理論では、いったん統一されたなら、そのあとずっと統一を保つはずである。しかし、完全な理論のなかで、関連性のあるどの細かい点を突き詰めればいいのか、わたしたちには十分わかっていないので、流れにしたがって物事を扱っていくことにしたのである。

343 ページ（図20・2） **こうして、すべての力がかなり近づく** 重力が短い距離でどのように振舞うかに関する信頼性のある理論は存在しないので、重力を示す線はおおまかに描くだけにした。

第21章

LHC 計画に関する、最新のニュースを含むさらに詳細な情報は、CERN のウェブサイトで閲覧できる。http://public.web.cern.ch/Public/Welcome.html にアクセスして、リンクを辿ればいい。G. Kane 編集の *Perspectives on LHC Physics* (World Scientific) は、最先端の専門家たちによる記事を集めたもので

ある。さらに、わたしの科学論文、“Anticipating a New Golden Age”もお薦めする。itsfrombits.com で閲覧できる。

352 ページ　**ダーク・マター問題**　ローレンス・クラウス（Lawrence Krauss）の *Quintessence* (Perseus) は、ダーク・マター、ダーク・エネルギー、そして現代宇宙論についての優れた一般向け解説書である。
355 ページ　**陽子が崩壊する**　詳細な事柄にあまりきっちり応じていないというのが、（低エネルギーで）SUSY は力を正確に統一することを示すわたしたちの計算の、強みでもあり弱みでもある。新しい粒子の遮蔽（または反遮蔽）効果が入ってくるのは、粒子の静止エネルギー mc^2 よりもエネルギーが高くなってからだ。統一にとって重要な変化は、エネルギーの広い範囲にわたって積算していくので、それが厳密にどこから始まるかはそれほど問題ではない。そのため、粒子の寄与は、その質量にはあまり依存しない。したがって、わたしたちがやった統一を示す計算は、新しい SUSY 粒子の質量が（たとえば）2 倍になっても、半分になっても、ほとんど影響を受けないだろう。わたしたちが出した結果は確固たるものだ。それはやすやすとは曲げられない。しかし、陽子の崩壊は、まさに詳細に依存するのである。
357 ページ　**どんな新しい効果が期待されるのか**　弦理論は、さらなる空間次元が存在するかもしれないという憶測を刺激している。さらなる空間次元は、ものすごく小さい（折りたたまれている）か、極端に湾曲していて貫通しがたいかのいずれかに違いない。さもなければ、わたしたちはそんな次元にすでに気づいているはずだ。LHC を使って、もっとじっくりと見れば、そのような次元が見えてくるかもしれない。ローレンス・クラウスの『超ひも理論を疑う——「見えない次元」はどこまで物理学か？』（斉藤隆央訳）と、リサ・ランドールの『ワープする宇宙——5 次元時空の謎を解く』（向山信治監訳、塩原通緒訳）は、これらの考え方を一般向けに解説している。

エピローグ

363 ページ　**説明したりするところからはまだまだ程遠い**　補遺 B で説明しているさまざまな考え方によれば、ヒッグス凝縮体は、一種の宇宙超伝導性を通して、W ボソン、Z ボソンの質量を直接もたらしているという。だとすると、これらの考え方が正しければ、ヒッグス凝縮体の正体を見

極めることができたなら、これらの粒子の質量の起源も理解できるはずである。

補遺 B

383 ページ　**陽電子と光子に崩壊する……のような過程を容易に起こすことができる**　これを確認するには、1 単位の赤色荷を奪い取り 1 単位の紫色荷をもたらす（すなわち、負の紫色荷 1 単位を奪う）ボソンを 1 個放出すればいい。これによって、図 17・2、1 行めの $\boldsymbol{u}$ クォークは 15 行めの反電子 e^c に変わる（+ と－のエントリーは、1/2 単位の荷を持つ粒子である）。同じボソンを吸収することによって、5 行めの $\boldsymbol{d}$ クォークは 9 行めの反 $\boldsymbol{u}$ クォークに変わる。チャージ明細書では、これらの粒子たちは 1 列めと最後の列で＋と－を入れ替えることによって関連付けられている。したがって、このように色を変えるボソンを仮想粒子として放出したり吸収したりすることで、

$$u + d \rightarrow u^c + e^c$$

というプロセスが得られる。

ここで、傍観者として $\boldsymbol{u}$ クォークを両辺に加えると、$u+u+d \rightarrow u+u^c+e^c$ となり、目的にかなり近づく。あとは、$u+u+d$ が陽子の内容物であり、$u+u^c$ が消滅して光子になることを思い出せばいいだけだ。そしてついに、陽子崩壊プロセス、

$$p \rightarrow \gamma + e^c$$

が約束されたのである。

用語解説

アキシオン [Axion]

コア理論の美学的欠陥（記録のために——強い相互作用におけるCPT問題）を修正する一群の理論のなかで予測されている粒子。アキシオンは、普通の物質とは極めて弱くしか相互作用しないと予測され、また、ダーク・マターをもたらすにほぼちょうどいい密度を持っていることから、ビッグバンのあいだに生み出されたとも推測されている。このことは、アキシオンをダーク・マターの候補とする十分な動機を持たせてくれる。

RHIC

相対論的重イオン衝突型加速器（Relativistic Heavy Ion Collider）の略称。RHICは、ロングアイランドのブルックヘブン国立研究所にある。RHICでの衝突では、極めて小さな容積のなかで、極めて短い時間のあいだ、ビッグバンの最初期に起こって以来自然には起こっていないような極端な条件が再現される。

イエズス会の信条 [Jesuit Credo]

「やる前に許可を求めるよりも、やってしまったあとで許しを求めるほうが幸いである」。これは、深遠なる真理である。

一般相対性理論 [General relativity]

湾曲した時空、あるいは、同じことだが、計量場に基づく、アインシュタインの重力理論。場による定式では、一般相対性理論は大体において電磁気学に似ている。だが、電磁気学は電荷と電流に対する電磁場の反応に基づいているのに対して、一般相対性理論はエネルギーと運動量に対する計量場の反応に基づいている。［「計量場」も参照のこと］

色 [Color]

1．電荷によく似てはいるが、電荷とは異なる、本質的な物理属性。色荷には3種類あり、本書ではそれを赤、白、青と呼んでいる。クォークは、これらの色荷のうちどれか1つを1単位だけ持っている。グルーオンは1単位の正の色荷と、1単位の負の色荷を持っており、これら2つの色

荷は違う場合もある。

2．もちろん日常生活では、色はこれとはまったく違うものを意味している。つまり、日常で使われる色という言葉は、電磁輻射の振動数が、太陽輻射が最強となっている狭い振動数範囲に入っている場合に、その電磁輻射の振動数を指すものである。この説明はちょっとしたジョークである。実際、「色」という言葉は、日常的にはある意味予知的に使われている。というのも、目や脳がそのような電磁輻射に示す反応を指して「色」と言っているのであって、わたしたちはその振動数を知る前から、色の名前を口にしている。［「荷《チャージ》」、「色力学」も参照のこと］

色力学 [Chromodynamics]

色荷やカレント（チャージの流れ）に対する反応など、グルーオン場の活動を詳細に説明する理論。強い力に関して、現在受け入れられている理論。数学的には、色力学は電磁力学を一般化したものである。量子論は色力学のすべての応用で重要なので、色力学は量子色力学、もしくは、その略称で QED と呼ばれることが多い。［「強い力」も参照のこと］

宇宙項 [Cosmological term]

一般相対性理論の方程式を論理的に延長する際に導入された項。幾何学として見たときの説明では、宇宙項は、時空の均一な膨張もしくは収縮（符号に応じて）を促進する。あるいは、宇宙項は、一定のエネルギー密度（正の場合も負の場合もありうる）が計量場に及ぼす影響を表しているとも解釈できる。この場合、密度 ρ は、「良く調整された方程式」 $\rho = -p/c^2$ によって、圧力 p に関係付けられている。

運動量 [Momentum]

物理学における重要な概念。運動量の概念は、そもそも、たとえば粒子の運動に付随する運動学的運動量として登場したのであり、このかたちの運動量が最もわかりやすい。相対論以前の力学では、運動学的運動量は、物体の質量にその速度をかけたものとして定義されていた。ニュートン自身は“quantity of motion”と呼んだこの「量」は、「物体の運動量が変化する割り合いは、その物体に作用する力に等しい」というかたちで、彼の運動の第 2 法則に登場している。特殊相対性理論では、運動量はエネルギーと密接に関連している。ブーストを受けると、エネルギーと運動量は、時間と空間と同様、互いに混じりあう。孤立系の総運動量は保存する。

　現代物理学の理論では、運動量は、それが深い関係を持つ空間と同じ足場に立つ主要な概念として登場する。たとえば、光子の内部に存在する空

間的に周期的な擾乱が、1周期をめぐり終えるに必要な距離 D は、$PD=h$ という関係によって光子の運動量に関係付けられている。ここで h はプランク定数である。これらの理論のなかでは、運動量の保存は、空間的変換のもとでの方程式の対称性から導き出される——日常的な言葉で言えば、法則はどこでも同じだという事実から導き出される、ということである。

［「エネルギー」と比較されたい］

SLAC

コア理論の確立に主要な役割りを果たした。スタンフォード線形加速器センター（Stanford Linear Accelerator Complex）の略称。フリードマン、ケンドール、テイラーと彼らの共同研究者たちはここで、陽子内部の高解像度で短時間露出の写真を撮影した。それらの写真が、QCDに続く道へとわたしたちを導いたのである。彼らが使った長さ2マイル（約3.2キロメートル）の電子加速器は、実質的に、超ストロボスコピック・ナノ顕微鏡として働いたのだった。

エーテル [Ether]

空間を満たしている物質。物理学者たちは、場の概念を現実《リアリティー》の本質的な要素として受け入れる以前は、電磁場の数学的模型を構築しようと努力した。彼らは、電磁場はより基本的な粒子的物体の配置を記述しているのではないかと考えた。液体の密度や流れ場が原子の配列や再配列を記述していることからの類推である。これらの模型は複雑になり、うまく働くことはついぞなく、おかげで「エーテル」という概念は悪評を得るようになった。ところが現代物理では、空間を満たす媒体が第1の現実《リアリティー》となっている。この媒体は、古典的なエーテルとはまったく違う性質を持っており、したがって、わたしはこれに「グリッド」という新しい名前を付けた。

エネルギー [Energy]

物理学の中核をなす概念。その重要性を考えると、初期のエネルギーの定義が、あまりに微妙で頼りなく見えるのには驚かされる。実際、エネルギーとその保存に関する近代的な概念が登場したのは、ようやく19世紀中ごろになってのことだった。最初に認識された、最もわかりやすい形のエネルギーは、運動に関連がある運動エネルギーであった（相対論以前の力学では、物体の運動エネルギーは、質量の2分の1に速度の2乗をかけたもので定義されていた。静止質量が含まれる相対論的な方程式は、補遺Aで議論されている）。物体の運動エネルギーは一般に、その物体に力が作用すると変化するが、ある種の力（いわゆる「保存力」）に対しては、位置だけ

に依存するポテンシャル・エネルギー関数を定義することができる。ポテンシャル・エネルギーと運動エネルギーの和は常に一定である。より一般的に、物体の系に対してと、ある種の力に対しては、系のすべての要素の運動エネルギーの和と、それらの要素の位置によって決まるポテンシャル・エネルギーの総和が保存される。熱力学第１法則は、エネルギーは、物体内の極めて小さいスケールの、観察しがたい運動の表れである熱の形になって隠されてしまうこともあるが、保存されると述べている。熱力学第１法則は、事実上、自然の基本的な力は常に保存されると主張しているのである。この大胆な仮説は、基本的な力の性質が少しでも明らかになる相当以前に提言され、その後熱力学の成功によって証明されたのだった。［「イエズス会の信条」も参照のこと］

現代の物理理論では、エネルギーは、時間――エネルギーは時間と深い関係がある――と同じ足場に立つ極めて重要な概念と見なされている。たとえば、光子の内部で振動する擾乱が、１サイクルを終えるのにかかる時間 T は、その光子のエネルギー E と、$ET=h$ という関係で結ばれている。ここで h はプランク定数である。これらの理論のなかでは、エネルギーの保存は、時間変換のもとで方程式が対称であること――日常的な言葉で表現すれば、法則は時間が経っても変化しないという事実――から導き出される。

みなさんは、物理の基本法則がエネルギー保存を保証するなら、どうしてわたしたちはエネルギーを節約しようとやっきになっているのかと訝しく思われるかもしれない。だって、物理法則は、自分で自分を法則として施行するのであって、人間がそれを助けたり邪魔したりできるものではないはずだ。ならばことさらエネルギーを節約する必要などないじゃないか！　というわけである。重要なのは、ある形のエネルギーは、ほかの形のエネルギーよりも有用だということだ。とりわけ、無秩序な振動のようなもの（熱）は、役に立つ仕事にすぐに使うことはできない。ならば、物理学の立場からは、エントロピーを生み出すのをなるべく控えるように人々にお願いしたほうがいいかもしれない。［「エントロピー」も参照のこと］

LEP

大型電子陽電子衝突型加速器（Large Electron-Positron collider）の略称。LEP は、ジュネーブ近郊にある、ヨーロッパの巨大な研究施設、CERN で、1990 年代に稼働していた。おおまかに言って、LEP は、SLAC よりも高い

分解能で、空虚な空間の写真を撮影した。この撮影は、電子とその反粒子（陽電子）をとほうもないエネルギーにまで加速し、衝突させて消滅させることによって行なわれるが、その際に、極端に小さな容積の空間の内部に瞬間的に強力なエネルギーが発生する。この意味で、LEP は創造的破壊のための装置だった。LEP での実験は、コア理論を高度な定量的精度で検証し確立した。

LHC

大型ハドロン衝突型加速器（Large Hadron Collider）の略称。LHC は現在、CERN で以前 LEP に使われていたトンネルを占有している。電子と陽電子ではなく、陽子を使い、LEP よりも高いエネルギーに到達する。LHC で大発見がいくつもなされないとしたら驚きだ。最低でも、グリッドを風変わりな超伝導体にしているものが何なのかは突き止められるはずだ。

エントロピー [Entropy]

無秩序の尺度。［熱力学に関連する書籍、または、ウィキペディアを参照されたい］

核 [Nucleus]

原子の中心にある小さな部分で、ここに原子の正電荷のすべてと、質量の大部分が凝縮されている。

仮想粒子 [Virtual particle]

量子場の自発的擾乱。リアルな粒子は、量子場中の擾乱で、人間に感知できるほどの持続性を持ち、観察することが可能なものである。仮想粒子は、束の間の存在で、方程式のなかには現れるが、実験で使う検出器のなかには現れない。だが、エネルギーを供給することで、自発的な擾乱をある閾値よりも増幅し、仮想粒子（だったもの）をリアルな粒子にすることができる。

加速度 [Acceleration]

速度が変化する割り合い。したがって、加速度は、位置が変化する割り合いが変化する割り合いである。ニュートンが力学で行なった最も重要な発見は、加速度を支配する法則は単純なことが多いということであった。

QED

量子電磁力学の略称。もちろん、量子論を組み込んだ電磁力学である。この理論においては、電磁場では（仮想電子の）自発的な活動が起こり、場の擾乱は離散的な粒子状の単位で生じる（リアルな光子）。［「電磁力学」、「光子」、「量子場」も参照のこと］

QCD
量子色力学の略称。［「色力学」も参照のこと］

局所対称性（ゲージ対称性）[Local symmetry (gauge symmetry)]
時空の異なる領域で、変換がそれぞれ無関係に独立したものとして起こることを可能にしている対称性。局所対称性は、極めて強力な要求で、これを満たす方程式はほとんど存在しない。逆に、局所対称性を仮定すると、マクスウェル方程式とヤン・ミルズ方程式とに似た、非常に具体的な方程式に至る。まさにこれらの方程式が、コア理論と世界の特徴を決定しているのである。局所対称性は、興味深いが今ではあまり意味がなくなった歴史的な理由から、ゲージ対称性と呼ばれることもある。［「対称性」、「マクスウェル方程式」、「ヤン・ミルズ方程式」も参照のこと］

クォーク [Quark]
グルーオンとともに、強い力において（実験的側面）、あるいは、同じことだが、QCDにおいて（理論的側面）主役を演じる。スピン1/2のフェルミオンである。*U*クォークは、*u*（アップ）、*c*（チャーム）、*t*（トップ）という3種類のフレーバーに分かれているが、どれも2*e*/3という同じ電荷を持ち、また、色荷（赤、白、青）を1単位ずつ持っている。さらに、*D*クォークも、*d*（ダウン）、*s*（ストレンジ）、*b*（ボトム）という3種類のフレーバーに分かれており、それぞれが3つの色荷のひとつを1単位持ち、同じ電荷－*e*/3を持っている。弱い相互作用のプロセスは、さまざまな色荷を別の色荷に変える。これらのプロセスでは、グルーオンはクォークの色荷を変えるが、フレーバーは変えない。一方、*W*ボソンはフレーバーを変えるが色は変えない。クォークは直接観察されることはないが、ジェットのなかに自分のしるしを残し（実験的側面）、また、観察されているハドロンを作る構成要素と考えられている（理論的側面）。コア理論のすべての相互作用は、クォークから反クォークを引いた総数を保存する。この「バリオン数の保存」が、陽子の安定性を保証している。統一理論はどれも、クォークをレプトンに変え、陽子を崩壊させることのできる相互作用の存在を予測している。いまのところ、そのような崩壊は観察されていない。［下線を施したすべての項を参照されたい］

グリッド [Grid]
わたしたちが空虚な空間として認識している実体。わたしたちの最も深い物理理論は、グリッドは高度な構造を持っていることを明らかにしている。実際、グリッドは、現実《リアリティー》の第1の要素であるようだ。第8章全体がグリ

ッドにあてられている。

グルーオン [Gluon]

強い相互作用を媒介する、８種類の粒子。グルーオンの性質は光子と似ているが、グルーオンは、電荷ではなく、色荷に反応したり、色荷を変えたりする。グルーオンの方程式は、著しい局所対称性を持っており、それがグルーオンの形をだいたい決めている。［「色力学」、「局所対称性」、「ヤン・ミルズ方程式」も参照のこと］

計量場 [Metric field]

時空の点において、時間と距離を測る（あらゆる方向において）単位を特定すると見なせる場。これによって、空間そのものに、物差しと時計が与えられている状態となる。普通の物差しと時計は、根底に存在するこの構造を、アクセスが可能な形に翻訳するものである。物質は計量場に影響を及ぼし、逆に計量場は物質に影響を及ぼす。物質と計量場の相互作用は、一般相対性理論によって記述されており、観察されているような重力をもたらす。［「一般相対性理論」も参照のこと］

ゲージ対称性 [Gauge symmetry]

［「局所対称性」を参照のこと］

コア [Core]

強い相互作用、電磁相互作用、弱い相互作用、重力相互作用をすべて説明できる仮説理論。量子力学、３種類の局所対称性――具体的には、*SU*(3)、*SU*(2)、*U*(1) という３つの変換群――、一般相対性理論に基づいている。コア理論は、起こるということが現在知られているすべての基本的プロセスに対して、正確な説明を提供する。この理論によるいくつもの予測が、多くの実験で検証され、正確であることが証明されている。コア理論には美学的な欠陥があるため、これが自然の究極の解答ではないことをわたしたちは望んでいる（実際、そんなことはありえない。というのも、この理論はダーク・マターを説明していないからだ）。

光子 [Photon]

電磁場の最小の励起。光子は、光の最小単位で、光量子と呼ばれることもある（ついでながら、量子跳躍は極めて小さな跳躍である）。

ジェット [Jet]

ほぼ同じ向きに運動している粒子のグループで、はっきりと特定できるもの。粒子のジェットは、加速器における高エネルギー衝突実験の産物として頻繁に観察される。漸近的自由という概念を使えば、ジェットは、根底

に存在するクォーク、反クォーク、グルーオンが目に見えるかたちで現れたものであると解釈することができる。

時間の遅れ [Time dilation]

外側から見たときに、運動している系の内部の時間の流れは遅くなって見えるという効果。時間の遅れは特殊相対性理論の帰結である。

質量 [Mass]

粒子または系が持つ性質で、その内部の尺度となるもの（つまり、粒子の質量は、粒子の速度がどのくらい変えにくいかを教えてくれる）。何世紀ものあいだ、科学者たちは質量は保存されると考えていたが、わたしたちは今、質量は保存されないということを知っている。

質量なしに生まれる質量 [Mass Without Mass]

ゼロでない質量を持つ物体が、質量ゼロの構成要素から出現しうるという、現代物理学で認識されるようになった概念。

遮蔽 [Screening]

正の電荷は、負の電荷を引き付け、負の電荷は正電荷を打ち消す（遮蔽する）傾向がある。このため、正電荷の正味の強さは、そのごく近傍でしか感じられない。遠方では、その距離のあいだに蓄積された負電荷によって、正電荷の影響は弱められている。遮蔽は、運動する電子をたくさん含んでいる金属についての理論では非常に重要だ。遮蔽はまた、「空虚な空間」すなわちグリッドにとっても重要である。グリッドの場合、負の電荷は仮想粒子によって供給される。特定の種類の粒子は生まれては消えていくが、全体としての粒子数は一定で、そのためグリッドはダイナミックな媒体となっている。［「反遮蔽」、「グリッド」、「仮想粒子」についても参照のこと］

シュレーディンガー方程式 [Schrödinger equation]

１個の電子の波動関数を近似的に表す方程式。シュレーディンガー方程式は、ブースト対称性を満たさず、したがって特殊相対性理論に矛盾する。だが、それほど高速で動いてはいない電子についてはうまく記述でき、より正確なディラック方程式よりも扱いやすい。シュレーディンガー方程式は、量子化学と固体物理学における実用的な研究のほとんどに対して基盤を提供している。

振幅（量子論での用法）[Amplitude]

量子力学は、さまざまな事象の確率についての予測を提供するが、量子力学の方程式は振幅を使って書かれており、じつはこの振幅は、いわば「確

率の一歩手前」のものである（科学に詳しい方へ――振幅は、一般的に複素数であり、確率は、振幅の2乗である）。振幅という言葉は、海洋波、音波、電波など、いろいろな種類の波の高さを記述するのに用いられる。量子力学でいう振幅は、本質的には、量子力学の波動関数の高さである。さらに詳しい議論と例は、第9章を参照のこと。［「波動関数」の項も参照されたい］

スピン [Spin]

素粒子のスピンは、その角運動量の尺度である。角運動量とは、（通常の）運動量が空間内での移動に対して持つのと同じ関係を、空間内での回転に対して持つ保存量である［「運動量」も参照のこと］。古典力学では、物体の角運動量は、その物体の角運動の尺度だ。素粒子のスピンは、hをプランク定数として、整数、または、整数$+1/2$に$h/2\pi$をかけたものである。スピンの大きさは、それぞれの種類の粒子で、変わらない性質である。レプトンとクォークは、$1/2\times h/2\pi$のスピンを持っているので、「1/2のスピンを持っている」と言われる。陽子と中性子もスピン1/2である。光子、グルーオン、Wボソン、Zボソンは、スピン1である。π中間子とまだ理論上の存在でしかないヒッグス粒子は、スピン0である。光の偏光は、光子のスピンが見えるかたちで現れたものだ。

孤立した物体の角運動量は保存される。角運動量を変えるためには、トルク（回転モーメント）を加えねばならない。高速回転しているジャイロスコープが、力に対して普通とは違う反応を示す理由のほとんどは、それが大きな角運動量を持っていることにある。

漸近的自由 [Asymptotic freedom]

強い相互作用が短い距離で弱くなるという考え方。より具体的には、強い相互作用の強さを支配する有効色荷が、距離が短くなるにつれて小さくなる、という考え方である。逆の見方をすれば、与えられた孤立した色荷の強さは、遠方になるほど強まる、ということ。物理の現象として、このようなことが起こるのは、源の荷《チャージ》が、自らを強化する、すなわち、反遮蔽する仮想粒子の雲を生み出すからである。漸近的自由の影響は、高速で運動する色荷が自らと同じ向きに放出する輻射（「ソフトな輻射」）は頻繁に見られるが、全体としての流れの方向が変化する輻射は稀だということに現れる。ソフトな輻射は、クォークが結合してハドロンを形成できるような仲間のクォークをもたらす。しかし、全体としての流れは、根底に存在するクォーク（ならびに、反クォークとグルーオン）によって定められた

パターンに従う。したがって、わたしたちは、クォークとグルーオンを個々の粒子としてではなく、それらが引き起こすジェットとして「見る」。わたしたちは、単独で現れるはずのないクォークに対して、一種暴力的な実験を行なって、その存在の確かな証拠をつかむことができるのである。
［「荷なしに生じる荷」、「ジェット」も参照のこと］

速度 [Velocity]

位置の変化の割り合い。

対称性 [Symmetry]

対称性は、なんら差異をもたらさない区別が存在するときに成り立つ。つまり、ある物体――もしくは1組の方程式――が対称性を示すといえるのは、その物体を変化させるかもしれない操作を行なっても、現実には何の変化も生じないときである。したがって、正三角形は中心の周りに120度回転するという操作のもとで対称性を持っているが、不等辺三角形は同じ操作に対して対称性を持たない。

対称性の自発的破れ [Spontaneous symmetry breaking]

1組の方程式の安定な解が、方程式そのものよりも対称性が低い場合、対称性が自発的に破られたという。とりわけ、第8章と補遺Bで論じたように、凝縮体、すなわち背景場を形成したほうがエネルギー的に得な場合、対称性の自発的破れが生じる。このような安定解は、空間を物質で満たすが、その物質の性質は、（元の）いくつかの対称変換のもとで変化する。このような変換は、もはや差異なき区別ではない――今やそれは差異をもたらすのである！　それに付随していた対称性は、自発的に破られたのだ。

ダーク・エネルギー [Dark energy]

天文学の観察は、宇宙の質量のかなりの部分、総質量の約70パーセントが、均一に分布し、かなり厳密に透明な物質に起因すると示している。また、これらの観察とは独立した別の観察で、宇宙の膨張は加速していることが示されており、これは負の圧力が働いているせいだろうと考えられている。これらの効果の大きさと相対的な符号は、「良く調整された方程式」と矛盾しない。したがって、今のところこれらの観察は、宇宙項によって記述できている。しかし、将来の観察によって、密度や圧力が一定でない、あるいは、「良く調整された方程式」によって関係付けられてはいないことが明らかになる可能性もある。ダーク・エネルギーという言葉は、これらの点について人々が先入観を持つことがないようにとの配慮で選ばれた。

ダーク・マター [Dark matter]

天文学の観察で、宇宙の質量のかなりの部分、総質量の約25パーセントが、普通の物質よりもはるかに拡散的に分布しており、かなり厳密に透明であることが示されている。普通の物質からなる銀河は、薄く広がったハローに周囲を囲まれている。このハローは、全体では、観察可能な銀河の約5倍の質量を持っている。ダーク・マターは、それだけで凝縮している可能性もある。ダーク・マターを供給するものの候補者として興味深いものには、超対称性と関連のある、弱い相互作用をする重い粒子（WIMP）と、アキシオンがある。［「超対称性」、「アキシオン」も参照のこと］

力 [Force]

1．ニュートン物理学では、力は、物体に作用したとき、それを加速させるような影響であると定義されていた。この定義は実り多いものであったし、今日なお有用である。その理由は、多くの力は結局単純なものだからだ。たとえば、孤立した物体は何の力も感じない――これは、孤立した物体は一定の速度で運動するという、ニュートンの運動の第1法則と等価な内容を言い表している。
2．現代の基礎物理学では――そしてとりわけ、コア理論と、統一を目指して拡張されたコア理論では――、力に関する古い概念はあまり有用ではなくなっている。「強い力」、「弱い力」などの表現はなおも使われているが、物理学者どうしが話すときには、もっと抽象的な、「強い相互作用」という言い方をするのが普通だ。本書では、短いほうの「力」をなるべく使っている。

荷《チャージ》 [Charge]

電気力学では、荷とは電場と磁場が応答する物理的属性である（磁場は、運動している荷にしか応答しない）。量子電磁気学、QEDでは、単純に、荷とは光子が応答する相手と言うことができる。荷は、正または負の値を取りうる。同じ記号が付いた電荷を持つ2つの粒子（2つとも正か、または、2つとも負）は反発しあい、反対の記号が付いた電荷を持つ2つの粒子は引き付けあう。荷の重要な性質は、それが保存されるということだ。どの素粒子も一定の大きさの荷を持っており――その大きさはゼロの場合もある――、その性質はその素粒子にとって常に変わらない安定した性質である。たとえば、すべての電子は同じ大きさの電荷を持っており、普通これを $-e$ と表記する（紛らわしいことに、マイナス記号を使わずに、電子の電荷をただ e と書く人もある。わたしが知る限り、この表記については統一見解はまだ存在しないようだ）。陽子は、電子の逆の e という電荷を持つ。あ

る系の荷の総量は、その系に含まれるすべてのものが持つ荷の和である。したがって、陽子と電子を同じ数含む原子は、全体としての電荷はゼロとなる。強い相互作用の理論では、色荷《カラー・チャージ》もしくは、単に色《カラー》と呼ばれる3種類の荷が、電荷のほかに登場する。色荷は、保存されるなど、電荷とよく似た性質を持っている。QCDでは、グルーオンが気にかける対象が色荷である。［「統一理論」も参照のこと］

荷《チャージ》なしに生じる荷 [Charge Without Charge]

漸近的自由から導き出される概念。任意の源の有効色荷は、距離が短くなるほど小さくなる。ゼロでない距離における色荷の有限値は、距離ゼロの数学的極限にある、値ゼロの色荷に対応する。つまり、ゼロという数学的点にある源は、荷なしに荷を生み出す。『不思議の国のアリス』で、消滅しても口だけ残して笑い続けるチェシャ猫に匹敵する見事なアイデアだ。

チャージ明細書 [Charge Account]

クォークとレプトンについての統一的な説明を提供する表に対して、わたしが勝手につけた名称。この表は、これらの素粒子の、強い荷《チャージ》（色荷）、弱い荷《チャージ》、そして電磁荷《チャージ》のパターンを完全に説明する。この表の数学的構造は、$SO(10)$ のスピノール表現と、選択されたその部分群、$SU(3) \times SU(2) \times U(1)$ からなっている。部分群の選択によって、統一理論のなかにコア理論がどのように収まるかが決まる。確立された小さなコア対称性による変換しか許さないのならば、統一的「チャージ明細書」は、6つのばらばらの集合に分解し、特異なパターンの電荷（つまり、ハイパーチャージ）を説明することはできない。［「統一理論」も参照のこと］

中間子 [Meson]

強い相互作用をする粒子（すなわちハドロン）の一種。［「ハドロン」を参照のこと］

中性子 [Neutron]

クォークとグルーオンが結合してできた粒子で、普通の物質の重要な成分。すぐにそれと特定できる。個々の中性子は不安定で、約15分の寿命で、陽子、電子、電子反ニュートリノに崩壊する。しかし、原子核として拘束されている中性子は安定である。［「陽子」と比較されたい］

超対称性（SUSY）[Supersymmetry]

新しい種類の対称性。超対称性は、荷は同じだがスピンは異なる粒子のあいだの変換を可能にする。とりわけ、超対称性を使えば、ボソンとフェルミオンは、物理的性質が著しく異なるにもかかわらず、単一の実体が異な

る形に現れたものと見なすことができるようになる。超対称性は、超空間——新しい量子次元を加えることができるように時空を拡張したもの——のなかのブースト対称性として実現できる。

わたしたちの現在のコア方程式は超対称性を支持していないが、そうなるようにコア方程式を拡張することは可能である。そうやって作った新しい方程式は、多くの新粒子の存在を予測するが、まだどれも観察されていない。これらの粒子の多くを重くするためには、何らかの形のグリッド超伝導性を仮定しなければならない。良いニュースとしては、これら新粒子は、もしも仮想粒子として登場したなら、第20章で説明した力の定量的統一として成功を収めている理論のひとつの証拠となる、ということが挙げられる。新粒子のひとつは、ダーク・マターの供給源の有力候補となっている。LHCは、新粒子のいくつかを生み出すに十分強力なはずだ。新粒子が存在するとしての話ではあるが。

頂点 [Vertex]

[「ハブ」を参照のこと]

超伝導体 [Superconductor]

物質のなかには、極低温まで冷却すると、電場と磁場に対する反応が質的に新しい様相を呈するような相へと転移するものがある。電気抵抗はゼロになり、外から加えられた磁場の大部分を排除する——すなわち、打ち消す（これがマイスナー効果である)。このとき、この物質は超伝導体になったと言う。超伝導体の電磁気学的振舞いは、数学的に解析すると、超伝導体の内部では光子がゼロでない質量を獲得したことを示している。

WボソンとZボソンは、多くの点で光子に似ている——スピン1のボソンで、（弱色）荷に反応する——が、ゼロでない質量を持っている。一見したところ、WボソンとZボソンがゼロでない質量を持っているという事実は、それさえなければ、WボソンとZボソンは光子と同じように、局所対称性の方程式に従うのではないかという魅力的な説を否定するように見える。だが、超伝導によって、この方向に前進できる道が示される。「空間は電荷に対してではなく、WボソンとZボソンが関与する荷に対して超伝導体だ」と仮定することによって、根底に存在する方程式の局所対称性は保ったままで、WボソンとZボソンにゼロでない質量を与えることができる。これが現在の電弱理論の中核をなす考え方であり、しかもこれは、自然をたいへんうまく記述しているように思われる。もっと大胆な説では、グリッドにもうひとつ超伝導層があって、この層が、クォーク - レプトン

転換を仲介する粒子に極めて大きな質量を与えているのだという。

超弦理論 [Superstring theory]

物理法則を拡張するための一連の考え方。優秀な頭脳を持った人々による素晴らしい研究を刺激し、その結果、純粋数学の重要な応用がいくつも生まれた。今のところ超弦理論は、自然界の具体的な現象を記述する方程式は提供していない。とりわけ、物理的世界について非常に多くのことを正確に記述するコア理論は、超弦理論の１つの近似として導き出されるとはまだ示されていない。

超弦理論のさまざまな考え方は、コア理論や、本書で提唱してきた統一のための考え方と、必ずしも矛盾するわけではない。しかし、本書で論じたいろいろな考え方は、歴史的に言って、超弦理論のなかから生まれたのでもなければ、超弦理論から派生したものでもない。それらの考え方の源は、わたしが長々と説明してきたように、幾分かは経験的で幾分かは数学的な美学にある。

強い力 [Strong force]

４つの基本相互作用のひとつ。強い相互作用は、クォークとグルーオンを結びつけて、陽子、中性子、その他のハドロンを作り、また、陽子と中性子を一体に保って、原子核を形成する。高エネルギー加速器で観察されているほとんどの事柄が、強い相互作用が働いている姿の表れである。

ディラック方程式 [Dirac equation]

1928年、ポール・ディラックが作り上げた。シュレーディンガーによる電子の量子力学的波動関数の方程式を、ブースト対称性（すなわち特殊相対性理論）と矛盾しないように変形したもの。おおざっぱに言って、ディラック方程式は、シュレーディンガー方程式よりも４倍大きい。より厳密に言えば、ディラック方程式は、４つの波動関数を支配する、互いに結ばれた４つの方程式が１組になったものである。ディラック方程式の４つの成分は、その４つの成分を説明する粒子と反粒子のスピン（アップまたはダウン）を自動的に含む。ディラック方程式にちょっとした変更を加えたものが、クォークとニュートリノの説明に使われる。現代物理学では、ディラック方程式は、個々の粒子の波動関数というよりも、電子を生成したり破壊したりする（あるいは、同じことだが、陽電子を破壊したり生成したりする）場を表す方程式として解釈されている。

電気力学 [Electrodynamics]

電磁場の活動を、電荷や電流（電荷の流れ）に対する反応も含めて記述す

る理論。光子場の理論と考えることもできる。現在では、光は、（たとえば）電波やX線を含むあらゆる形態において、電磁場のなかで活動をしていると理解されている。電気力学の基本方程式は、マクスウェルによって発見され、ローレンツによって完成された。［「荷《チャージ》」、「マクスウェル方程式」も参照のこと］

電子 [Electron]

物質の基本的な構成要素のひとつ。電子はどれも、普通の物質のなかで、負の電荷を担っている。電子はまた、原子のなかで、小さな原子核の外側の大きな空間を占めている。電子は、原子核に比べて非常に軽く移動性が高いので、化学や、もちろん、電子工学のほとんどの側面で盛んに活躍している。

電弱理論 [Electroweak theory]

弱い相互作用と電磁相互作用の両方を支配する現代の理論。標準模型と呼ばれることもある。電弱理論には、中核となる考え方が2つある。1つは、方程式は局所対称性によって支配されている、というもので、これはマクスウェルの方程式と、ヤン・ミルズの方程式につながっている。もう1つの考え方は、空間はエキゾチックな超伝導体で——おおざっぱに言うと——、ある種の相互作用をショートさせて隠してしまう、というものだ（じつはもうひとつ、相互作用は対掌的だという重要な考え方がある。これは先の2つよりもさらに専門的な内容なので、ここでは説明しないことにする。その最も劇的な帰結が、弱い相互作用はパリティー対称性——つまり、右と左の対称性——を破るということだ）。電弱相互作用は、QEDと弱い相互作用を結びつけると言われることがあるが、両者を混合すると言ったほうが正確である。［「弱い力」も参照のこと］

統一理論 [Unified theory]

コア理論の異なる要素は、共通の原理——量子力学、相対性理論、局所対称性——に基づいているが、コア理論の内部では、それらの要素はばらばらで異なったままである。つまり、QCDの色荷、標準電弱理論の弱色荷、ハイパーチャージのそれぞれに対して、異なる対称変換が存在している。これらの変換のもとで、クォークとレプトンは無関係な6つのグループに分かれている（実際には、3種類のフレーバーを考えると、18グループになる）。こんな構造になっているなんて、より大きく包括的な対称性が存在する可能性を検討してみないわけにいかない。数学的可能性を探ってみると、多くの事柄がしかるべき場所にカチッと収まることがすぐにわかる。

コア方程式にそれほど大々的ではない拡張を施すと、知られているすべての対称性は、確かにひとつのものと言える全体の個々の部分と見なすことができるようになり、ばらばらだったクォークとレプトンをまとめることができる。さらに、ほかの基本的な力に比べて絶望的に弱いと思われた重力も同じ点に収束してくる、というボーナスまで付いてくる。これらの考え方を、定量的な詳細に至るまでうまく機能させるためには、超対称性も加味しなければならないようだ。このように拡張された方程式は、たくさんの新しい粒子と現象を予測する。第19章から第21章までで説明したように、陪審はこれらの理論を検討中だが、評決はまもなく下ると期待される。

閉じ込め [Confinement]

クォークは孤立した状態で観察されることはないという事実。より正確には、観察可能な任意の状態で、クォークの数から反クォークの数を引いたものは、3の倍数になっている、ということ（ゼロは3の倍数であることに注意されたい）。クォークの閉じ込めは、色力学の数学的帰結だが、実際にクォークが閉じ込められていると示すのは容易ではない。

ニュートリノ [Neutrino]

電荷も色荷も持たない、素粒子の一種。ニュートリノはスピン1/2のフェルミオンである。ニュートリノには、フレーバーと呼ばれる3つの種類があり、電荷を持つレプトン（電子e、ミュー粒子μ、タウ粒子τ）の3つのフレーバーと関連付けられている。弱い相互作用のプロセスでは、電荷を持つレプトンとその反粒子が、ニュートリノとその反粒子に変換されるが、その際、レプトン数は常に保存される［「レプトン」も参照のこと］。ニュートリノは太陽から大量に放出されているが、ニュートリノの相互作用は非常に弱く、そのほとんどすべてが太陽を何の抵抗もなく通過し、もちろん、地球に向かって飛んできたとしても、地球をすんなり通過してしまう。とはいえ、いくつかの目覚ましい実験で、ニュートリノのごく一部が実際に相互作用することが検出されている。最近、異なる種類のニュートリノが長距離にわたって移動するとき、ニュートリノは別の種類のニュートリノに変化したり、また元に戻ったりを周期的に繰り返すことが確認された（たとえば、電子ニュートリノがミューニュートリノに変化する、など）。このような交互の変化は、レプトン保存則に反する。このような振動的変化が存在すること、そしてこの現象のおおまかな規模は、統一理論から期待される事柄と矛盾しない。

場 [Field]

空間を満たす実体。場の概念が物理学に入ってきたのは、19世紀、ファラデーとマクスウェルの電磁気に関する研究を通してのことであった。彼らは、すべての空間を満たす（目には見えない）電気や磁気の場が存在すると考えれば、電気と磁気の法則が最も容易に定式化できることに気づいた。ある点に存在する電荷が感じる力は、その点における電場の強さに関する尺度を与える。しかし、ファラデー - マクスウェル概念では、それを感じる荷電粒子が近くにあろうがなかろうが、場は存在しているとする。このように、場はそれ自体で独立した存在である。この概念が実り豊かなものであることは、まもなく、マクスウェルが電磁場のなかで自己再生産する擾乱は、物質が持つ電荷や電流などには一切関係ないままで、光であると解釈できると気づいたときに明らかになった。

量子電気力学では、電磁場は光子を生み出したり破壊したりする。より一般的に、わたしたちが粒子（電子、クォーク、グルーオン、など）として認識する擾乱は、さまざまな場（電子場など）によって生み出されたり破壊されたりし、これらの場のほうこそ第1の存在である。このことは、任意の2個の電子は、宇宙のどこにあろうと、基本的性質はまったく同じであるという事実について、最も深い理解をもたらす。どちらの電子も、同じ場によって作られたのである！

物理学者や技術者が、「わたしの特殊シールド実験室のなかで、電磁場をゼロにしたよ」と言うことがある。騙されないように！　これは、電磁場の平均値がゼロになったということなのだ。平均値がゼロになっても、実体である電磁場は依然として存在している。とりわけ、電磁場はシールドの内側の電荷の流れに対してなおも反応するし、依然として量子揺らぎ――すなわち仮想光子――で沸き立っている。同様に、遠方の宇宙での電場と磁場の平均値はゼロ、もしくはゼロに極めて近いが、場そのものはどこまでも広がっており、任意の長い距離にわたって光線が進むのを支えている（場は、ある点では光子を破壊するが、次の点では新しい光子が生み出され……）。［「量子場」も参照のこと］

ハイパーチャージ [Hypercharge]

対称性によって関係付けられる、数種類の粒子の平均電荷。統一理論との関連で論じられるとき、ハイパーチャージは電荷よりも基本的である。だが、両者の違いは、わたしが本書の大部分で提供した技術的な説明のレベルよりも、もっと詳細な議論にならなければ現れない。

波動関数 [Wave function]

量子論では、粒子の状態は、位置を特定したり、スピンの方向を定めることによっては特定されない。波動関数は、可能な位置と可能なスピンの向きのそれぞれに対して、確率振幅という複素数を対応させる。確率振幅の（絶対値の）２乗は、その粒子を、その位置で、その向きのスピンを持ったものとして見出す確率を与える。波動関数は多数の粒子からなる系や場に対しても同様に、あなたが測定を行なったときに見出す可能性がある可能なすべての物理的振舞いに対して、振幅を与える。波動関数が働いているところを示す、単純だが単純すぎない例が第９章で論じられている。

ハドロン [Hadron]

クォークとグルーオンに基づいた物理的な粒子（クォークとグルーオンそのものは、孤立して存在できないので、ハドロンには含まれない）。中間子とバリオンという、２つの基本的な種類のハドロンが観察されている。中間子は、クォークと反クォークがグリッドと平衡になったときに生じる。バリオンは、３個のクォークがグリッドと平衡になったときに生じる。観察されている中間子とバリオンは何十種類にも及ぶが、そのほとんどすべてが、極度に不安定である。２個または３個のグルーオンから始まる「グルーボール」という粒子も存在するかもしれない。グルーボールについては、それが実際に観察された・されないという議論がある――これも、わたしたちが見出す粒子には、はっきりとラベルが貼られているわけではないという例だ！

ハブ [Hub]

粒子（リアルな粒子も仮想粒子も）が相互作用する時空の点。ファインマン・ダイアグラムでは、ハブは、３本以上の線が出会う場所である。どのようなハブが可能で、どのような関数がそれに付随しているかについての規則は、粒子の相互作用に関するさまざまな理論によって提供される。専門的な文献では、ハブは普通「頂点」と呼ばれる。［「ファインマン・ダイアグラム」も参照のこと］

バリオン [Baryon]

強い相互作用をする粒子（ハドロン）の、２つの基本構造《ボディ・プラン》の１つ。バリオンは、おおまかに言って、３つのクォークからできていると考えられる。より厳密には、バリオンは、３つのクォークがグリッドとの平衡に達することによって生じる。バリオンの完全な波動関数には、３つのクォークのほかに、任意の数のクォーク‐反クォーク対とグルーオンが含まれる。原

子核の構成要素である陽子と中性子は、バリオンである。[「ハドロン」も参照のこと]

反遮蔽 [Antiscreening]

遮蔽の逆の現象［「遮蔽」を参照のこと］。遮蔽では与えられた電荷の有効強度が弱められるのに対し、反遮蔽では色荷の効果が強められる。このような反遮蔽の効果によって、中心に存在する弱い色荷が、遠方にいくほど強く感じられる。色荷の反遮蔽は、漸近的自由の本質であり、QCDの重要な性質である。[「色荷」、「QCD」も参照のこと]

反物質 [Antimatter]

わたしたちが通常出会う物質——それは、わたしたちが作られている物質でもある——は、電子、クォーク、光子、グルーオンからできている。これらの素粒子のそれぞれに対応する反粒子、すなわち、反電子（別名、陽電子）、反クォーク、光子、グルーオンからできている物質のことを反物質と呼ぶことがある（光子とグルーオンは、自らの反粒子であることに注意されたい。より正確に述べると、いくつかのグルーオンは、ほかのグルーオンの反粒子である。グルーオンは8個で完全な1組となっており、それぞれのグルーオンの反粒子を列挙すると、同じ8個がそろう）。[「反粒子」の項も参照のこと]

反粒子 [Antiparticle]

与えられた粒子の反粒子は、質量とスピンは元の粒子と同じだが、電荷やその他の保存される量は符号が逆の値になっている。初めて発見された反粒子は、反電子、すなわち、陽電子である。陽電子は、ディラックによって理論的にその存在が予言され、その後カール・アンダーソンによって宇宙線のなかで発見された。場の量子論の大きな成果のひとつが、すべての粒子にはそれに対応する反粒子が存在する、という結論である。光子は自らの反粒子である。光子は電気的に中性なので、このようなことになる。粒子‐反粒子対は、保存される量子数がすべてゼロである。このため、粒子‐反粒子対は、純粋なエネルギーから生じたり、量子揺らぎとして自発的に生じる（仮想対）ことがある。

ヒッグス粒子 [Higgs particle]

空虚な空間を、弱い力の宇宙超伝導体にする場（これまでのところ、理論上の存在でしかない）の励起。

標準模型 [Standard model]

人類最高の知的成果のひとつを、退屈に聞こえるようにしようと考案され

た専門用語。コア理論の電弱理論にあたる部分を指す場合と、電弱理論とQCDを合わせて指す場合の両方がある。

ファインマン図（ファインマン・ダイアグラム）[Feynman graph, Feynman diagram]

ファインマン・ダイアグラムは、場の量子論によって記述されたプロセスを、模式図的に簡潔に表現するものである。ハブ（「頂点」と呼ぶこともある）で結ばれた線で構成される。線は、粒子が時空を通して自由に運動している状態に対応し、ハブは相互作用を表す。この解釈を使って、ファインマン・ダイアグラムは、時空のなかで起こりうる、いくつかの粒子（リアルな粒子、仮想粒子のどちらでもかまわない）が相互作用を行ない、その結果、粒子の量子状態が変化するというプロセスを描く。任意のファインマン・ダイアグラムに描かれているプロセスの確率振幅は、厳密な規則に従って与えられる。量子論の規則に従い、振幅の2乗がプロセスの確率となる。

フィッツジェラルド - ローレンツ収縮 [Fitzgerald-Lorentz contraction]

運動している物体の内部の構造が、静止している観察者からは、運動の方向に収縮して（縮んで）見える効果。フィッツジェラルドとローレンツは、運動する物体の電気力学で観察されるいくつかの事柄を説明するために、このような効果を仮定した。アインシュタインは、フィッツジェラルド - ローレンツ収縮は、マクスウェルの方程式――すなわち、特殊相対性――が示唆する形のブースト対称性の論理的な帰結であることを示した。

フェルミオン [Fermion]

量子論、とりわけ場の量子論は、2つの物体がまったく同じ、つまり、区別できないという概念に、新しい厳密な意味をもたらした。たとえば、ある時間に、Aという状態にある電子とBという状態にある電子という2個の光子があり、しばらく時間が経って、今度は、A′という状態にある電子とB′という状態にある電子があるとすると、このあいだに起こった変化は、A→A′、B→B′なのか、A→B′、B→A′のどちらなのかは判定できない。両方の可能性を考慮せねばならない。ボソン2個の全波動関数は、$\psi(x_1, x_2) = \phi(x_1)\chi(x_2) + \phi(x_2)\chi(x_1)$と、振幅を足し合わせたものだが、フェルミオン2個の全波動関数は、$\psi(x_1, x_2) = \phi(x_1)\chi(x_2) - \phi(x_2)\chi(x_1)$と、振幅を引き算したものである。電子はフェルミオンだ。このことから、2個の電子は同じ状態を取ることができないという、パウリの排他律が導き出される。この理由は、もしも2個の電子が同じ状態に入ったなら、両者の波動関数

は完全に打ち消しあうからだ。パウリの排他律から、電子のあいだに実質的な斥力（量子統計的斥力）が働く。原子内部において異なる電子は異なる状態を占有せねばならないという事実は、この実質的斥力の効果である。原子内部で異なる電子は異なる状態を取るという事実は、化学が豊かで複雑な学問であることの大きな原因となっている。電子のほかに、すべてのレプトンとクォーク、そして、それらの反粒子はフェルミオンである。陽子と中性子もフェルミオンで、このことは、核化学が豊かで複雑な学問であることの大きな理由となっている。フェルミオンはフェルミ統計、もしくは、フェルミ－ディラック統計に従うという言い方をよくするが、これは、同一の粒子を多数含む系が取るこのような振舞いの意味を明らかにした、フェルミとディラックという2人の先駆的な科学者にちなんで命名されたものである。

ブースト [Boost]

ひとつの系を、そのすべての要素も含めて、一定の速度で動かすような変換。特殊相対性理論は、ブースト対称性を主張しているというのが、特殊相対性理論についての現代におけるひとつの見方である。つまり、特殊相対性理論では、ブーストを加えられたあとも、物理法則は同じに見えるはずだとされている。そのため、閉じた孤立系がどれだけの速さで運動しているかを、純粋にその内部で起こる物理的な振舞いを調べることによって判定する手段は存在しないことになる。

普通の物質 [Normal matter]

生物学、化学、物質科学、技術、そして天文学の大部分の領域で研究されている、物理的実体。もちろん、人間や、ペット、機械などが作られている材料でもある。普通の物質は、***u*** クォークと ***d*** クォーク、電子、グルーオン、光子からできている。普通の物質については、正確で厳密で驚くほど完全な理論が存在する。これは、コア理論の核をなしている。

プランク単位 [Planck units]

基準となる物体ではなく、物理法則に現れる値をもとに作られた、長さ、質量、時間の単位。これを使えば、標準にあわせて較正された定規（あるいは、メートル法以前のフランスなどのように、王の手足の長さ）がなくても長さを比較できるし、自転する地球がなくても時間の単位を決められるし、キログラム原器がなくても重さを計ることができる。このような物体を基準にするのではなく、プランク単位は、光速 *c*、プランク定数 ***h***、ニュートンの重力定数 *G*（重力に関するさまざまな方程式に登場する）の適切

な冪乗《べきじょう》や比を取ることによって作られている。ただ、実際的な目的では使われない。というのも、プランク長とプランク時間の単位はとんでもなく小さいし、プランク質量は、原子のレベルではとんでもなく大きいが、人間のレベルでは小さすぎて使いにくいので。だが、プランク単位は理論的には重要である。プランク定数で表した陽子の質量などの、純粋に数値的な量を計算せよという難問を突きつけるからだ（これに対して、キログラム原器の質量を計算するという可能性はなく、したがって、キログラム単位で表した陽子の質量を計算するという「問題」は、そもそも提起しても意味はない）。

既存の物理法則を、それらが検証された領域をはるかに越えて敷衍すると、計量場におけるプランク長とプランク時間以下の長さと時間の領域では、量子揺らぎが、それらの平均値よりもはるかに重要となり、長さと時間を使うことの意味がはっきりしなくなることがわかる。本書で議論されているように、「自然の4つの力は、とりわけそれらの強さがほぼ同じになるプランク長レベルの距離において、プランク単位で測定されたなら統一される」ということを指し示す重要な事実がいくつも存在している。

プランク定数 [Planck's constant]

量子論で重要な役割りを演じる物理定数。たとえば、光子のエネルギー E と光の振動数 ν のあいだの関係、$E=h\nu$ や、光子の運動量と、それが表す光の波長 λ とのあいだの関係、$p=h/\lambda$ にも現れる。

フレーバー [Flavor]

クォークとレプトンが持つ、荷には無関係な性質で、3種類がある。現代物理学においても、まだ十分理解されていない。たとえば、U クォークには3つの異なるフレーバー――u（アップ）、c（チャーム）、t（トップ）――がある。それぞれ、$2e/3$ という同じ電荷を持ち、また、いずれかの色荷（赤、白、または青）を1単位持っている。また、D クォークにも3つのフレーバーがある――d（ダウン）、s（ストレンジ）、b（ボトム）である。同様に、レプトンにも3つのフレーバー――e（電子）、μ（ミュー粒子）、τ（タウ粒子）――があり、それぞれ電荷 $-e$ を持ち、色荷は持っていない。そして最後に、ニュートリノにも3つのフレーバーがあるが、3種類とも電荷も色荷も持っていない。今挙げたそれぞれのグループのなかで、異なるフレーバーの粒子は、同じコア相互作用を行なう。それらの粒子は質量が異なり、その差は何桁にも及ぶ場合もある（たとえば、t は u より少なくとも35,000倍重い）。弱い相互作用によって、異なるフレーバーのあいだで転換

が可能になる。これらの粒子がどうしてそのような質量を持っているかについては、良い理論的説明は存在しない。

W ボソンはフレーバーを変える振舞いをするが、フレーバーが弱い相互作用において、色が強い相互作用で担っているのと同じ役割りを演じていると考えるのは間違いだろう。*W* ボソンはフレーバーという性質に直接反応しない代わりに、わたしが「弱い色荷」と呼んできた、また別の荷の対に反応する。*W* ボソンはいわば、面白半分にフレーバーを変えるのである。同じ荷を持った粒子が3つで組を作る理由や、*W* ボソンがフレーバーを変えるときの規則は、まだ謎のままである。

保存則 [Conservation law]

孤立した系に対して、ある量が時間が経過しても変化しないとき、その量は保存されるという。荷、エネルギー、運動量は、保存される量の重要な例である。保存則は、量子グリッドが絶えず流れるなかで、安定した位置の目印を提供するので、極めて重要である。

ボソン [Boson]

量子論、とりわけ場の量子論は、2つの物体がまったく同じ、つまり、区別できないという概念に、新しい厳密な意味をもたらした。たとえば、ある時間に、A という状態にある光子と B という状態にある光子という2個の光子があり、しばらく時間が経って、今度は、A′という状態にある光子と B′ という状態にある光子があるとすると、このあいだに起こった変化は、A → A′、B → B′なのか、A → B′、B → A′のどちらなのかは判定できない。両方の可能性を考慮せねばならない。ボソン2個の全波動関数は、$\psi(x_1, x_2) = \phi(x_1)\chi(x_2) + \phi(x_2)\chi(x_1)$ と、振幅を足し合わせたものだが、フェルミオン2個の全波動関数は、$\psi(x_1, x_2) = \phi(x_1)\chi(x_2) - \phi(x_2)\chi(x_1)$ と、振幅を引き算したものである。光子はボソンだ。そのため、2個の光子は同じ状態になりたがる傾向がある。というのも、それによって遷移振幅が2倍になるからだ。レーザーはこの効果を利用している。光子のほかに、グルーオン、*W*、*Z*、そして、中間子や、まだ理論上の存在でしかないヒッグス粒子もボソンである。ボソンは、ボーズ統計あるいはボーズ - アインシュタイン統計に従うという言い方をよくするが、これは、ボースとアインシュタインという2人の先駆的な科学者が、同一の粒子を多数含む系に対して、ボソンの上記のような振舞いがどのような意味を持つかを明らかにしたことを称えて命名されたものである。

マクスウェル方程式 [Maxwell equations]

電場と磁場の振舞いを、それらが電荷や電流に対して示す反応も含めて支配する一連の方程式。マクスウェルがこれらの方程式の完全な組としてのかたちに到達したのは1864年のことで、彼は当時知られていた、電気、磁気、電荷、電流が互いに及ぼしあう影響をすべて体系化し、さらに、新しい効果を仮定して、これらの方程式が電荷の保存と矛盾しないようにして（訳注：変位電流というものを導入し、定常電流に対するアンペールの法則を一般化した）、マクスウェル方程式を完成させたのである。マクスウェル自身が発表した元々のかたちは多少混乱しており、根底に存在する（根本的な）単純さと対称性ははっきりとは表れていなかった。のちに、（とりわけ）ヘヴィサイド、ヘルツ、ローレンツらの物理学者たちが事態を収拾し、現在のかたちのマクスウェル方程式をもたらした。マクスウェル方程式は、量子革命を無傷で生き残ったが、この際に電場と磁場についての解釈は大きく進化した。［「場」も参照のこと］

ヤン・ミルズ方程式 [Yang-Mills equations]

マクスウェル方程式を、数種類の荷のあいだでの対称性が可能になるよう拡張したもの。大雑把に、口語的な言い方をすれば、ヤン・ミルズ方程式はマクスウェル方程式がステロイド剤を服用したようなものである。今日の強い相互作用の理論と電弱相互作用の理論はそれぞれ、おおむね $SU(3)$ と $SU(2) \times U(1)$ 対称群のヤン・ミルズ方程式に基づいている。

陽子 [Proton]

クォークとグルーオンが結びついてできた、極めて安定な粒子。陽子と中性子は、かつては素粒子だと考えられていた。現在では、それらは複合的な物体であることがわかっている。原子核は陽子と中性子が拘束されてできた系であるという考え方を使って、原子核の有用な模型を作ることができる。陽子と中性子は、質量がほぼ同じだが、中性子のほうが約0.2パーセント重い。陽子は、電子と大きさが同じで符号が反対の電荷、e を持つ。陽子は、少なくとも 10^{23} 年の寿命を持つことが知られている（宇宙の寿命よりもはるかに長い）が、統一理論は、陽子の寿命はある限界以上に長いことはありえないと予測しており、この予測を確かめるために重要な実験が目下進行中である。

良く調整された方程式 [Well-tempered equation]

$\rho = -p/c^2$ ［「宇宙項」、「ダーク・エネルギー」も参照のこと］

弱い力（弱い相互作用）[Weak force (Weak interaction)]

重力、電磁力、強い力と並ぶ、自然の基本的な相互作用のひとつ。弱い相

互作用とも呼ばれる。弱い相互作用の最も重要な効果は、異なる種類のクォークと異なる種類のレプトンのあいだの変換を可能にすることである（ただし、クォークをレプトンに変えたり、その逆の変換をしたりすることはない。このような、まだ仮説でしかないクォーク－レプトン変換が起こるのは、統一理論のなかにおいてのみである）。この変換は、多くの放射性崩壊をもたらし、また、恒星が燃焼する際の重要な反応のいくつかを起こすものである。

粒子 [Particle]

グリッドの、局所化された擾乱。

量子場 [Quantum field]

量子論の法則に従う、空間を満たしている実体。量子場は、量子力学と特殊相対性理論の結びつきから生まれたまっとうな子どもである。量子場は、量子揺らぎや仮想粒子とも呼ばれる自発的な活動を、あらゆる場所で常に行なうという点で、古典的な場とは異なる。わたしたちが現時点で到達している、本質的なプロセスに関する最善の理解をまとめたコア理論は、量子場を使って定式化されている。この理論においては、粒子は二次的な結果として現れる。つまり、粒子は、第１の実体である量子場の、局所化された擾乱である。

量子場についての理論（場の量子論）の一般的な帰結のなかには、量子力学から導きだされないものや、それとは別の帰結で、古典的場の理論から導きだされないものがある。それらをここに挙げておく。

1. 宇宙の全域で、常に同じであるような粒子が存在する（たとえば、すべての電子はまったく同じ性質を持っている）。
2. 量子統計の存在［「ボソン」、「フェルミオン」参照］。
3. 反粒子の存在。
4. 粒子と力は不可避的に結びついている（たとえば、電場と磁場の存在から光子が導き出される）。
5. 粒子変換の遍在（量子場は粒子を生み出し、また、破壊する）。
6. 相互作用の諸法則が一貫性を持つには、単純さと対称性が必要である。
7. 漸近的自由［「漸近的自由」参照］。

場の量子論のこれらの帰結はすべて、わたしたちが見出す物理的現実《リアリティー》の、非常に目立つ特徴である。

レプトン [Lepton]

電子（e）、ミュー粒子（μ）、タウ粒子（τ）、もしくは、それらのニュート

リノ。これらの粒子は、色荷はゼロである。e、μ、τは、同じ電荷、$-e$を持っている（こう書いてきて、電子と電荷に同じ記号が使われているのに気づいた。申し訳ない。だが、考えてみれば、文字というものはそのように使われている）。ニュートリノは電荷を持たない。レプトンはすべて弱い相互作用をする。

電子‐反電子の総数と、電子ニュートリノ‐電子反ニュートリノの総数の和は（たとえそれぞれの個数は変わったとしても）、時間が経過しても一定であり、同様のことはμとτについても成り立つという、非常に良い（しかし、完璧ではない）保存則が存在する。たとえば、ミュー粒子の崩壊では、最後には電子1個、ミューニュートリノ1個、そして電子反ニュートリノ1個となる。初期状態も最終状態も、ミュー粒子系のレプトンの個数は1、電子系のレプトンの個数はゼロである。これらの「レプトン数保存の法則」は、ニュートリノ振動という現象によって破られる。レプトン数保存が少しだけ破られることは、各種統一理論によって予測されていた。それが実際に観察されたことは、これらの理論は正しい軌道にあるのだと考える勇気をくれる。［「ニュートリノ」も参照のこと］

図版等出典

● Figures（本文図版）

Figure 7.3 (p.128) is based on a drawing that first appeared in my article "QCD Made Simple" in *Physics Today*, 53N8 22 – 28 (2000), and is used with permission.

Figure 8.1 (p.150) is based on an illustration that appeared in documentation for the ArcInfo Workstation from ESRI, and is used with permission.

Figures 9.1, 9.2, and 9.3 (pp.238, 239, 241) are based on an updated version of work reported by the MILC collaboration, which appeared in *Physical Review* D70, 094505 (2004) (Figure 17), and is used with their permis-sion.

● Color Images（カラー口絵）

Images 1, 2, 8 and 9 are taken from the CERN image library, and are used with permission.

Image 3a is based on the painting *The Library of a Mathematician* by Aldo Spizzichino, and is used with his permission.

Image 3b is based on the work of Michael Rossman and his group, reported in *Nature* 317, 145 – 153 (1985), and is used with his permission.

Image 4 is due to Derek Leinweber, CSSM, University of Adelaide, and is used with his permission.

Image 5 is based on work of the STAR collaboration, and is reproduced Courtesy of Brookhaven National Laboratory.

Image 6 is based on work of Greg Kilcup and his group, and is used with his permission.

Image 7 is a reproduction of the painting *The Siren* by John William Waterhouse (circa 1900).

Image 10 is due to Richard Mushotzky, and is used with his permission.

● Appendix C（補遺C）

Appendix C is based on my article of the same name by that first appeared in *Nature* 428, 261 (2004), and is used with permission.

本書は、二〇〇九年十二月に早川書房より単行本
として刊行された作品を文庫化したものです。

〈数理を愉しむ〉シリーズ

素粒子物理学をつくった人びと 上下
ロバート・P・クリース&チャールズ・C・マン／鎮目恭夫ほか訳
ファインマンから南部まで、錚々たるノーベル賞学者たちの肉声で綴る決定版物理学史。

異端の数ゼロ
――数学・物理学が恐れるもっとも危険な概念
チャールズ・サイフェ／林大訳
人類史を揺さぶり続けた魔の数字「ゼロ」。その歴史と魅力を、スリリングに説き語る。

歴史は「べき乗則」で動く
――種の絶滅から戦争までを読み解く複雑系科学
マーク・ブキャナン／水谷淳訳
混沌たる世界を読み解く複雑系物理の基本を判りやすく解説！（『歴史の方程式』改題）

量子コンピュータとは何か
ジョージ・ジョンソン／水谷淳訳
実現まであと一歩？ 話題の次世代コンピュータの原理と驚異を平易に語る最良の入門書

リスク・リテラシーが身につく統計的思考法
――初歩からベイズ推定まで
ゲルト・ギーゲレンツァー／吉田利子訳
あなたの受けた検査や診断はどこまで正しいか？ 数字に騙されないための統計学入門。

ハヤカワ文庫

〈数理を愉しむ〉シリーズ

カオスの紡ぐ夢の中で
金子邦彦

第一人者が難解な複雑系研究の神髄をエッセイと小説の形式で説く名作。解説・円城塔。

運は数学にまかせなさい
——確率・統計に学ぶ処世術
ジェフリー・S・ローゼンタール／柴田裕之訳／中村義作監修

宝くじを買うべきでない理由から迷惑メール対策まで、賢く生きるための確率統計の勘所

美の幾何学
——天のたくらみ、人のたくみ
伏見康治・安野光雅・中村義作

自然の事物から紋様、建築まで、美を支える数学的原則を図版満載、鼎談形式で語る名作

E＝mc²
——世界一有名な方程式の「伝記」
デイヴィッド・ボダニス／伊藤文英・高橋知子・吉田三知世訳

世界を変えたアインシュタイン方程式の意味と来歴を、伝記風に説き語るユニークな名作

数学と算数の遠近法
——方眼紙を見れば線形代数がわかる
瀬山士郎

方眼紙や食塩水の濃度など、算数で必ず扱うアイテムを通じ高等数学を身近に考える名著

ハヤカワ文庫

訳者略歴　京都大学理学部物理系卒業。英日・日英の翻訳業。訳書に『万物の尺度を求めて』オールダー、『かくして冥王星は降格された』タイソン（以上早川書房刊）他多数

HM=Hayakawa Mystery
SF=Science Fiction
JA=Japanese Author
NV=Novel
NF=Nonfiction
FT=Fantasy

〈数理を愉しむ〉シリーズ

物質《ぶっしつ》のすべては光《ひかり》

現代物理学が明かす、力と質量の起源

〈NF384〉

二〇一二年十一月十五日　発行
二〇一七年　五　月二十五日　二刷
（定価はカバーに表示してあります）

著　者　フランク・ウィルチェック
訳　者　吉田《よしだ》三知世《みちよ》
発行者　早川　浩
発行所　株式会社　早川書房

郵便番号　一〇一‐〇〇四六
東京都千代田区神田多町二ノ二
電話　〇三‐三二五二‐三一一一（大代表）
振替　〇〇一六〇‐三‐四七七九九
http://www.hayakawa-online.co.jp

乱丁・落丁本は小社制作部宛お送り下さい。
送料小社負担にてお取りかえいたします。

印刷・精文堂印刷株式会社　製本・株式会社川島製本所
Printed and bound in Japan
ISBN978-4-15-050384-0 C0142

本書は活字が大きく読みやすい〈トールサイズ〉です。